ALEXANDRA GRUNOW
ROVENA LANGKAU

Mantrailing — das Arbeitsbuch

DAS PRAXISERPROBTE AUSBILDUNGSKONZEPT DER K9-EXPERTS

Mehr entdecken, mehr verstehen
DAS KOSMOS VERSPRECHEN
Expertenwissen seit 1822

KOSMOS

☞ Inhalt

KOSMOS PLUS

DAS KOSTENLOSE EXTRA: DIE KOSMOS-PLUS-APP FÜR DIGITALE ZUSATZINHALTE

Dieses Buch bietet Ihnen weitere Inhalte in Form von sechs Filmen, die im Buch durch dieses Symbol 123 gekennzeichnet sind.

Und so geht's

1. Besuche den App Store oder Google Play.
2. Lade die kostenlose App „KOSMOS PLUS“ auf dein Mobilgerät.
3. Dann öffnest du die App, schaltest die Inhalte mit dem Code „Mantrailing“ frei und lädst die Inhalte für das Buch „Mantrailing – das Arbeitsbuch“ herunter.
4. Auf den Seiten mit dem Symbol 123 kannst du einen Film zum jeweiligen Thema ansehen. Dazu gibst du den dort genannten Zahlen-Code in die App ein oder suchst dir in der Medienliste den entsprechenden Inhalt.

Mehr Informationen finden Sie unter plus.kosmos.de

ZU DIESEM BUCH

LIEBE LESERIN, LIEBER LESER!

Wir freuen uns, dass wir unsere Erfahrung und unser Wissen zum aktuellen Zeitpunkt mit dir teilen können. Wir möchten dich gerne auf dem Weg mit deinem Hund begleiten, nimm dir das mit, was für dich zu diesem Zeitpunkt am meisten Sinn macht. Jedes Team ist individuell. Du entwickelst dich, dein Hund entwickelt sich, wir entwickeln uns immer weiter.
Das Buch setzt sich aus zwei Teilen zusammen. Du findest im ersten Teil Tipps, Informationen und Übungen zum Thema Flow-Zustand und Selbstbewusstsein, Körpersprache und mentale Stärke. Zudem gehen wir auf das Verhalten der Hunde und die Mensch-Hund-Beziehung ein. Das ist die erste Säule des Fundamentes, das du benötigst, um einen ausgeglichenen und erfolgreichen Suchhund zu bekommen. Wir laden dich ein, mit uns in das Energy Balanced Trailing einzutauchen. Seitdem wir es in unseren Trainings anwenden, haben wir unter anderem mit Direktfunden in den Einsätzen eine Trefferquote von 96 %. Bei den restlichen Fällen fehlt uns noch die Aufklärung. Und das bereits mit Nachwuchsteams, die teilweise in ihren ersten Einsätzen sofort finden.
Der zweite Teil befasst sich schwerpunktmäßig mit den Themen Trailtechnik und Geruch, Besonderheiten, Trainingstipps und Einsatzfähigkeit. Beide Teile hängen zusammen, somit greifen auch die Themen immer wieder ineinander. Dieses Buch hilft dir dabei, das volle Potenzial von dir selbst und deinem Hund zusammen als Trailteam zu erkennen und eure Beziehung auf ein neues Level zu heben! Zieh dir das raus, womit du heute und in diesem Moment in Resonanz gehst. Manches musst du vielleicht mehrmals lesen. Die Übungen, die wir beschreiben, haben schon Hunderten von Trailteams dabei geholfen, ihre Schwierigkeiten, in den Flow zu kommen, zu überwinden und somit auch die individuellen Ziele bezüglich der Sucharbeit umzusetzen.

Noch eine Sache vorab: Wir verwenden in diesem Buch keine Gendersternchen, Doppelpunkte oder Ähnliches, sondern reden vom Leser, vom Trainer, von der vermissten Person, um einen guten Lesefluss zu gewährleisten. Selbstverständlich seid ihr alle gemeint, liebe Leserinnen und Leser, Mantrailerinnen und -trailer.

FÜR EINSTEIGER UND PROFIS

Egal ob du Einsteiger oder Profi bist, ob du zur Auslastung trailst oder weil du Einsätze gehst oder gehen möchtest: Wenn du dieses Buch bewusst liest und damit arbeitest, wird es das Zusammenleben mit deinem Hund nachhaltig verbessern. Sei dir bewusst, dass die Kooperation deines Hundes dabei nicht immer selbstverständlich ist. Mit Druck und falschem Ehrgeiz bekommst du keinen zuverlässigen Hund, der die komplexen Aufgaben in Echteinsätzen auf Dauer gut lösen kann. Stattdessen steht ein fokussiertes und freudiges Arbeiten mit einer spielerischen Leichtigkeit im Vordergrund. Dein Hund will auch von dir gesehen werden! Wir erfreuen uns nach all

Die Autorinnen Rovena Langkau und Alexandra Grunow mit einem Teil ihrer Bloodhound-Meute

den Jahren immer noch jeden Tag daran, gemeinsam mit unseren eigenen Hunden und unseren Suchteams auf der ganzen Welt etwas Sinnvolles zu machen, das auch Spaß macht und sind dankbar für diese Möglichkeit. Wenn du selbst Trailtrainer bist, erfährst du hier Ansätze, wie du deine Teams stark machen kannst und sie dabei unterstützt, Blockaden auf der Beziehungsebene von Mensch und Hund aufzulösen. Wir gehen auf Ursachen ein, die den Trail-Flow nicht aufkommen lassen und geben dir wertvolle Lösungsansätze an die Hand. Das Buch dient somit als Lehr- und Nachschlagewerk von der Basisausbildung für Einsteiger bis zur Einsatzfähigkeit für Profis.

UNVERGESSENE MOMENTE

Lieber Leser, lieber Trailer, wir schätzen deine Neugier für dieses Thema sehr! Wir wissen, wie viel Zeit und Geduld die Trainings, Aus- und Fortbildungen sowie die Einsätze bedeuten. Wir können dir versprechen, dass sich der Aufwand immer lohnt! Du erlebst in all dieser Zeit unvergessene Momente und Emotionen, wächst daran selbst und weiter zusammen mit deinem Hund, lernst dich und deinen Hund immer besser kennen und lieben.
Trust your dog and trail from the heart! Keep the focus and stay in the flow!

Eure Rovena und Alex

DER TRAIL-FLOW
— *Ohne ihn läuft nichts*

K9-SUCHHUND

TRAIL FROM THE HEART

Wenn du dich dafür entscheidest, mit deinem Hund zu trailen, hat das einen positiven Effekt auf dein ganzes Leben. Wir sprechen hier nicht davon, „mal eine Spur zu legen, um den Hund auszulasten", sondern davon, das Trailen in seiner ganzen Komplexität anzunehmen und zu verstehen.

Gehe der wahren Essenz des Trailens auf den Grund. Lass dich auf etwas Neues ein und entdecke die ganze Wahrheit.

DIE WELT DES GERUCHS

Trailen ist eigentlich ganz einfach. Für den Hund ist es die natürlichste Sache der Welt, eine Spur zu verfolgen und ganz spielerisch den Individualgeruch zu erkennen. Der Hund lebt in seiner Welt – der Welt des Geruchs. Für ihn erschließen sich dort ganze Räume, wo wir im Vergleich dazu gerade einmal Zugang in den Eingangsbereich haben. Er riecht räumlich, dreidimensional, kann Zeiten unterscheiden und auch speichern. Wenn er etwas riecht, dann riecht er – er taucht in den Geruch ein und vergisst alles andere um sich herum. Wir dagegen versuchen häufig alles mit dem Verstand nachzuvollziehen. Uns fällt es oftmals schwer, in unsere eigene Welt einzutauchen, uns dem Moment hinzugeben und einfach nur zu sehen, hören oder zu riechen – ohne dass sich gleich der Verstand, unser „Denker" einschaltet.

BEGREIFEN DURCH ERFAHREN

Über den reinen Verstand werden wir die Welt des Hundes, seine Welt des Geruchs und des Trailens, nie ganz verstehen. Meine einzige Möglichkeit, ansatzweise zu begreifen, um was es wirklich geht, ist es zu erfahren – und zwar mit allem, was ich habe: mit meinem Körper, meinem Verstand, meinem Herzen, meinem Geist. Das mag für den einen oder anderen vielleicht etwas überzogen oder weichgespült klingen, ist aber härter, als du denkst! Denn das wahre und pure Trailen bedeutet immer auch eine Reise zu dir selbst.

SEI MUTIG

Hierfür benötigst du vor allem eins, und das ist Mut! Mut, genau hinzuschauen. Mut, dich einzulassen. Auf den Moment, auf dich selbst, deinen Hund, deinen Trainer, deine Teamkollegen. Du benötigst Mut, um dich Situationen zu stellen, die dir erstmal vielleicht etwas Angst einjagen. Das kann die Trail-Prüfung sein oder ein schwieriger Einsatz, das klärende Gespräch mit den

Staffelkollegen oder was auch immer für dich eine Überwindung darstellt. Mut bedeutet dabei nicht die Abwesenheit von Angst. Mut bedeutet die totale Anwesenheit von Angst bei gleichzeitiger Fähigkeit, sich dieser zu stellen.

„Trail from the heart" lädt dich ein, „All-in" zu gehen. Mit deinem ganzen Herzen bei dir, deinem Hund und in dem Moment präsent zu sein. Lebendig einzutauchen, zu erfahren, alles mitzunehmen, was das Trailer-Leben dir bietet! Du hast die Wahl, du entscheidest. Niemand hält dich zurück, außer dir selbst. Die gute Nachricht ist: Wenn es dich zum Trailen zieht, wenn du Lust hast, dieses Buch zu lesen, dann ist die Wahrscheinlichkeit sehr hoch, dass du auch das Zeug dazu hast und bereit bist, mehr darüber zu erfahren.

„Trail from the heart" ist gefährlich. Gefährlich für deinen Verstand: Traile radikal und traile from the heart!

FRAGE DICH SELBST

Oftmals bekommen wir keine Antworten, weil wir einfach nie gefragt haben. Wenn du dir Fragen stellst, kann es sein, dass du intuitiv sofort eine Antwort weißt. Manchmal dauert es auch einfach eine Zeit, je nach Intensität und Tiefgang der Frage. Dann machst du in der Zwischenzeit vielleicht erst einmal etwas anderes und plötzlich fällt dir die Antwort ein. Oder dir fällt ein Buch in die Hände oder ein Freund sagt etwas zu dir – und es macht klick. Mit Fragen eröffnen sich neue Möglichkeiten und du bekommst Antworten oder Hinweise, die sich in dem Moment für dich stimmig oder eben nicht stimmig anfühlen. Fragen geben unseren Gedanken eine neue Richtung und schaffen Raum für positive Veränderungen. Du trägst wahrscheinlich mehr Wissen und Weisheit in dir, als dir vielleicht bewusst ist.

Diese Fragen könntest du dir stellen, bevor du das nächste Mal deine Trail-Leine in die Hand nimmst. Picke dir die heraus, die zu deinen Themen mit deinem Hund passen. Schreibe die Fragen und Antworten in dein Notizbuch. Durch das Aufschreiben bringst du Klarheit in deine Gedanken und Vorstellungen:

NOTIZBUCH UND STIFT

Dieses Buch ist vor allem eines: ein Arbeitsbuch. Wenn du dich in allen Bereichen voll darauf einlässt und die Übungen auch in der Praxis anwendest, wird es zum rasanten Durchbruch in eurer gemeinsamen Entwicklung kommen. Bist du bereit dafür? Gut! Am besten besorgst du dir nun ein leeres Notizbuch für deine Notizen.

FRAGEN, DIE DEINE BEZIEHUNG ZU DEINEM HUND VERBESSERN

— Was wünsche ich mir für mich und meinen Hund?
— Was könnte die Situation (zu Hause, im Training ...) für mich und meinen Hund verbessern?
— Halte ich meinen Hund für schwierig und wenn ja, auf welche Weise?
— Wer kann mir dabei helfen, etwas zu verbessern (Trainer, Kollegen, Freunde ...)?
— Was kann ich selbst sofort verändern, damit sich etwas verbessert?
— Was ist sonst noch möglich?
— Was wäre, wenn ich meinem Hund Aufmerksamkeit schenke und im Gegenzug nichts von ihm erwarte?

FRAGEN, DIE DICH SELBST BETREFFEN

— Was kann ich besonders gut?
— Wen und was liebe ich?
— Womit beschäftige ich mich am liebsten?
— Was kann ich in die Welt bringen?
— Wer oder was möchte ich heute sein?

„Was ist mir wirklich wichtig?" Sich auch mal Zeit für Fragen zu nehmen, kann neue Türen öffnen.

- Welche Ressourcen stehen mir hierfür zur Verfügung?
- Welche Gedanken und Gefühle lösen in mir Stress aus?
- Bei welchen Themen habe ich eine feste Meinung? Bin ich mir dabei zu 100 Prozent sicher, dass es wahr ist? Und wenn nicht, kann es vielleicht auch ganz anders sein?
- Was kann ich jetzt verändern, damit ich mich erfüllt fühle?
- Wofür bin ich dankbar?
- Was war heute besonders?

FRAGEN, DIE DIE ARBEIT MIT DEINEM HUND VERBESSERN

- Was bereitet mir bei der Arbeit mit meinem Hund im Augenblick besondere Schwierigkeiten?
- Wie kann ich diese Herausforderung leichter bewältigen?
- Was benötige ich hierfür?
- Wann fällt es mir schwer, meinem Hund zu vertrauen?
- Warum fällt es mir schwer, meinem Hund zu vertrauen?
- Was hält mich zurück, mich voll auf ihn einzulassen?
- Wer oder was kann ich sein, um die schönen Momente beim Trailen noch intensiver zu erleben?
- Was blockiert mich?
- Was möchte ich kontrollieren und warum möchte ich das?
- Was macht diese Kontrolle mit mir?

TABU-FRAGEN

Welche Fragen hast du dir bisher nicht erlaubt zu stellen, aus Angst davor, dass sich tatsächlich etwas verändern könnte?
Jede Blockade oder Limitierung, Gedanken, Gefühle und Emotionen sind „in uns eingeschlossen", abgespeichert. Um mental stark zu sein und selbstbewusst und frei leben (und trailen) zu können, geht es immer auch darum, sich diese Blockaden und Limitierungen bewusst zu machen und aufzulösen. Hierfür gibt es einige Möglichkeiten im Coaching, NLP, in der Psychologie, ein paar zeigen wir auch in diesem Buch kurz auf... Im Anhang findest du auch einige Buchtipps zu den verschiedenen Themen, wenn du diese vertiefen möchtest.

DER FLOW-STATE

Auf die Frage „Worum geht es dir beim Trailen?" sind die häufigsten Antworten:

1. Ich möchte als Hundeführer mit meinem Hund einen sinnvollen Beitrag zum Wohle der Gesellschaft leisten, indem ich helfe, vermisste Personen oder Haustiere wiederzufinden und zu retten.
2. Ich traile, um die Beziehung zu meinem Hund zu verbessern und ihn möglichst artgerecht auszulasten – und für mich selbst, weil es ein schönes Hobby ist.
3. Ich will das Talent meines Hundes fördern und ihn körperlich und mental auslasten.

Egal, welche der oben genannten Punkte für dich die größte Rolle spielen, es ist vor allem eins wichtig: in den, wie wir es nennen, „Trail-Flow" zu kommen.

Nur dann ist der Hund auf der Spur absolut lesbar und nur dann hat er auch die Kapazität, weite Strecken zurückzulegen (wird benötigt für Punkt 1). Ein Suchteam, das regelmäßig im Trail-Flow agiert, ist gemeinsam glücklich und erfolgreich (wird benötigt für Punkt 2). Nur dann schüttet der Hund vermehrt die Hormone aus, die ihn selbstbewusst und zufrieden sein lassen und in seine natürliche Mitte bringen (wird benötigt für Punkt 3).

DER NATÜRLICHE ZUSTAND

Der Trail-Flow ist der natürliche Zustand eines Suchhundeteams! Du musst diesen also nicht unbedingt erreichen wollen und ihm quasi hinterherjagen, sondern einfach alles andere unterlassen, das diesen nicht von selbst aufkommen lässt. Aus einer gelassenen inneren Haltung und einer entspannten (Arbeits-) Atmosphäre heraus entsteht er nahezu von selbst, wenn der Hund im Training richtig aufgebaut wird. Hast du eine absolute Lesbarkeit deines Hundes und diese Leichtigkeit in der Arbeit einmal erlebt, möchtest du gerne immer so trailen. Weite Strecken und anspruchsvolle Trails werden im Flow-Zustand deutlich müheloser bewerkstelligt. Das ist auch schonender und kräftesparender für dich und deinen Hund! Welche Stellschrauben kannst du im Training drehen, um den Flow reproduzierbar zu machen?

Im Hier und Jetzt: Gemeinsam entspannt warten …

DIE ENERGIE MUSS FLIESSEN

Die Energie zwischen dir und deinem Hund muss frei fließen können. Dafür macht es Sinn, bei euch beiden genau hinzuschauen. Gibt es einen vielleicht unbemerkten Widerstand in dir oder auf der Beziehungsebene zwischen dir und deinem Hund? Wenn du dir vorhin die richtigen Fragen herausgepickt und bereits ein paar Antworten dazu gefunden hast, bist du der Sache bereits ein großes Stück nähergekommen. Lass dich nicht von deinem Verstand austricksen! Solche meist unbewussten Blockaden können sich in negativen Gedanken, Ungeduld, Unsicherheit und Zweifel äußern. Daraus resultiert zwangsweise eine ebenso verkrampfte und unsichere Körpersprache, deine gesamte Ausstrahlung verändert sich. Wenn du dich hinten an der Leine nicht wohlfühlst, fühlt sich dein Hund vorne dran auch nicht wohl. Er wird dir dies auch zum Ausdruck bringen: Schnüffeln, Pinkeln, sich hart machen, starkes Ziehen, Unsicherheiten in der Richtungsentscheidung und somit ein Verlust der Lesbarkeit sind kein Zufall, sondern immer die Folge schlummernder, unentdeckter Themen.

... und beim Trailen den Kopf ausschalten.

DAS ENERGIEFELD

Wir können aus unseren zahlreichen Beobachtungen von Tausenden unterschiedlichen Suchhundeteams in jeder Region berichten, wie sich Körperhaltung, Atmung und innere Einstellung umgehend auf den Hund und den Trail-Flow auswirken. Die Wissenschaft ist sich bislang noch nicht einig, wie genau das abläuft und zusammenhängt. Es gibt allerdings umfangreiche Forschungen, Versuche und Messungen aus der Quantenphysik, Biophysik, den Neurowissenschaften, der Epigenetik etc., die darauf hinweisen, dass Körperzellen und -systeme nicht nur über chemische Transaktionen miteinander kommunizieren, sondern auch über ein Feld aus Energie mit einer enthaltenen Information. Es gibt Messungen, wie sich durch Meditation und im Flow-Zustand Gehirnwellen und somit auch das Bewusstsein verändern. Im Bereich der Beta-Wellen beispielsweise konzentriert sich das Gehirn auf die Außenwelt und analysiert, während es im Alphawellenbereich die Aufmerksamkeit nach innen verlagert und sich entspannt. Wir sind keine Wissenschaftlerinnen. Wir orientieren uns an unseren über Jahrzehnte hinweg gemachten Erfahrungen, Beobachtungen und Tests in der Ausbildung und dem erfolgreichen Einsatz unterschiedlicher Spürhunde.

Im Buddhismus, Taoismus, der modernen Quantenphysik und natürlich auch in der Alternativmedizin spielt die (Lebens-)Energie schon lange eine Hauptrolle – und das tut sie auch im Zusammenspiel von Mensch und Hund. Du musst nicht einmal daran glauben. Es reicht aus, dich für einen Moment darauf einzulassen. Wir laden dich ein, mitzuarbeiten und unsere Trainingstipps einfach auszuprobieren, vor allem dann, wenn es bei dir und deinem Hund vielleicht nicht ganz rund läuft, wenn du etwas verändern oder weiterkommen möchtest. Du wirst schnell merken, wie sich die Arbeit mit deinem Hund rasant entwickelt und der „Flow-State“ zu eurem normalen Zustand wird.

WARUM DER FLOW FÜR UNS TRAILER WICHTIG IST

- Der Hund fühlt sich den gestellten Anforderungen gewachsen (Schwierigkeit der Aufgabe und Lösungskompetenz befinden sich im Gleichgewicht).

WAS IST EIGENTLICH „DER FLOW"?

Flow (deutsch „fließen, rinnen, strömen") bezeichnet das als beglückend erlebte Gefühl eines mentalen Zustandes völliger Vertiefung (Konzentration) und restlosen Aufgehens in einer Tätigkeit („Absorption"), die wie von selbst vor sich geht – also in etwa Schaffens- bzw. Tätigkeitsrausch oder auch Funktionslust.

Flow kann bei der Steuerung eines komplexen, schnell ablaufenden Geschehens im Bereich zwischen Überforderung (Angst) und Unterforderung (Langeweile) entstehen.

Flow-Zustände können bei entsprechenden Bedingungen in hypnotische oder ekstatische Trance übergehen. Manche Wissenschaftler verstehen den Flow selbst bereits als Trance.

Bevor Mihály Csíkszentmihályi den Begriff des „Flow" im psychologischen Sinne prägte und genauer untersuchte, war das Phänomen – etwa in der Spielwissenschaft – schon bekannt: So formulierte etwa der Spieltheoretiker Hans Scheuerl in den 1950er Jahren seine berühmten Kriterien für das Wesen des Spiels, bei denen er u. a. das „Entrücktsein vom aktuellen Tagesgeschehen", „das völlige Aufgehen in der momentanen Tätigkeit" oder „das Verweilen in einem Zustand des glücklichen Unendlichkeitsgefühls" hervorhebt, in dem man für immer oder immer wieder verharren möchte. (Quelle: Wikiepdia 2023)

- Er konzentriert seine (selektive) Aufmerksamkeit auf ein begrenztes, überschaubares Handlungsfeld (die Tätigkeit läuft im Nahbereich ab). Nase!
- Handeln und Bewusstsein verschmelzen miteinander: Eine Außenwelt scheint nicht zu existieren, die selektive Aufmerksamkeit richtet sich auf die Spur beziehungsweise den Geruch.
- Der Hund geht voll in seiner Tätigkeit auf. Bloodies laufen dabei gerne mal gegen eine Laterne oder Mülltonne, nehmen nichts anderes mehr wahr.
- Das Zeitgefühl verändert sich. Wir trailen ganz im Hier und Jetzt. Totale Entspannung und einsetzendes Glücksgefühl sind möglich.
- Die Tätigkeit an sich ist selbstbelohnend: intrinsische Motivation. Natürlich loben wir unseren Hund dennoch, da es auch um die Beziehung geht.
- Alles fällt uns leicht, wir haben nicht das Gefühl, mit einem großen Kraftaufwand zu arbeiten, dadurch steigt die Ausdauer enorm an.

VERLÄSSLICHE HELFER, DIE DEN ÜBERBLICK BEHALTEN

Dies gibt auch die Antwort darauf, warum du vielleicht selbst schon mal das Gefühl für Raum und Zeit verloren hast. Wichtig ist deshalb auch, in bestimmten (Einsatz-) Situationen einen verlässlichen Helfer dabeizuhaben, der auch die Orientierung und den Überblick behält. Da beim Hund die Reaktivität mit der Umwelt durch Außenreize sinkt, kannst du dir das im Training mit reaktiven Hunden zunutze machen.
Die Trails werden so gelegt, dass die selektive Wahrnehmung auf die Spur erhöht wird. Der entgegenkommende Hund wird plötzlich ignoriert, der beim normalen Gassigang noch für Aufregung gesorgt hätte. Wir trainieren immer so, dass das Team gefordert, aber nicht überfordert wird! Wir orientieren uns als Trainer hierbei am „schwächsten

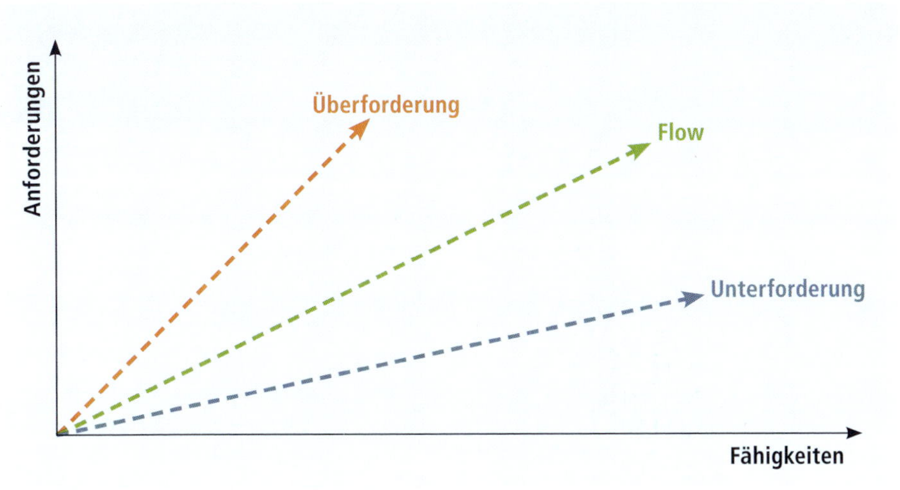

Der Flow findet zwischen Unter- und Überforderung statt. (Quelle: Wikipedia 2023)

Glied der Kette“, egal ob dies in dem Moment der Hundeführer oder der Hund ist. Keiner der beiden sollte überfordert, durchaus aber immer wieder aus der Komfortzone gebracht werden, da dort die meiste Entwicklung stattfindet. Deshalb sind das genaue Einschätzen des Teams und der individuelle Aufbau so wichtig! Eine gute Basis in der Ausbildung dient dir als stabiles Fundament.

DAS SPIELERISCHE STEHT IM VORDERGRUND

Trailen ist eine Mischung aus Spiel und Sport, auch wenn es oftmals Arbeit ist und tough und einen ernsten Hintergrund hat (Rettung, Einsätze). Deswegen sollten wir im Training und in der Ausbildung das Spielerische nicht aus den Augen verlieren! Im Kapitel „Games“ (Seite 229 ff.) geben wir dir Trainingstipps hierzu an die Hand.

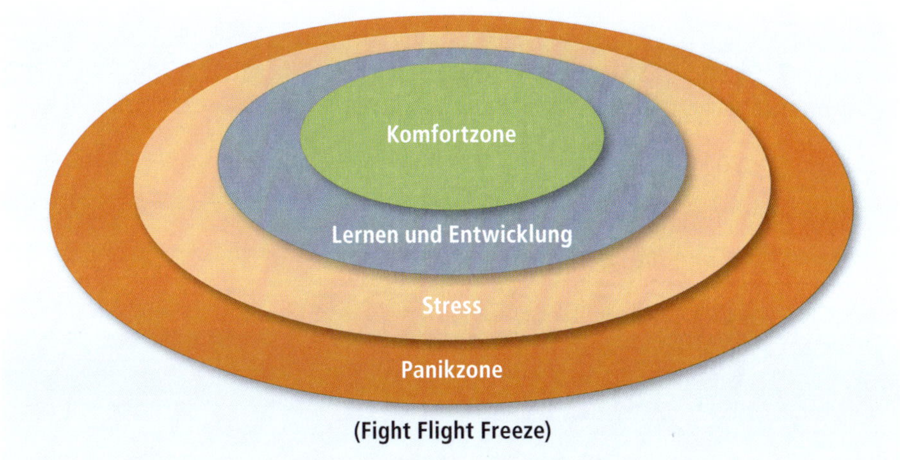

Zwischen Komfortzone und Stress entwickeln sich Hund und Mensch weiter.

P
2.1m
10
Hier gilt
die StVO
3 Std.
Ei

ULTIMATIVE TIPPS FÜR DEINE HUNDEFÜHRER-SKILLS

Hier erfährst du, wie du deinen Hund von Anfang an auf dem Trail durch die richtige Körpersprache unterstützen kannst. Deine Neutralität ist entscheidend für die Lesbarkeit und Ausdauer deines Hundes bei der Arbeit!

BASIS FÜR HUNDE-FÜHRER

Von Anfang an fördern wir als Trainer die Körpersprache des Teams auf dem Trail so, dass es möglichst einheitlich zusammenarbeitet und der Hund auf einfachen One-Way-Trails für den Hundeführer deutlich lesbar ist. Das „Eintauchen" auf die Spur (kann je nach Typ Hund auch mit hoher Nase geschehen) und das Einordnen auf der richtigen Seite vor dem Richtungswechsel sind die Hundesprachen-Basics, die in der Lernphase verstärkt werden. Der Hund befindet sich vom ersten Entdeckertrail an bis zum Abschluss der zweiten Grundstufe („Farbstufe Orange") in der Lernphase bzw. dem Übergang zur Arbeitsphase. Das Team wird von uns anfangs so geführt, dass es sich sicher fühlt und den Trail flüssig und unbeschwert arbeiten kann. Gegenseitiges Vertrauen (Trainer, Hundeführer, Hund) und ein gutes Selbstbewusstsein bei der Arbeit sind wichtige Grundpfeiler für die späteren, schwierigeren Aufgaben und die ausdauernde Problemlösung in der Sucharbeit.

Wir halten also zu Beginn das Team locker an der Spur und lassen es sich nicht unnötig aufarbeiten. Sollte der Hundeführer noch wenig Erfahrung haben, sagen wir ihm das Leinenhandling rechtzeitig an. Das Timing beim Nachfassen und Rausgeben der Leine spielt bei der Kreuzungsarbeit eine große Rolle und muss von ihm erstmal sicher umgesetzt werden. Wir schulen seinen Blick für die Körpersprache des Hundes. Was zeigt sein Hund wann? Es geht darum, sich aufeinander einzustellen und sowohl aktive als auch passive Gegenbewegungen zum Hund zu vermeiden. Der Überbegriff lautet: „mit der Bewegung des Hundes gehen" und so die Basis für den Flow zu schaffen. Diese Basispunkte helfen:

1. BASIS: BAUCHNABEL ZUM HUND DREHEN

☞ **Energiefluss neutral nach vorne; passive Gegenbewegung vermeiden**

Wie eine gut sitzende Brille auf der Nase solltest du für deinen Hund bei der Arbeit eher angenehm statt lästig sein. Ihr arbeitet ganz klar als ein Team. Kleine Führfehler kann dein Hund meist gut ausgleichen. Je schwerer und länger die Trails aber werden, desto mehr Kraft und Ausdauer benötigt dein Hund, um diese zu arbeiten. Grobe Führfehler oder ein ständiges Gegenarbeiten seitens des Hundeführers kosten euch beide Zeit und Kraft. Ihr kommt vielleicht unnötig von der Spur ab und müsst euch umständlich einen neuen Lösungsweg zum Ziel suchen.

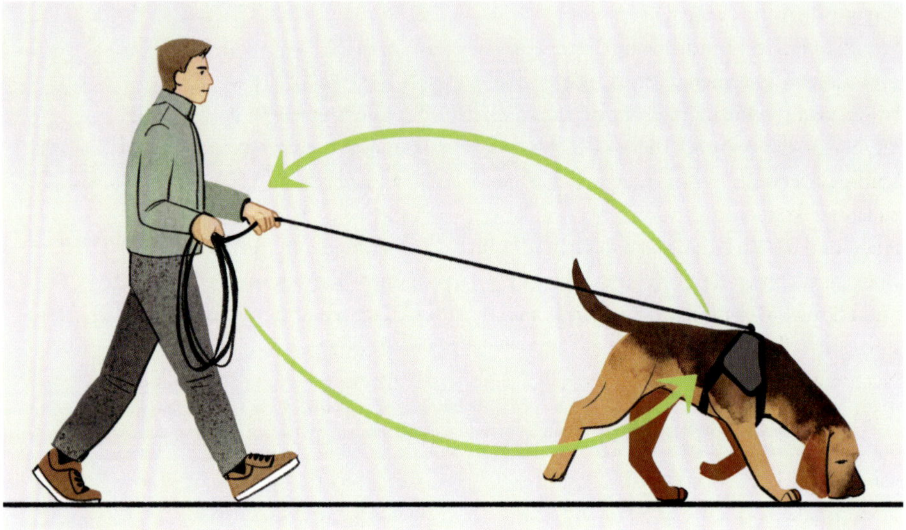

Traile aus der Körpermitte, so wird die Zirkulation aufrecht erhalten.

— Vermeide jegliche bremsende, blockierende oder hinterfragende (Rückwärts- oder Seitwärts-) Gegenbewegung, wenn dies nicht aufgrund der Umgebung erforderlich ist oder explizit am sauberen Umdrehen gearbeitet wird.

— Dein Körper ist gerade aufgerichtet, Kopf und Schultern werden ebenfalls gerade und locker getragen. Richte dich groß auf, bleibe in einer senkrechten Achse und schaue leicht über deinen Hund nach vorne hinweg.

— Kippe nicht mit dem Oberkörper nach vorne und verdrehe dich auch nicht in der Vertikalachse. Deine Arme liegen locker am Körper an, Arme auf Bauchhöhe. Du spannst deine Rücken- und Bauchmuskulatur an und stabilisierst so deine Mitte.

— Übe keinen Druck nach vorne aus oder dränge deinen Hund in eine Richtung, nur weil du denkst, dass es dort vielleicht lang geht.

INDIVIDUELLES TEMPO

Das freie und unbeschwerte Nach-Vorne-Arbeiten ist für jeden Hund sehr wichtig.
Jeder Suchhund hat sein eigenes ideales Suchtempo. Je nach Suchhundetyp kann er in seiner Vorwärtsbewegung zwar reguliert und das Tempo durchaus dosiert heruntergefahren werden, er sollte nach Möglichkeit aber nicht durch zu starkes und dauerhaftes Einbremsen aus der natürlichen Arbeitsbewegung gebracht werden. Dies verstärkt nur seinen Drang, gegen den Hundeführer zu arbeiten und macht ihn hart in den Bewegungen (Ehrgeizige) oder fördert ein Stocken – und damit wird der Hund immer schwerer zu führen und zu lesen. Das Team entfernt sich mehr und mehr vom Flow-State.

Übung für unterwegs, während des Trailens

Atme tief in den unteren Bauch ein und über den Mund oder die Nase wieder aus. Stell dir dabei den Energiefluss zwischen dir und deinem Hund zirkulierend vor. Aus deinem Bauchnabel fließt beim Ausatmen

Energie über die Leine nach vorne zum Hund, durch ihn hindurch und wieder zurück zu dir (Einatmen). Halte diese Zirkulation so lange wie möglich aufrecht. Wenn du merkst, dass eine schwierige Situation kommt oder dein Hund anfängt, zögerlich zu laufen, konzentrierst du dich auf deinen Atem und die Zirkulation zu deinem Hund. Lockere auch mal deine Schultern, Arme und Hände! Meist fängt dein Hund dann sofort an, selbstbewusst nach vorne zu laufen. Nach etwas Übung bist du in der Lage, diese Zirkulation über die gesamte Länge des Trails aufrechtzuhalten. Deine Schritte gehen zügig in Richtung deines Hundes. Aber drücke und schiebe ihn nicht mit einem „Soldaten-Stechschritt". Achte auch darauf, die Geschwindigkeit zu variieren und an die Umgebungsfaktoren anzupassen (Kreuzung, offene Fläche, nahende Ablenkung etc.). Du fährst mit dem Auto ja auch nicht mit 200 Stundenkilometer auf eine Kreuzung zu.

2. BASIS: VERMEIDE WINKEL IN DER LEINE BEI RICHTUNGSENTSCHEIDUNG

☞ Passive Gegenbewegung

Vermeide dauerhafte Leinenwinkel bei der Kreuzungsarbeit. Um die Lesbarkeit deines Hundes zu fördern, ist es von Vorteil, das anzunehmen und herauszuarbeiten sowie zu verdeutlichen, was er dir an Körpersprache anbietet. Es ist kein Zufall, dass dein Hund sich häufig bereits ein paar Meter vor der Richtungsentscheidung auf der richtigen Seite einreiht. In unserem Beispiel führt die Spur nach rechts. Der Hund geht schon vorher rechts, weil er, je nach Umgebungsfaktoren, aus dieser Richtung bereits Geruch bekommt. Gerne werden beispielsweise Hofeinfahrten und Eingänge auf der Seite gecheckt oder der Hund riecht durch den Zaun eines Gartens. Auch hier gehe ich als Hundeführer flüssig mit der Bewegung des Hundes mit und bleibe in einer Linie hinter meinem Hund.

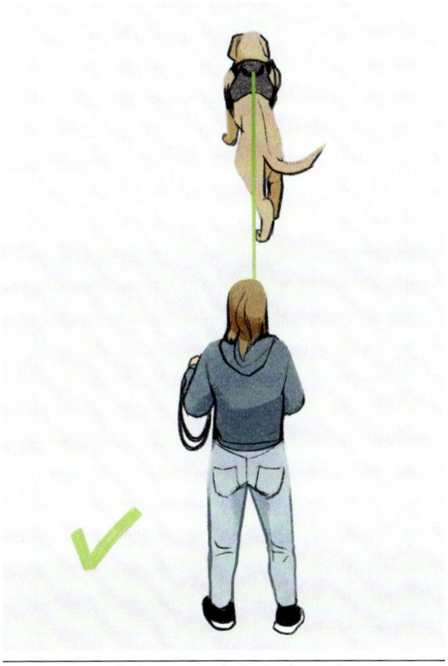

Kein Winkel, der Mensch befindet sich in einer Linie hinter dem Hund.

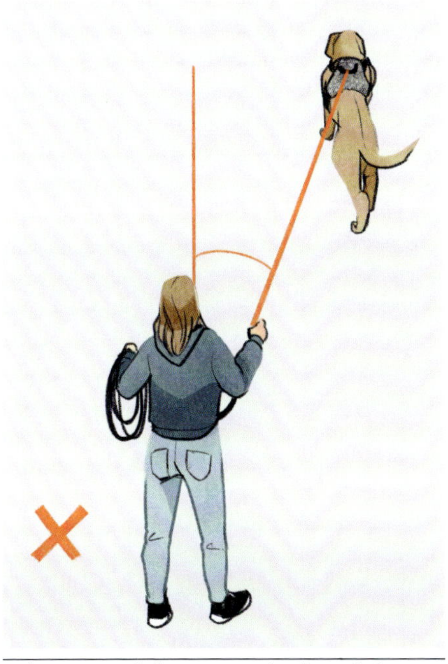

Achtung, Winkel! Der Mensch geht seitlich versetzt zum Hund.

3. BASIS: NICHT RÜCKWÄRTS AUSWEICHEN

☞ **Aktive Gegenbewegung beim Umdrehen vermeiden**

Schließt dein Hund eine Richtung aus und leitet das Umdrehen (den Turn) ein, bleibe zunächst einmal gerade stehen und schließe die Führhand an der Leine. Stelle dir vor, dass aus deinem Bauchnabel ein Laserstrahl nach vorne zum Hund geht, der nie abreißt. Diesen richtest du immer auf deinen Hund, dann drehst du dich automatisch richtig mit. Warte ab, bis er an dir vorbeigelaufen ist, schließe dann zügig auf und gehe in die neue Richtung mit. Weiche nicht rückwärts und/oder seitlich mit großen Schritten nach hinten aus! Dadurch kannst du deinen Hund sonst in eine falsche Richtung ziehen. Das Drehen bzw. die Turns sollten deutlich, klar und zügig passieren. Der Hund wirft sich mehr oder weniger rum und dreht um 180 Grad zurück. Kommen die Turns nicht richtig gut, weil der Hund zu lange braucht, bis er wirklich dreht, musst du im Training daran arbeiten. Das deutliche schnelle Drehen ist vor allem in den höheren Stufen sehr wichtig für die Lesbarkeit! Vor allem in der Mentalphase beginnt eine andere Art der Zusammenarbeit: Da macht es Sinn, wenn du deinen Hund auch aktiv „etwas fragen" kannst, ihn beispielsweise

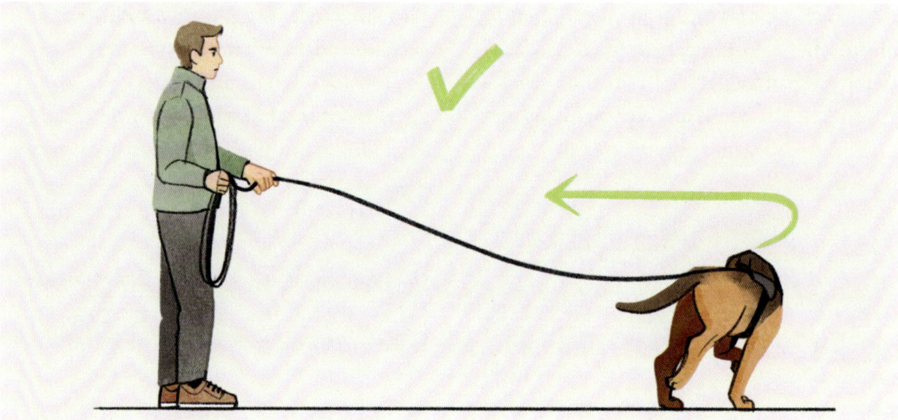

Richtig: Eine gerade und aufrechte Körperhaltung beim Turn.

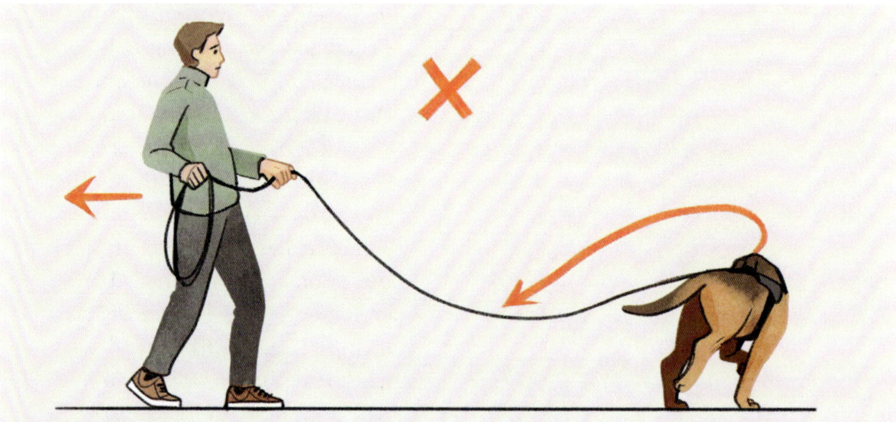

Falsch: Mit dem Oberkörper nach hinten kippen und/oder nach hinten oder seitlich ausweichen.

Auch Warten will gelernt sein.

Trailen ist die perfekte Auslastung für alle Arbeitslinien.

eine Richtung abchecken lässt. Gerade in den Einsätzen kann man oft nicht den direkten Weg des Geruchs gehen, da Hindernisse im Weg oder Bereiche abgesperrt sind. Dann ist es sehr wichtig, dass dein Hund sicher dreht. Der Grundstein hierfür wird bereits in der Lernphase durch die richtige Körpersprache und das Timing beim Führen gelegt.

LEINENHANDLING

In der Lernphase schafft eine kurze Leine und ein kleinerer Trailrahmen dem Hundeführer Überblick und gibt dem Team insgesamt mehr Sicherheit. Wenn der Hund umdreht, weil er eine Richtung ausschließt, wird die Leine bereits leicht nachgefasst und der Hundeführer schließt in direkter Linie zum Hund auf. In der Lernphase brauchen die meisten Hunde mehr Sicherheit und Kontakt mit der Leine. In der Arbeitsphase hat der Hundeführer nach dem Umdrehen (Turn) teilweise keinen oder nur leichten Leinenkontakt, bis der Hund komplett aus der Richtung rausgedreht hat und an ihm vorbeigelaufen ist. Der Hund benötigt zum Ausarbeiten der Kreuzung oftmals mehr Raum als in der Lernphase. Der Hundeführer fasst dann wieder Leine nach und schließt zügig zum Hund in die neue Richtung auf.

FÜHREN WIE DIE PROFIS

Hier findest du die wichtigsten Dinge, die das Führen enorm verbessern, wie Timing, Gelassenheit und Neutralität.

1. KREUZUNGSARBEIT, LEINENHANDLING, UMDREHEN

— Du gehst zügig zum Hund mit, aber nicht zu schnell. Du variierst das Tempo an die Situation angepasst (z. B. Richtungsentscheidung, Aktiv-Passiv-Zone).

— Du bist weich mit der Leine und hältst dich nicht daran fest. Ein starres, hartes Leinenhandling macht deinen Hund hart und für dich schlecht führ- und lesbar.

— Beim Nachfassen der Leine greifst du immer mit der Schlaufenhand (die Hand, die hinten ist und den Rest der aufgewickelten Leine hält) hinter deine Führhand (= die Hand, die du vorne hältst und die somit näher am Hund ist). Somit hältst du immer Kontakt und vermeidest Rucks.

2. NEUTRALITÄT

— Du bist der „neutrale Schatten“ und „aktive Unterstützer“ deines Hundes.
— Du gibst keine Richtung vor und achtest vor allem auch auf die Neutralität deiner Führhand (die Hand, die vorne die Leine hält). Diese Hand sollte sich möglichst nur vor und zurück bewegen (beim Nachfassen), aber nicht seitlich hin und her schwenken oder als würde man in einem Topf „herumrühren“.
— Du bleibst die ganze Zeit über möglichst gerade und aufgerichtet, den Blick nach vorne und leicht über den Hund gerichtet.

3. MINDSET

— Du strahlst hinten Ruhe, Gelassenheit und Sicherheit aus.
— Du bist für deinen Hund nicht unberechenbar, sondern verhältst dich möglichst gleich (beim Leinenhandling, in der Kreuzungsarbeit etc.). Das gibt ihm die Möglichkeit, sich voll und ganz auf seinen Job zu konzentrieren.
— Du bist ein angenehmer Partner und bist selbst auch konzentriert bei der Sache.

HINTERFRAGEN

Das richtige Führen seitens des Hundeführers (den Hund) und des Trainers (das Team) spielt eine große Rolle, ebenso das komplette Durcharbeiten der einzelnen Phasen. Wann wird mehr Führung übernommen, wann muss der Hundeführer aktiv werden und wann kann er an den Hund abgeben? Wann ist das Team soweit für den nächsten Schritt? Wann sind die jeweiligen Phasen-Plateaus tatsächlich durchgearbeitet? Welche Rolle spielen Körper und Energie, Gehirn, Herz, Mut und Selbstbewusstsein auf beiden Seiten? Wie können wir all dies beeinflussen? Diesen Fragen und mehr werden wir im Verlauf des Buches auf den Grund gehen.

4. ALLGEMEINES

Wichtig ist es, dem Hund im Alltag und bei der Arbeit einen grundsätzlichen Rahmen zu geben. Vor allem reaktive und ängstliche Hunde brauchen einen klaren Plan und Vorgaben. Alle Regeln des Alltags gelten auch auf dem Trail:
— nichts fressen,
— nicht raufen,
— nicht jagen,
— nicht beißen und
— mit dir kooperieren.

Dein Hund wird deine Hundeführerqualitäten lieben!

ZUSAMMENGEFASST

Die wichtigsten Hundeführerqualitäten eines Trailers sind:
— mentale Stärke und ein freier Kopf
— positive Grundstimmung und Wohlwollen
— Neutralität in der Körpersprache
— Timing/Dynamik beim Führen
— eine innere Verbindung zum Hund aufbauen
— durchhalten, dranbleiben, jedoch nichts erzwingen
— klare Regeln und Führung im Alltag

Es ist wichtig, sich diese Themen bewusst zu machen und auch erstmal intellektuell zu durchleuchten! „Vergiss“ dann aber alles auch wieder und traile am besten intuitiv, aus dem Bauch heraus. Erwarte gerade zu Beginn nicht zu viel von dir und deinem Hund. Du musst nicht alles sofort perfekt umsetzen können. Setze dich nicht unter Druck. Je natürlicher du mit der Bewegung deines Hundes gehst, je weniger du mental oder körperlich gegen ihn arbeitest, je besser du deinen Kopf ausschalten und dich mit ihm verbinden kannst, desto einfacher könnt ihr auch schwere Trails lösen und der Flow-Zustand gehört euch!

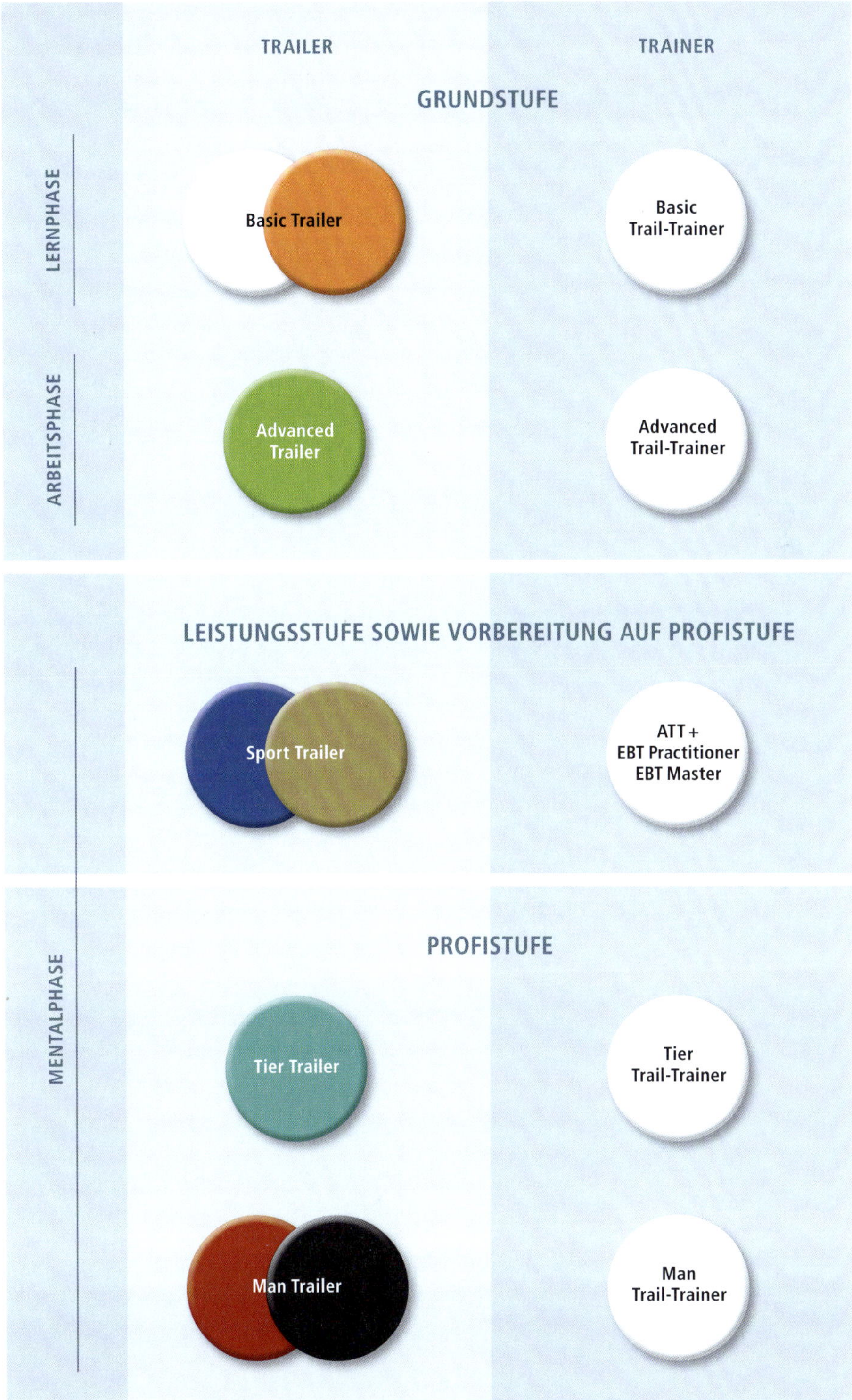

Das von uns entwickelte Farbstufensystem zeigt den aktuellen Leistungsstand eines geprüften Teams.

DIE FIVE CORES

Du möchtest einen zuverlässigen und einsatzfähigen Suchhund haben? Doch dieser schöne Plan ist einfach noch nicht aufgegangen? Vielleicht liegt es daran, dass du die Five Cores noch nicht kennst. Denn damit zu arbeiten, ist lebenswichtig für den Trail-Flow.

DEM TRAIL-INFARKT VORBEUGEN

Die Five Cores (engl. „Core“ = deutsch „Kern“) als tragende Säulen eines jeden Trailteams sind vergleichbar mit der inneren Blutbahn eines Lebewesens, die Sauerstoffversorgung und Energiezufuhr gewährleistet. Ist eine dieser Adern verstopft, dann stockt es an dieser Stelle und es ist kein Trail-Flow möglich! Schlimmstenfalls droht der „Trail-Infarkt“, das bedeutet, dass der Hund gar nicht mehr trailt.

Insbesondere in den hohen Stufen bringen wir unseren Hunden bei, immer komplexere Trails auszuarbeiten. Wir trainieren alte Trails, Negativs und überprüfen, ob der jeweilige Hund Zeit speichern kann – um nur einige Beispiele aus der Mentalphase zu nennen. Für diese komplexen Aufgaben benötigt der Hund Kraft, Ausdauer, Erfahrung und Energie.

DIE FIVE CORES IM FOKUS!

Unsere Hunde lernen auf jedem Trail etwas! Das muss mir als Trainer bewusst sein. Ich achte bei jedem Training auf die Five Cores. Ist ein Core nicht frei, wird in diesem Bereich sofort nachjustiert. Dies hat absolute Priorität. Die Cores hängen zusammen und beeinflussen sich gegenseitig.

Die drei Phasen

Einsteiger-Niveau = Lernphase
Fortgeschrittenes Niveau = Arbeitsphase
Leistungs-Niveau = Mentalphase

Manchmal neigen wir im Training dazu, uns ausschließlich auf den Geruch zu konzentrieren und übersehen dabei das Wichtigste: Unsere Hunde lernen auf jedem Trail etwas!

DIE FIVE CORES IM ÜBERBLICK

CORE 1: MOTIVATION

Die erste Säule betrifft die Motivation sowohl die deines Hundes als auch deine eigene. Dein Hund sollte immer Lust am Arbeiten haben, freudig motiviert und mit Leidenschaft an den Trail rangehen. Wenn das nicht der Fall ist, müssen wir uns auf Ursachenforschung begeben und uns fragen, was passiert ist:

„Heaven“ findet Alex, nachdem sie motiviert den offenen Schulhof gequert hat.

- Waren die letzten Trails zu einfach? Oder waren sie zu schwer?
- Hat eine unbewusste Über- oder Unterforderung im Training stattgefunden?
- Hat er insgesamt viel zu tun? Haben zu viele Trainings (auch aus anderen Sparten wie ZOS, Obedience etc.) oder Einsätze hintereinander stattgefunden?
- Konnte er etwas nicht lösen oder fehlt ihm der Drive zur VP?
- Stimmt unser Trailtempo mit seinem eigentlichen Suchtempo überein?
- Oder kann es sein, dass du nicht schnell genug mitgehst und es deinem Hund zu langsam vorangeht?
- Hat es hormonelle Gründe?

Lösen und finden wollen ist der Schlüssel zum Erfolg. Begehrlichkeiten in deinem Hund zu wecken ist das Zauberwort. Er muss etwas haben wollen, dann strengt er sich auch dafür an. Aber Achtung: Fahre deinen Hund vor dem Start und auch am Ende nicht unnötig hoch. Eine Übererregung ist nicht das gewünschte Ziel und Unkonzentriertheit die Folge.

CORE 2: (SELF-)CONFIDENCE

(Self-)Confidence steht sowohl für dein eigenes Selbstbewusstsein bei der Arbeit mit deinem Hund als auch für das Selbstbewusstsein deines Hundes bei der Arbeit.

TRAILEN UND HORMONE

Hormone wie Oxytocin, Dopamin und Serotonin, die der Hund bei einer erfolgreichen Suche ausschüttet, treiben ihn an und machen ihm Lust auf ein nächstes Mal. Seine freudige Erwartungshaltung steigt im positiven Sinn. Bei Überforderung und Frust beherrscht Cortisol den Körper und das blockiert, macht keine Lust auf Lernen und lässt das Erlernte auch nicht abspeichern.

Ist er selbstsicher in den Richtungsentscheidungen und in der Problemlösung? Sagt er zu dir: „Hey, komm mit, hier geht's lang!" Und wie reagierst du darauf? Das Zusammenspiel auf dem Trail und eine gelungene Körpersprache und Kommunikation fördern das gegenseitige Vertrauen. Das Vertrauen des Hundes in sich selbst und auch in dich als Hundeführer nimmt von Training zu Training zu. Auf deine Ausstrahlung kommt es an! Eine neutrale oder positive Ausstrahlung, Wohlwollen und Begeisterung schaffen eine perfekte Arbeitsgrundlage und fördern das Vertrauensverhältnis von Mensch und Hund.

Liegen bei diesen elementaren Punkten des Selbstbewusstseins und Vertrauens zwischen dir und deinem Hund Störungen vor, unterbinden diese direkt den Trail-Flow, und ein flüssiges Trailen ist kaum möglich. An dieser Stelle ist dann die Zusammenarbeit mit einem erfahrenen Trainer gefragt.

CORE 3: KONZENTRATION

Bist du als Hundeführer präsent? Was geht in deinem Kopf vor? Bist du wirklich beim Trailen, genau jetzt und genau hier zusammen mit deinem Hund? Oder spuken im Hintergrund alle möglichen Gedanken in deinem Kopf herum? Wie das Gespräch mit den Kollegen im Büro vom Vormittag oder die Einkaufsliste für das Abendessen?

Konzentriert zu sein bedeutet, in diesem Moment wirklich präsent zu sein! Wenn du hinten redest und redest – dabei ist es egal, ob das nur in deinem Kopf stattfindet oder mit deinen Trailkollegen – kann das deinen Hund vorne bei der Arbeit beeinflussen.

Das bedeutet nicht, dass hinten absolutes Schweigen herrschen muss. Manchmal sind ein, zwei Sätze zur Auflockerung oder Infos zum Trail wichtig und gut. Es geht darum, sich bewusst zu sein, was geredet wird und wann, und sich dem Hund gegenüber fair zu verhalten. Die Hunde bekommen mit, wenn die Aufmerksamkeit nicht bei ihnen, sondern

Gemeinsam schaffen wir das! Mit Konzentration und Selbstvertrauen wird der Trail gemeistert.

eher beim Gespräch mit dem Trainingspartner liegt. Überprüfe dich: Wie konzentriert bist du bei der Sache?

Wie kannst du deine Konzentration steigern?

Fange damit am besten bereits zu Hause vor dem Trailen an, indem du Situationen wie Kreuzungsarbeit und Leinenhandling regelmäßig visualisierst und im Kopf durchgehst. Dabei kannst du ganz entspannt und spielerisch deine Technik optimieren und musst dich während des Trailens nicht mehr groß darauf konzentrieren.

Sinnvoll ist es auch, sich im Training kurz vor dem Start noch mal in Ruhe zu sammeln: Stelle dich schulterbreit locker hin, atme ein paar Mal durch die Nase tief in den Bauch ein und durch den Mund wieder aus. Wenn du magst, kannst du dabei deine Augen schließen. Wenn du das regelmäßig vor dem Training machst, tauchst du schnell in deine mental trainierte Konzentrationsform ein. Auch Leistungssportler machen sich dies zunutze. Eigne dir einen bestimmten Ablauf an und entwickle deine eigene Strategie oder kopiere die von einem besonders guten Trailprofi. Was macht er vor dem Trailen? Wie bereitet er sich vor? Was denkt er? Hat er bestimmte Abläufe? Damit bist du gut auf deinen Trail eingestimmt.

Während des Trailens:

- Lerne, diese Trainingszeit mit deinem Hund zu genießen und für euch freizuhalten. Das ist eure „quality time“.
- Reguliere deine Atmung und halte die Konzentration auch noch im letzten Drittel des Trails aufrecht. Dies erfordert je nach Länge des Trails und Höhe der Ablenkung etwas Training. Steigere dich langsam, aber stetig.

TIPP: VERTRAUE DIR UND DEINEM KÖNNEN

Lerne die Technik und verbessere dich bei jedem Training. Lerne auch aus deinen Fehlern, ohne dir dabei Vorwürfe zu machen, denn Fehler gehören zum Training dazu! Lass dich am besten regelmäßig filmen und bespreche die Videos mit deinem Trainer oder Kollegen. Suche Fehler nicht nur im Außen, sondern übernimm auch Verantwortung für dich selbst und deinen Hund! Schau genau hin! Du bestimmst eure gemeinsame Reise! Dadurch gewinnst du mehr und mehr Vertrauen in dich selbst, Stärke und Selbstbewusstsein. Mehr dazu findest du in diesem Kapitel.

Schaffst du es, die ganze Zeit über voll bei deinem Hund zu sein, wird auch er ganz bei der Sache sein. Schweift er ab, kannst du ihn durch deine physische und mentale Präsenz unterstützen und wenn nötig dynamisches Führen einbauen. Unterscheide dabei aber, ob er vielleicht nur eine kurze Auszeit benötigt, weil er etwas lösen musste oder mal Zeit zum Kontrastriechen braucht. Klappt etwas nicht sofort, bleibe trotzdem möglichst gelassen: Atme den Frust weg und bleibe dran. Die Wiederholung macht's!

Hunde spiegeln uns: Bist du nicht bei der Sache, schweift auch er ab.

CORE 4: KÖRPERSPRACHE

Wie du ja bereits weißt, hat deine Körpersprache einen unmittelbaren Einfluss auf die Körpersprache deines Hundes. Auch Themen wie Schnüffeln und vermehrtes Pinkeln des Hundes auf dem Trail kann in der Körpersprache des Hundeführers begründet sein. Verdrehst du dich beispielsweise konstant in der Vertikalachse und kippst nach vorne, kann sich das bei deinem Hund durch Pendeln oder schwammiges Arbeiten in der Richtungsentscheidung äußern. Bei einer Drehung in der Vertikalachse kommt sogar ein Flugzeug auf dem Rollfeld schnell ins Schlingern! Um möglichst gerade zu bleiben und eine gute Körperspannung zu halten, muss deine

Konzentrations-Checkliste vor dem Start

- ☐ Trainiere dir eine mentale Konzentrationsform an, in die du vor dem Start eintauchst. Alle erfolgreichen Leistungssportler machen das!
- ☐ Sortiere dein Equipment, bevor es losgeht! Wenn du chaotisch startest, geht es meist auch chaotisch weiter.
- ☐ Schalte nun deine Gedanken ab und blende Themen aus dem Alltag aus. Das schafft viel Platz für ein konzentriertes Arbeiten im Flow.
- ☐ Atme ein paar Mal tief ein und wieder aus, bringe dich in diesen Moment. Sage zu dir: „Ich tauche nun bewusst und mühelos in meine eigene mentale Konzentrationsform ein."
- ☐ Verbinde dich mit deinem Hund und nehme innerlich Kontakt zu ihm auf. Hierfür kannst du auch kurz deine Augen schließen. Atme tief und ruhig weiter.
- ☐ Mache dir vor dem Start ritualisierte Abläufe zunutze, beispielsweise immer gleiche Berührungen (den Hund ins Geschirr umhängen, nochmal über den Hals streicheln o. Ä.). Dadurch bereitet sich auch dein Hund auf die Arbeit vor und startet konzentrierter. Achtung: Das ist nicht für alle Teams förderlich. Für manche muss das Startritual aufgebrochen werden und variieren, beispielsweise wenn der Hund damit etwas schlecht verknüpft hat, einfordert o. Ä.

Bauch- und Rückenmuskulatur angespannt werden. Richte dich möglichst auf, mache dich groß und behalte eine aufrechte Körperhaltung bei. Stabilität und Kraft kommt aus dem unteren Rücken, Energie aus dem Bereich unterhalb des Bauchnabels. Fängst du oben das Ziehen aus den Armen oder Nach-vorne-Kippen an, kann dich das sehr viel Kraft kosten, je nachdem, welcher Hund sich vorne an der Leine befindet (z. B. ehrgeiziger Weimaraner). Oftmals wird gerade beim Nachfassen der Leine der Oberkörper über die Schulter der Führhand verdreht. Gleichzeitig möchten wir aber, dass der Suchhund vorne gerade bleibt und körpersprachlich klar abbiegt. Das wird er in diesem Fall nicht tun, sondern instabil hin- und herpendeln. Dem Hund ist es durchaus möglich, eine Zeitlang falsche oder gegensätzliche Bewegungen des Hundeführers zu kompensieren, allerdings kostet dies ihn und den Hundeführer viel Kraft und ist unnötig.
Ein Beispiel Der Hundeführer ist am Start angespannt und atmet nur gepresst. Der Hund steht und schnüffelt. Statt den Hund nun zu fixieren und nach unten zu starren, richtet der Hundeführer sich gerade auf, richtet den Blick nach vorne, lässt die Leine locker und atmet tief durch. Der Hund läuft daraufhin sofort los. Unsere non-verbale Kommunikation mit dem Hund wird von uns Menschen häufig unterschätzt.

CORE 5: LESBARKEIT

Der letzte Core steht für die Lesbarkeit des Hundes. Diese hängt mit allen vorangegangenen Kernpunkten zusammen. Ist es dir nicht möglich, deinen Hund zu lesen, tappst du im Dunkeln. Es ist schwer, sich so sicher auf der Spur und gut zu fühlen – und der Flow-State rückt in weite Ferne. Themen wie dynamisches Führen, das richtige Timing in der Kreuzung, das Rausarbeiten der Turns und alle vorangegangenen Cores müssen überprüft werden. Auf die einzelnen Punkte gehen wir im Buch noch genauer ein.

Wenn die Five Cores frei sind, kann alles fließen und das Team kommt automatisch in den Flow, zurück in seinen natürlichen Zustand. Das Team ist im Einklang mit sich. Stell dir einen Korken vor, der easy und leicht auf einer Wasseroberfläche treibt. Das ist der Flow. Sind dagegen Widerstände gegeben, drücken diese den Korken unter das Wasser. Lösen sich die Widerstände auf, ploppt der Korken wieder an die Wasseroberfläche zurück und kann dort mühelos fließen.

TESTE DEINE FIVE CORES

Sind bei dir und deinem Hund alle Säulen frei? Welcher der Cores ist bei dir und deinem Hund blockiert? Sind es mehrere?
Mache ein Kreuz auf der jeweiligen Skala von 0 – 10 (0 = wenig, 10 = hoch) und verbinde die Punkte. Bist du in einem Sektor nicht im grünen Bereich, ist kein Flow-State möglich. Dort musst du gleich im Training nachjustieren!

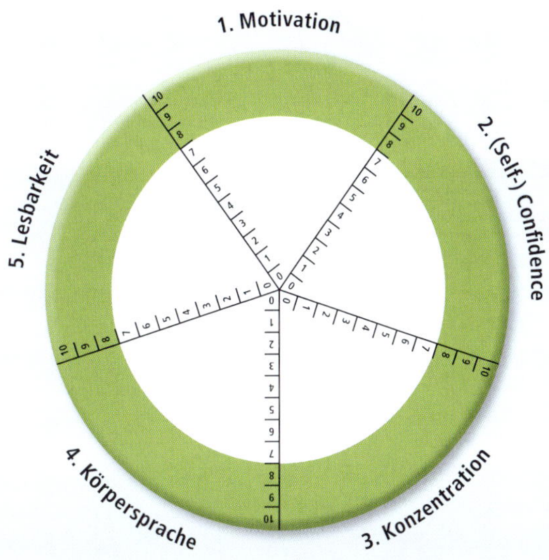

Trage deine Cores ein und verbinde die Punkte mit einer Linie.

PROBLEME BEHEBEN

Zwei Hundeführer möchten mit ihrem jeweiligen Hund die Einsatzfähigkeit erlangen. Team A entwickelt sich bis auf ein paar kleinere Lernplateaus stetig weiter und macht Fortschritte. Team B trailt mal gut, mal weniger gut und keiner weiß genau, warum das so ist.

DAS PHASEN-PLATEAU

Woran kann es liegen? Es kann sein, dass das Team sich gerade auf einem „Phasen-Plateau" befindet, das bedeutet, dass das Team im Wechsel bzw. dem Übergang von der einen zur anderen Phase steckt.
Von der Lern- auf die Arbeitsphase wird dieses Plateau meist recht zügig durchlaufen. Von der Arbeits- auf die Mentalphase kann dies jedoch auch mal ein längerer Prozess sein. Der Übergang in die Mentalphase wird meist noch ganz gut geschafft, und dann entscheidet sich, welches Team die nötigen Komponenten für eine Einsatzfähigkeit mitbringt, vor allem wenn es um die Personensuche geht.

TOUGH ENOUGH?

In der tiefen Mentalphase kommt nicht jedes Team an. Hier kommt unser Spruch „tough enough" ins Spiel. Manchen Hundeführern wird es im letzten Drittel zu mühsam und es geht ihnen auf der Zielgeraden zur Einsatzfähigkeit die Puste aus. Hier wird es häufig etwas zäh und manchmal heißt das, sich wochenlang im Training durchzubeißen und vielleicht auch mehrfach durch eine Prüfung zu fallen. Es kann allerdings auch sein, dass ein Hundeführer oder sein Hund nicht für das Durcharbeiten der Mentalphase und die Einsatzfähigkeit geeignet ist. So bringt nicht jeder Hund die Voraussetzungen mit und man tut ihm keinen Gefallen damit, ihn unbedingt zu einem einsatzfähigen Hund machen zu wollen. Manche Teams sind mit dem reinen „Sporttrailen" zur Auslastung glücklich und zufrieden.
Wir haben auf diesem Weg schon alles erlebt. Hunde, denen prophezeit wurde, dass sie niemals das Potenzial hätten, einsatzfähig zu werden, die aber nur falsch trainiert wurden. Und genauso Hundeführer, die unbedingt aus ihrem Hund einen einsatzfähigen Hund machen wollten, obwohl er tatsächlich vieles nicht mitgebracht hat, was er dazu benötigen würde, um es gut zu finden und mit der Belastung gut umzugehen. Auch hier gilt:

»Es kann und sollte nichts erzwungen werden!«

Der Trainer begleitet das Team eng.

Dabei behält er nicht nur die Fortschritte …

UNERKANNTES THEMA?

Möglich ist auch, dass Team B ein Thema hat, das bislang gar nicht als solches erkannt wurde oder nicht eingegrenzt werden konnte, woran es genau liegt. Du als Trainer kannst ein Team gut durch ein Phasen-Plateau und damit weiter nach vorne bringen, wenn du die richtigen Themen erkennen, benennen und fixieren kannst. Hier heißt es, die Orientierung zu behalten.
Es gibt verschiedene Bereiche, denen ein Problem zugeordnet werden kann. Ein- und dasselbe Symptom kann verschiedene Ursachen haben und muss an der Wurzel gepackt und unterschiedlich bearbeitet werden. Die Aufgabe des Trainers ist es, durch eine punktgenaue Analyse die richtige Diagnose zu stellen und das entsprechende „Heilmittel" anzuwenden. Es hilft nichts, einfach nur noch mehr zu trainieren, ohne zu erkennen, was das genaue Thema ist. Manchmal wird sich in irgendeine Idee festgebissen, wild spekuliert, analysiert, noch mehr trainiert und noch mehr diskutiert. Da kann es besser sein, einfach mal einen Schritt zur Seite zu treten, sich anhand der drei Ebenen einen Überblick zu verschaffen und ggf. über ein Ausschlussverfahren das Problem zu lokalisieren.

Es nützt jedenfalls nichts, immer dasselbe zu machen, wenn es bislang nicht funktioniert hat. Denke daran:

»If something isn't working, don't try it harder«

DIE DREI EBENEN

Damit dir das Eingrenzen des Themas leichter fällt, geben wir dir nun ein weiteres Werkzeug zur Orientierung an die Hand: die drei Ebenen. Sie helfen dir, während der Team-Analyse die Orientierung zu behalten. Während die Five Cores das innere Netzwerk des Trailteams darstellen, gleichen die drei Ebenen einem äußeren Grundgerüst. Du kannst dir die Cores auch als Zimmer in einem Haus vorstellen und die Ebenen als Stockwerke. Zimmer (Cores) gibt es in jedem Stockwerk, so wie die Cores auch auf jeder Ebene liegen können. Brennt der Dachstuhl und es wird nicht gelöscht, greift das Feuer auf die anderen Stockwerke über und das Haus wird irgendwann einstürzen. Um gezielt löschen zu können, muss ich wissen, wo es brennt. Es hilft nicht, immer wieder

... des Trailens im Auge, sondern überprüft, ob alle Cores in allen Ebenen frei sind.

das Erdgeschoss zu fluten, wenn ein Zimmer im Obergeschoss brennt.

Ein Beispiel Der Hund einer Kundin wirkt auf dem Trail recht unmotiviert.

Er schnüffelt häufig, hängt sich in der Kreuzung an Ecken auf, sein Suchtempo ist recht langsam. Somit ist Core 1 betroffen (Motivation) und der Trainer möchte dieses Problem beheben und die Säule aufrichten. Aber woran liegt es, dass der Hund nicht motiviert ist? Welche Ursache liegt dem zugrunde? Um das rauszufinden, checkst du die drei Ebenen ab, denn das Problem muss auf der Ebene erkannt (und gelöst) werden, auf der es liegt.

Ebene 1 Die psychische und physische Ebene
Ebene 2 Die Beziehungsebene
Ebene 3 Die trailtechnische Ebene

Die Ebenen sind hierarchisch aufgebaut. Die trailtechnische Ebene ist in der Hierarchie die unterste, die Themen hier sind in der Regel am einfachsten zu beheben. Wie ins Erdgeschoss des Hauses komme ich hier auch am Schnellsten ran. Die psychisch/physische Ebene ist die oberste, hier kann auch die Hilfe von weiteren Personen sinnvoll sein (bsp. Tierarzt). Wir fangen von unten nach oben an:

DIE TRAILTECHNISCHE EBENE

Auf der trailtechnischen Ebene befinden sich Themeninhalte wie Kreuzungsarbeit und richtige Positionierung, Timing beim Führen und beim Leinenhandling, dazu alles, was mit (Individual-)Geruch zu tun hat, wie Spurdifferenzierung, Schwierigkeiten Spur vs. Witterung sowie die Körpersprache des Hundeführers allgemein, Neutralität, dynamisches Führen, saubere Turns und das richtige Suchtempo. Hier findet sich alles Technische, was ich einem Suchteam beibringen kann.

Würde das Problem „mangelnde Motivation" aus unserem Beispiel auf dieser Ebene lokalisiert sein, könnte es beispielsweise sein, dass

— der Hundeführer zu zögerlich mit seinem Hund mitgeht,
— der Hundeführer seinen Hund durch Gegenbewegungen ausbremst,
— der Hundeführer seinem Hund zu wenig Leine gibt und zu dicht draufhängt,
— das Suchtempo zu langsam ist,
— die Trails zu langweilig gelegt sind,
— das Team zu eng geführt wird und sich bereits im Übergang zur Arbeitsphase befindet,
— der Suchhundetyp nicht erkannt wurde.

Neutraler Beobachter

Ich schaue also als neutraler Beobachter von außen ganz genau hin, ob hier alles passt. Dazu muss ich mich als Trainer auch immer selbst überprüfen:

- Ist mein Timing beim Führen des Teams gut?
- Schätze ich das Team richtig ein?
- Lege ich die passenden Trails?

Ich checke aber vor allem auch die fünf Punkte des effektiven Trailens ab, siehe Kasten. Zusätzlich prüfe ich, ob der Trail zum Leistungsstand des Hundes passt. Hier kann ich mich an dem Farbstufensystem und den drei Phasen orientieren (vgl. Buch 1). Wenn ich mir als Trainer in der Einschätzung der Teams nicht ganz sicher bin, macht es Sinn, einen erfahrenen Trainer um Rat zu fragen.

DIE BEZIEHUNGSEBENE

Ob die Mensch-Hund-Beziehung stimmt, lässt sich meist bereits auf dem ersten Trail erkennen. Ist es eine gesunde und vertrauensvolle Beziehung, die nicht von Abhängigkeiten im negativen Sinn bestimmt ist? Hat der Hund eine ruhige Problemlösung gelernt und wie steht es um seine Frustrationstoleranz? Beispielsweise bei folgenden Punkten sollte der Trainer aufmerksam werden:

- Der Hund kläfft bereits am Start.
- Er zerrt seinen Hundeführer bis zum Start und auf dem Trail unkontrolliert durch die Gegend.
- Der Halter hat nicht viel zu melden.
- Alles dreht sich um den Hund, Stichwort „kleiner-Prinz-Syndrom“.
- Der Mensch arbeitet mit viel Druck und Ungeduld.
- Gibt es Probleme im Alltag?

KÖRPERSPRACHE DES HUNDEFÜHRERS

Fünf Punkte des effektiven Trailens

1. Ist der Hundeführer in einer Linie hinter seinem Hund und hat keinen dauerhaften Winkel in der Leine?
2. Geht der Hundeführer in Entscheidungen zügig mit seinem Hund mit? Ist die „Kamera – der Lichtstrahl aus dem Bauchnabel“ (siehe Seite 19 ff.) immer auf den Hund gerichtet? Gehen beide in dieselbe Richtung?
3. Macht der Hundeführer dem Hund bei einer Drehung den Weg ohne Einmischung frei? Zur Erinnerung: Versucht der Hundeführer dem Hund bei einer Drehung mit einem Rückwärtsschritt aus dem Weg zu gehen? Will er ihm den Weg freimachen, macht damit aber eine neue Richtung auf, die sich der Hund nun anschaut und damit Kraft verschwendet? Hier geht es um die Effizienz und das „Nicht-Einmischen“. Mit Gegenbewegungen fange ich durch meine für den Hund unlogischen Schritte ein Gespräch mit ihm an, das er eigentlich gar nicht führen will – und ihn somit aktiv aus dem Flow bringt.
4. Stimmt die Positionierung in der Kreuzung? Geht der Hundeführer auch hier effizient mit der Bewegung des Hundes mit?
5. Passt das Timing in der Kreuzung beim Leinenhandling vor, in und nach einer Kreuzung? Zur Erinnerung: Vor der Kreuzung Leine verkürzen, in die Kreuzung Leine geben, dann wieder nachfassen, mitgehen und Leine geben, damit sich der Hund nach der Kreuzung lang machen kann (Aktiv-Passiv-Zone).

Besteht eine vertrauensvolle Beziehung, hat der Hund eine ruhige Problemlösung gelernt, …

— Interpretiert er alles mögliche in seinen Hund hinein und drängt ihm ein bestimmtes „Label“ auf?
— Zeigt der Hund irgendwelche Verhaltensauffälligkeiten?
— Ist der Hund ein Balljunkie oder hat er eine andere Fixierung?

Wichtig ist auch ein Blick auf die anderen Freizeitbeschäftigungen des Hundes, um ihn vor eventuell möglicher Überforderung zu schützen: Wie sieht sein Stundenplan aus? Weniger ist oft mehr! Trailen strengt mental sehr an, da macht es Sinn, vorher nicht noch den Besuchsdienst im Altenheim und eine Obedience-Einheit eingeplant zu haben.
Eine gute Beziehung bedeutet natürlich nicht, dass nichts von den oben genannten Themen vorhanden sein darf. Die Frage ist, wie damit umgegangen wird. Je transparenter das Team für den Trainer ist, umso besser kann eine Lösung gefunden werden.

… und kann der Hundeführer dynamisch führen, …

… steht dem Erfolg nichts im Weg.

Ungeklärtes Thema im Alltag?

Würde sich nun unser Problem aus dem Beispiel „der Hund ist unmotiviert" auf dieser Ebene befinden, könnte es sein, dass Hund und Hundeführer bereits im Alltag ein Thema miteinander haben, das noch nicht gelöst wurde. Beispielsweise haut der Hund beim Spaziergang ständig ab, um zu jagen. Wie geht der Mensch damit um? Wird nun ein Antijagdtraining gemacht, der Hund stärker in die Unterordnung genommen oder einfach nichts unternommen? Oder ist der Besitzer überfordert? Ist das Thema im Hundetraining durchgearbeitet worden oder steht es zwischen den beiden noch zur Diskussion?

Genervt?

Vielleicht ist der Hundeführer aber auch nur genervt, weil der Hund schnüffelt oder sich nicht schnell genug entscheidet, er aber möglichst schnell einen einsatzfähigen Hund haben möchte. Deswegen baut der Hundeführer von hinten Druck auf und gängelt den Hund. Nun versucht der Hund wieder, sich dieser Situation und dem Hundeführer zu entziehen, was sich durch Schnüffeln, Stocken, Stehen, Zögern, Wälzen oder einer allgemeinen Nicht-Motivation äußern kann! Wir haben also dasselbe Bild: Hund schnüffelt oder pinkelt viel, hängt, geht weder motiviert noch zügig vorwärts. Die Ursache liegt aber auf der Beziehungs-Ebene und hat keine trailtechnische Ursache. Es ist für den Trainer wichtig zu erkennen, ob der Hund schnüffelt und unmotiviert ist, weil er

— überfordert wurde und etwas auf dem Trail nicht verstanden hat,
— von hinten blockiert wird,
— beispielsweise versucht, sich dem Hundeführer zu entziehen und dem eine Beziehungsthematik zugrunde liegt.

Wenn der Hund im Alltag in einer gesunden Beziehung mit seinem Besitzer lebt, hat er auch das Vertrauen, sich beim Trailen vorne voll in die Spur hineinzuträumen. Er kann und will sich fallen lassen und alles geben. Er muss nicht Dinge auf dem Trail mit seinem Hundeführer ausdiskutieren. Er kann sich einfach auf den Geruch konzentrieren und beide können effizient zusammenarbeiten. Das Gute hierbei ist: Die Beziehung kann über die passenden Trails und das richtige Führen maßgeblich verbessert werden! Deshalb ist das Eingrenzen der Ebene und das punktgenaue Legen und Führen so wichtig.

DIE PHYSISCHE UND PSYCHISCHE EBENE – MENTALE EBENE

Auf der physischen und psychischen Ebene klären wir ab, ob beim Team körperliche oder psychische Themen vorliegen.

Physisch Hund

Ein häufiges Thema auf dieser Ebene sind die Hormone. Ist der Rüde in der Pubertät oder hat er läufige Hündinnen in der Nase? Ist die Hündin selbst läufig? Dann wäre es normal, dass der Hund unmotivierter ist als sonst und häufiger schnüffelt oder pinkelt. Er hat gar nicht die physische Kapazität, sich so auf die Arbeit zu konzentrieren, wie er es sonst macht. Seine Priorisierung liegt zu der Zeit woanders. Das ist natürlich und normal. Da muss ich als Hundeführer eines intakten Rüden oder einer intakten Hündin auch Verständnis haben.
Stimmen die Schilddrüsenwerte? Ich kläre ab, ob mein Hund gesund ist und die nötigen Energieressourcen hat, um zu trailen. Tipp: Futtermittelunverträglichkeiten können auch müde machen.

Physisch Mensch

Ist beim Hundeführer alles okay? Ist er fit und gesund? Eine Veränderung im Gesundheitszustand des Menschen kann den Hund vorne maßgeblich beeinflussen. Hunde spiegeln gerne unsere eigene Dysbalance. Auch bei der Auswahl der VP darauf achten! Ist diese in einer schlechten Verfassung oder muss Medikamente nehmen, kann sich das auch auf manche Hunde auswirken.

Psychisch Mensch

Ist der Hundeführer in einer guten psychischen Verfassung? Wenn nicht, kann das Auswirkungen auf die Suchleistung des Hundes haben. Im mentalen Bereich ist der Hundeführer besonders gefragt!

Den peripheren Blick üben

Diese Übung kannst du zu Hause machen, während du aus dem Fenster schaust oder einfach, wenn du draußen im Freien bist. Schaue in den Himmel. Versuche, deinen Blick weich werden zu lassen. Betrachte den Himmel, ohne direkt etwas zu sehen. Das bedeutet nicht, dass du schielen sollst oder die Augen zusammenkneifst. Du fokussierst

SCHNELL UND EINFACH AUF DEM TRAIL ENTSPANNEN!

Übe dich darin, während des Trailens nicht ständig zu denken oder deinen Hund zu analysieren. Du bist möglichst frei von anzweifelnden Gedanken und lässt Ruhe in deinen Kopf einkehren.
So näherst du dich mehr und mehr dem Flow-State. Trailen im Flow-Zustand ist wie eine Art Meditation. Du schaltest um von einem fokussierten, auf den Hund gerichteten Blick und gehst zu einem peripheren, weichen Blick über. Hierbei nimmst du auch die Umgebung und mehr Informationen von deinem Hund (unbewusst) wahr. Für den Hund ist das deutlich angenehmer, als wenn du ihn mit einem starren Blick fixierst und ständig versuchst, ihn zu lesen. Der periphere Blick findet auch in der Kampfkunst und in einigen Meditationstechniken Anwendung sowie beim Halten von Vorträgen, um die gesamte Gruppe im Auge zu behalten. Die japanischen Bogenschützen trainieren ihn, Leistungssportler wie Fußballer, Tennisspieler und Schachprofis schulen das switchen vom fokussierten auf den peripheren Blick. Man lenkt seine Aufmerksamkeit auf den Raum um einen herum bzw. auf das „Nichts". In den 1970er Jahren fand Les Fehmi, Ph. D., Direktor des Princeton Biofeedback Centre in Princeton, New Jersey, heraus, wie der Wechsel von einem engen zu einem offenen Fokus die Gehirnwellen verändert und ich damit vom bewussten Denken (Betawellenbereich) in den entspannten und kreativen Alphazustand wechseln kann.

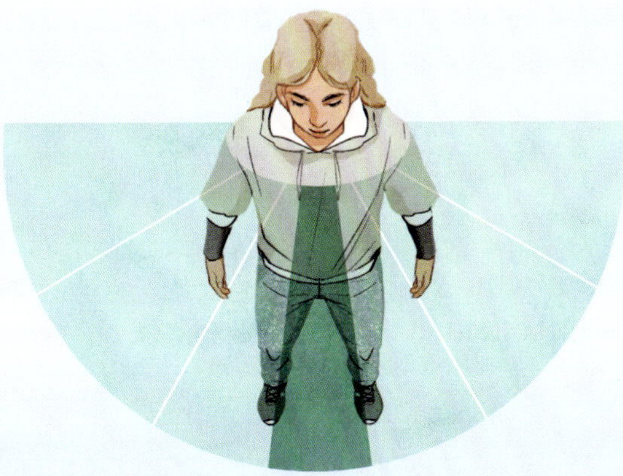

Der periphere / unfokussierte Blick (hell) vs. der fokussierte Blick (dunkel)

dich nur nicht auf einzelne Objekte. Du registrierst einzelne Wolken, Vögel, Flugzeuge o. Ä., wie sie am Himmel vorüberziehen nur peripher oder sogar gar nicht. Im zweiten Schritt machst du das nun „in dir". Du registrierst deine Gedanken nur am Rande, lässt sie vorbeiziehen wie Wolken oder Flugzeuge am Himmel. Du konzentrierst dich mehr und mehr auf die gedankenfreien Lücken zwischen deinen Gedanken und lässt diese Abstände immer größer werden und deine Gedanken immer weniger. Bis dein Kopf leerer und leerer wird. Setze dich nicht unter Druck. Wenn es nicht klappt, probierst du es am nächsten Tag einfach wieder. Denke nicht, dass du nicht denken sollst, denn das funktioniert nicht. Um deinen Kopf leer werden zu lassen, kannst du im Alltag auch weitere Techniken anwenden, die dies trainieren, beispielsweise Meditationen, Achtsamkeits- und Atemübungen. Dies lässt sich einfach in den Alltag integrieren und kostet nicht viel Zeit. 15 – 20 effektive Minuten täglich reichen in der Regel aus! Am besten übst du gleich morgens. Bleibe in der Gegenwart. Nicht Vergangenes wiederholen, wie: „Damals in der grünen Prüfung ist er auch parallel gelaufen und dann ...". Und auch nicht in die Zukunft weiterdenken, was alles passieren kann und ob man noch richtig ist oder was ein „falsch Laufen" für Konsequenzen haben kann.

Psychisch Hund

Natürlich gibt es auch die Möglichkeit, dass der Hund psychisch belastet sein kann, beispielsweise durch den letzten Einsatz. Denn währenddessen kommen mehr Stress und Druck auf als im Training, alleine schon durch die Personen am Einsatzort, wie besorgte Angehörige eines Vermissten, Polizei, Feuerwehr und Mitarbeiter des Rettungsdienstes. Selbst bei guter Organisation und Abschirmung kann hier der Ausnahmezustand herrschen. Zudem ist die Zeit oft knapp, zum Beispiel wenn Gefahr im Verzug wegen eines angekündigten Suizids ist oder die Spurensicherung wartet, dass wir mit dem Hund den Startort freigeben. Der Hund nimmt diese Emotionen auf der Gefühlsebene noch stärker wahr und es belastet sicherlich auch ihn.

Ein Beispiel aus der Praxis Wir kamen zu einem Vermisstenfall, wo bereits zahlreiche Feuerwehrleute, Polizisten und Rettungskräfte Spalier standen. Die Geruchsartikelgewinnung gestaltete sich kompliziert, denn die Vermisste war erst frisch in der Einrichtung eingeliefert worden und es gab keinen Gegenstand von ihr, dessen Geruch nicht durch das Pflegepersonal und andere Personen kontaminiert wurde. Dazu fragten die Einsatzkräfte der Polizei, wann es denn endlich losgehen würde. Dabei musste zuerst das Pflegepersonal der letzten Nacht geholt werden, um es auszuschließen, denn sie hatten alle die Gegenstände der vermissten Person berührt und sich bei der Suche in der Gegend in und rund um das Gebäude herum bewegt. Nachdem unser Bluthund und das Personal im Zimmer der Vermissten anwesend waren, kamen noch die Angehörigen hinzu, die emotional aufgewühlt mit der Polizei diskutierten. In dem engen Zimmer war kaum Platz, auch der Gang stand voller Rettungskräfte, die wir erst einmal höflich bitten mussten, nach draußen zu gehen. Der ausgewählte Geruchsartikel war mehrfach kontaminiert und daher waren einige Perso-

»Wer spürt und fühlt, denkt nicht.«

Dr. Joe Dispenza

PHYSISCHE/PSYCHISCHE EBENE

„Ist alles okay?" Physisch Hund: Blutwerte ok? Hormone?
Ist der Hund gesund, Augen etc. Tierarzt, Heilpraktiker hinzuziehen!
Ist der Besitzer gesund? Schwanger? Psychisch Hund: Stress nach Todfund?
Hund/Opfer Psyche was schwingt mit nach Einsätzen, Einsatzszenario
ggf. traumatisch. Besitzer Psychisch: Ängste, Sorgen, Umbruch?

BEZIEHUNGSEBENE

„Sind die beiden ein Team?" Haben Hund und Hundeführer eine gesunde Beziehung
ohne Extreme (Hund kleiner Prinz/Prinzessin, zu verhätschelt, keine Grenzen oder
Hund bekommt zu viel Druck, wird stark vom Besitzer kontrolliert, hohe Erwartungshaltung).
Was ist im Alltag? Antijagdtraining, Antifresstraining, Unterordnung, wird hochgefahren
mit Ballspielen, Frusttoleranz, kein Rahmen, zu Hause alles geklärt? Gab es Vorfälle?

TRAILTECHNISCHE EBENE

„Sind Hund und Hundeführer technisch gut ausgebildet?"
Hund alles was mit Geruch zu tun hat: arbeitet er sauber den Individualgeruch,
kennt er Schwierigkeiten wie Spurdifferenzierung, Spur vs. Witterung, Endpoolarbeit.
Problemlösung! Wurde er nach seinem Suchhundetyp ausgebildet.
Mensch alles was mit Neutralität, Körpersprache, Leinenhandling zu tun hat

Die drei Ebenen sind hierarchisch aufgebaut.

nen zum Ausschließen für den Hund am Start nötig, alle Augen waren dabei auf unser Trailteam gerichtet.
Unsere Hunde sind diesen zusätzlichen Druck durchaus gewöhnt und beweisen dort regelmäßig ihre stabile Psyche. Wichtig ist jedoch, in solchen Momenten ruhig und mental beim Hund zu bleiben, ihm die für ihn notwendige Zeit zum Sortieren zu geben und sich nicht aufgrund des Zeitdrucks dazu verleiten zu lassen, zusätzlichen Druck auszuüben. Denn das würde der Hund in den nächsten Einsatz mitnehmen und Einsätze allgemein mit hohem Stress verknüpfen. In dieser Situation ist es besonders wichtig, den Überblick zu behalten, fair zu bleiben und als Team zusammenzuarbeiten. Dabei hilft: Ablenkende Gedanken ausblenden, tief durchatmen und den Blick weich werden lassen. Vor allem bei jungen Nachwuchs-Einsatzhunden muss dieser Druck im Training danach immer abgefangen werden. So riechen Hunde auch, ob die vermisste Person in einem Ausnahmezustand war und/oder Medikamente genommen hat. So sollten gerade mit den Anfängern nicht zu viele Einsätze hintereinander gegangen werden, damit der Hund Zeit hat, das Erlebte zu verarbeiten. Es gibt Menschen und Hunde, die können belastende Situationen schneller loslassen und abhaken als andere (Resilienz). Je erfahrener das Team, desto besser werden Einsätze in der Regel weggesteckt.
In unserem Beispiel wäre der Hund also im Training unmotiviert, weil ihm der letzte Einsatz noch in den Knochen steckt. Er braucht daher zunächst einmal zwei bis drei schöne, ausleitende Trainings, die auf „das Konto" für die mentale Stabilität einzahlen. Dann ist wieder alles im grünen Bereich.

AUFGABE

Begib dich auf Ursachenforschung für folgendes Bild, das sich im Training zeigt: Der Hund krallt sich auf dem Trail rein, zieht stark nach vorne, ist schwer lesbar und macht sich fest. Der Hundeführer kann den Hund kaum führen und schlecht lesen. Der Flow rückt in weite Ferne. Lösungsansätze, die infrage kommen:

1. Trailtechnische Ebene

- Der Hundeführer hält die Leine zu fest, zieht am Hund und gibt nicht weich nach, trailt aus den Schultern und aus Kraft, hält dabei die Luft an. Er fixiert den Hund mit einem starren Blick. Der Hund zieht in Folge noch mehr dagegen und macht sich fest und hart.
- Der Hund wird zu eng geführt, er bräuchte ggf. mehr Raum.
- Das Suchtempo ist zu langsam, der Hund wird zu stark gedrosselt.
- Der Hund hat ggf. auch das Umdrehen nicht gelernt. Er ist von der Spur abgekommen und kommt nun in den Stress. Das deutliche Drehen und entspannte Zurückarbeiten auf die Spur, sowie eine ruhige Problemlösung müssen trainiert werden.

2. Beziehungsebene

- Der Hundeführer vertraut seinem Hund nicht und kontrolliert ihn, gibt keine Führung ab, steuert mit seiner Körpersprache gegen den Hund. Zudem ist er sehr ehrgeizig und verkopft, er baut mental Druck auf den Hund auf. Der Hund kompensiert das auf dem Trail.
- Es gibt Probleme im Alltag: Wer hat hier die Führung? Wie sehen die Leinenführigkeit und Orientierung am Hundeführer im Alltag aus? Der Hund ist haltlos und bekommt keinen Rahmen, an dem er sich orientieren kann. Er spiegelt das auf dem Trail wider.

3. Psychische / Physische Ebene

- Der Hund wurde auf den letzten Trails überfordert, ob im Einsatz oder im Training, Stichworte sind: Logikfehler, zu lang, zu schwer, zu viel Ablenkung. Nun hat der Hund allgemein auf dem Trail Stress. Er hat das Gefühl, den Trail nicht lösen zu können und macht sich deshalb fest. Die Erfahrung überfordert zu sein, steckt in seinem Gehirn und in seinem ganzen Körper fest und blockiert ihn.

In einer Linie mit dem Hund: Alex lässt Jordan frei nach vorne arbeiten.

Ein Trail im Schnee kann entspannend und motivierend zugleich sein.

„Tough enough“: Bereits im jungen Alter lernt Jordan vollen Einsatz zu zeigen – und wird dafür belohnt.

- Der Hundeführer ist gestresst von einer Situation aus seinem Alltag. Es gibt Probleme im Beruf oder in der Beziehung, er ist nicht bei der Sache.
- Der Hundeführer hat Angst, dem Hund Leine zu geben (könnte jemand entgegenkommen, er könnte jemanden anspringen, etwas fressen o. Ä.).
- Der Hund ist körperlich nicht in der Lage, diesen Trail zu arbeiten, weil er nicht „in seiner Mitte“ ist, Stichworte sind: Hormone, Pubertät, Mangel an Nährstoffen, geringe Belastbarkeit o. Ä.
- Der Hundeführer ist körperlich nicht in der Lage, den Hund über die Distanz zu führen, Gründe dafür können beispielsweise Rücken- oder Knieprobleme sein. Er hat vielleicht ganz einfach Schmerzen oder eine nicht ausreichende Kondition und bremst dadurch den Hund aus.

Überlege dir nun Lösungsansätze auf den verschiedenen Ebenen. Wie würdest du die nächsten Trainings gestalten? Worauf achtest du besonders? Welche Übungen kannst du dem Hundeführer an die Hand geben? Körperlich, mental, Trainings im Alltag? Wann schickst du deinen Kunden mit seinem Hund zum Tierarzt?

erima
Keep the
FOCU

ENERGY BALANCED TRAILING (EBT)

Du willst erfolgreicher trailen? Hier findest du ihn, den Schlüssel zum geheimen Garten, in dem die Essenz des wahren Trailens verborgen liegt! Denn das Energy Balanced Trailing ist ein wahrer Flow Booster und lässt euch zum Super-Trailer werden.

Unabhängig davon, was „erfolgreich" in diesem Zusammenhang für dich bedeutet. Ob du mit deinem Hund zu einer Einheit zusammenwachsen und eine schöne Zeit haben möchtest oder ob du zudem auch Einsätze gehst: Dort, wo das Training der reinen Trailtechnik aufhört, fängt das eigentliche Trailen erst an. In diesem Kapitel erfährst du alles, was du brauchst, um zum „Super-Trailer" zu werden. Um in die Tiefe und Komplexität des Trailens einzutauchen und es so zu erfahren, dass es dich und deinen Hund voll erfüllt, reicht es nicht aus, nur auf der Technikebene zu trainieren und auf den Geruch einzugehen. Es steckt viel mehr dahinter. Hier liegt ein Schatz vergraben, der nur darauf wartet, von dir geborgen zu werden.

POTENZIAL ENTFALTEN

Zahlreiche Teams, bei denen wir die Ausbildung von Mensch und Hund in einen ganzheitlichen Zusammenhang gebracht haben, machten eine rasante positive Entwicklung durch. Vor allem in den Bereichen Ausdauer und Belastbarkeit bei Prüfungen und in Einsätzen konnten sie sich enorm verbessern, sowie innerhalb der Beziehung neue positive Erfahrungen machen. Die Erfolgsquote in den Einsätzen durch Direktfunde stieg deutlich an. Bereits unsere Nachwuchshunde konnten in ihren ersten Einsätzen sowohl Mensch als auch Tier direkt auffinden. Deshalb haben wir das Energy Balanced Trailing so entwickelt, dass jedes Team die Möglichkeit bekommt, sein volles Potenzial zu entfalten und Trailen als eine erfüllende Bereicherung für Mensch und Hund zu erleben.
Du, liebe Leserin, lieber Leser, musst das Rad dabei nicht neu erfinden. Wenn du in einer Sache gut sein willst, kannst du einfach bei Leuten schauen, die es in diesem Bereich schon geschafft haben. Wenn es für uns selbst und zahlreiche andere Teams möglich ist, diese Art des Trailens zu erleben, ist es das für dich auch! Wichtig ist dabei immer nur, dass du mit dir selbst verbunden bleibst. Tue nur das, was sich für dich richtig anfühlt.

NEUROLINGUISTISCHES PROGRAMMIEREN

Im NLP (Neurolinguistisches Programmieren) spricht man vom „Modellieren". Jede Fähigkeit, die wir haben, beruht auf

Der Hund „träumt" sich in die Spur hinein.

Hindernisse werden mühelos überwunden.

der Fähigkeit, unser Nervensystem zu steuern. NLP untersucht unter anderem, wie Menschen mit sich selbst kommunizieren, um optimale Zustände herzustellen. Wie können wir unser Gehirn optimal nutzen, um die Ergebnisse zu erzielen, die wir uns wünschen? Wir ahmen die Art und Weise der Menschen nach, die in dem Bereich Erfolg haben, in dem wir es auch haben wollen. Wir modellieren die Fähigkeit, wie diese Menschen ihr Nervensystem einsetzen (nach Bandler & Grinder, den Erfindern des NLP) und machen die Leistung so reproduzierbar. Es geht uns aber nicht darum, sich mit anderen zu messen. Je entspannter du bei dir und deiner Sache bleibst, desto besser. Am Ende dieses Kapitels findest du die „Supertrailer-Strategie" zum Nachahmen.

Die folgenden Inhalte sind natürlich nicht dogmatisch zu verstehen. Es gibt keine feststehenden Regeln. Was du davon leben und umsetzen möchtest, ist rein deine Entscheidung. Du wirst deine eigene Wahrheit finden, deinen eigenen Weg mit deinem Hund gehen. Achte auf deine innere Intuition, was sich für dich und deinen Hund richtig anfühlt. Bleibe dabei offen und probiere auch Neues aus, denn nur so kann eine positive Veränderung stattfinden. Unser Gehirn läuft einen Großteil der Zeit im „Autopilotenmodus", vieles machen wir automatisch immer gleich. Wir steigen morgens immer auf derselben Seite aus dem Bett, putzen mit derselben Hand die Zähne, fahren denselben Weg zur Arbeit etc. Mach auch mal etwas anders, als du es sonst tust! Wir möchten dir gerne unsere Erfahrung mit unseren eigenen Hunden und Hunderten direkt „Eins zu Eins" gecoachten Suchteams weitergeben. Was du davon nutzen möchtest, obliegt allein dir. Wenn du in die einzelnen Bereiche tiefer einsteigen möchtest, wende dich bitte zusätzlich beispielsweise an erfahrene Mediziner, Personaltrainer, Coaches, Psychologen – je nach Bereich, denn das würde sonst den Umfang dieses Buches sprengen. Du findest hinten im Anhang auch eine Literaturliste mit Büchern, die du zu den Themen lesen kannst.

»Wer immer das tut, was er schon kann, bleibt immer das, was er schon ist.«

Henry Ford

Körperliche Fitness ist bei manchen Hunderassen Voraussetzung.

DIE EBT-CHECKLISTE FÜR „SUPER-TRAILER"

1. Halte dich und deinen Hund körperlich so fit und schmerzfrei wie möglich. Denn nur dann könnt ihr euch auf die Sache konzentrieren und seid in der Lage, schwere und lange Trails durchzuhalten. Über einen freien Energiefluss im Körper kommst du auch besser in den Flow-State beim Trailen. Falls einer von euch beiden chronisch krank oder in anderer Weise körperlich beeinträchtigt ist, kann euch die Zusammenarbeit dabei helfen, euch fit zu halten. „Dein Körper ist dein Tempel", so wie auch der Körper deines Hundes sein Tempel ist. Achte also gut auf euch!
2. Bringe deinen Verstand und dein Herz zu einer Einheit zusammen. Wenn du nur im Kopf trailst, kommst du nicht weit.
3. Gehe mit dem Flow. Bleibe möglichst gelassen und entspannt, arbeite nicht zu verbissen an der Sache. Die Entwicklung beim Trailen ist ein Prozess. Sei dabei neugierig, mutig, aktiv und lerne dich selbst und deinen Hund kennen. Lass dich auf ihn ein!
4. Du bist nicht allein. Dein Hund ist es auch nicht. Ihr habt die Chance, beim Trailen gemeinsam euer Potenzial zu entfalten. Wir stärken euch hierbei den Rücken.

DIE VIER SÄULEN DES ENERGY BALANCED TRAILING

1. HEALTH SET

Du achtest auf deine Gesundheit und die deines Hundes. Das hilft dir:

— Fitness, Bewegung an der frischen Luft, Körperübungen, Ausdauertraining, Stretching, Yoga, ausgewogene und bewusste Ernährung etc.
— Check beim Humanmediziner/Veterinär.
— Physiotherapie, Akupunktur, Massagetechniken, energetisch arbeitende (Tier-) Ärzte, zusätzlich Heilpraktiker oder Therapeuten für Mensch und Hund aufsuchen.
— Körper und Geist hängen zusammen und beeinflussen sich gegenseitig.

2. HEART SET

Du achtest auf deine Emotionen und löst innere Blockaden auf. Dein Fokus ist nach innen gerichtet (Innenschau). Das hilft dir:

— Atemübungen, Meditation, Achtsamkeit, Coaching, NLP, Psychologie, Energiearbeit etc.
— Yoga, Tai Chi, Qi Gong etc.
— Beobachtung deiner Gedanken und Gefühle, positive Grundstimmung, Liebe,

»Wie du am Ende deines Lebens wünschst, gelebt zu haben, so kannst du jetzt schon leben.«

Marc Aurel

Wohlwollen, Wertschätzung deiner Kollegen und deines Hundes, Dankbarkeit.
- Du machst möglichst viele Dinge und umgibst dich mit Menschen, die dein Energielevel erhöhen.
- Du bist achtsam mit dir und deiner Umwelt.
- Du gehst bei dem, was dir wichtig ist, ganz darin auf.

3. MIND SET

Du entwickelst dich immer weiter, dein Fokus richtet sich dabei nach außen, du expandierst. Das hilft dir:

- Mentales Training, Fortbildungen, Trainings, Schulungen etc.
- Du weißt, was du in den verschiedenen Bereichen (Gesundheit, Beziehungen, Job, Hobby etc.) leben möchtest und hältst den Fokus. Du arbeitest an dir, gestaltest dein Leben aktiv und bist nicht nur ein „Opfer" der äußeren Umstände.
- Du bist offen für Neues.
- Du übernimmst Verantwortung und triffst Entscheidungen.

4. SOUL SET

Du lebst authentisch und ganz entspannt deinen „Auftrag" (wenn du das Gefühl hast, einen zu haben). Du lebst dein Potenzial und förderst das Talent deines Hundes. Das hilft euch dabei:

- Du lebst authentisch. Du lernst dich selbst, dein Umfeld und deinen Hund immer besser kennen. Du lässt dich ein.
- Du kennst deine Ziele und Werte und du weißt, was dir wirklich wichtig ist.
- Du lebst dein Potenzial und dein Hund bekommt ebenfalls die Möglichkeit, sein Potenzial zu entfalten.
- Wir leisten gemeinsam einen Beitrag für die Gesellschaft (optional).
- Du bist nicht alleine, du arbeitest kooperativ im Team.
- Die Arbeit mit deinem Hund und deinen Kollegen erfüllt dich.

ALLES HÄNGT ZUSAMMEN

Wenn du dir nun denkst: „Ist das nicht ein wenig übertrieben und zu viel verlangt? Ich will doch nur trailen ...", dann sagen wir ganz klar: „Ja! Energy Balanced Trailing beinhaltet deutlich mehr, als ‚nur Trailen'. Es hat einen Effekt auf dein Leben und das deines Hundes. Es hängt alles zusammen." Deine Einstellung, wie du etwas angehst, betrifft jeden Bereich in deinem Leben. Die Frage ist nur, was dich in dem jeweiligen Bereich davon abhält, so zu leben, wie du es möchtest? Wie du trailst, hat auch etwas mit dir selbst zu tun. Mit deiner Sichtweise, deinem Glauben an dich und deinen Hund, deinem Umgang mit dir selbst. Sei wirklich ehrlich zu dir! Übernimm Verantwortung und nutze die Arbeit mit deinem Hund als Chance, alles aus deinem Leben herauszuholen, was geht! Warte nicht darauf, dass sich irgendwann von alleine etwas tut. Du wirst glücklicher sein und dich freier fühlen – und dein Hund mit Sicherheit auch. Eure Beziehung wird auf ein völlig anderes Level gehoben.

Auf den folgenden Seiten geben wir dir ein paar Übungen an die Hand, mit denen du bereits Teile davon ganz einfach umsetzen kannst! Zum „Super-Trailer“ zu werden, erfordert etwas Disziplin (=Training deines mentalen Muskels), ist aber kein Hexenwerk! Gehe den Weg Schritt für Schritt. Hauptsache, du fängst damit an.

1. VERBESSERE DEINEN HEALTH SET

Wenn du dich körperlich fit und vital fühlst, hat das einen unmittelbaren Einfluss auf deinen geistigen Zustand. Wenn sich dein physiologischer Zustand verbessert, geschieht dasselbe mit deinem emotionalen Zustand! Da wir diesen positiv verändern können, haben wir einen Hebel in der Hand, um über unseren Körper auch unseren emotionalen Zustand aktiv positiv zu beeinflussen. Körper und Geist bilden eine „kybernetische Schleife“ (Anthony Robbins, „Das Power-Prinzip“, Allegria Verlag), die ständig in Aktion ist. Schöpfe Energie aus einer ressourcevollen Physiologie, die du mit einfachen Mitteln herstellen kannst. Achte auch auf kleinere körperliche Beschwerden und übergehe diese nicht einfach. Wir haben es schon oft erlebt, dass Hundeführer nicht locker und frei trailen konnten, weil beispielsweise das Knie wehtat oder das Kiefergelenk fest war. Natürlich kannst du auch trailen, wenn dir mal was wehtut. Wichtig ist aber, dass du dir im Klaren darüber bist und schaust, dass es dir an diesen Stellen bald besser geht. Missachte deinen Körper nicht. Auch dies können Blockaden sein, die dich und deinen Hund am Flow hindern.

„Ich sehe dich.“ Sich aufeinander einzulassen, fördert das gegenseitige Vertrauen bei Mensch und Tier.

„Ich fühle dich." Kommunikation über Körpersprache hilft, Spannungen in der Beziehung abzubauen.

Auch Emotionen können sich im Körper festsetzen. Sie haben ihre Wurzeln in der Vergangenheit und sind Gefühle, die du in dem Moment, als sie aufkamen, nicht ausgedrückt hast. Sie wirken im Körper wie ein Gift aus unterdrückten Gefühlen, das sich beispielsweise im Bindegewebe festsetzt. Emotionen lassen deinen Körper sich eher zusammenziehen, du gehst in eine Abwehrhaltung. Sie sind meist unbewusste Reaktionen, du verstehst oft nicht einmal, warum du in einer heutigen Situation plötzlich so reagierst. Du richtest dabei den Fokus nach außen, „auf den anderen" und willst, dass er sich ändert. Das kann im Training beispielsweise durch einen Kommentar deines Trainers oder ein Verhalten deines Hundes oder Kollegen ausgelöst werden. Die Ursache, warum du plötzlich so emotional reagierst, liegt aber schon viel weiter zurück, in der Vergangenheit. Dein Trainer, dein Hund, der Kollege hat wahrscheinlich nur einen „deiner Knöpfe" gedrückt. Ein typisches Anzeichen ist auch eine Anspannung im Solarplexusbereich, die sich durch Magenkrämpfe o. Ä. äußern kann. Wenn du mehr über den Unterschied zwischen Emotionen und Gefühlen erfahren willst und wie man mit ihnen am besten umgeht, lies dazu das Buch von Diana & Michael Richardson „Zeit für Gefühle" (Innenwelt Verlag).

SOLARPLEXUS

Der Solarplexus ist ein riesiges Geflecht aus Nerven und ein wichtiges Energiezentrum des Körpers. Er liegt in etwa zwischen deinem Bauchnabel und dem Zwerchfell. Wenn dir hier etwas auffällt, forsche bewusst nach, wann das Unwohlsein aufgetreten ist. Durch was wurde es ausgelöst?

FÜNF PHYSIOLOGISCHE GEWOHNHEITEN

Diese fünf einfachen Gewohnheiten machen dich sofort zu einem besseren Hundeführer:

- Gerade und aufrecht stehen und gehen, dich groß machen
- Die Schultern nach hinten leicht straffen, nicht nach vorne hängen lassen
- Auf eine bewusste und tiefe Bauchatmung achten, vor und während des gesamten Trails
- Den Blick nach vorne und leicht nach oben gerichtet halten, Kinn hoch
- Kiefer locker und entspannt, Mundwinkel eher leicht nach oben

Der Blick

Laut NLP erlangst du mit einem leicht nach oben und nach vorne gerichteten Blick auch den Zugang zu den visuellen Teilen des Nervensystems und löst dich dabei vorübergehend von den kinästhetischen Teilen, wodurch sich Gefühle positiv verändern lassen. Die Mundwinkel nach oben suggerieren deinem Gehirn, dass du entspannt und „gut drauf" bist.

KRAFTTRAINING

Um deinen Körper zu stärken, haben wir für dich ein paar einfache Übungen zusammengestellt, die du zu Hause ganz leicht nachmachen kannst. Sie sind speziell auf das Trailen abgestimmt, wie beispielsweise die Stärkung deiner Bein- und Rückenmuskulatur. Vor allem dann, wenn du einen schweren Hund führst oder einen, der stark zieht, fällt dir mit einem starken Rücken und stabilen Beinen auch das Leinenhandling leichter! Mache alle Übungen so, wie du sie durchführen kannst. Wenn eine Übung aus gesundheitlichen Gründen für dich gar nicht geht, lass sie erstmal weg. Es ist allerdings normal, dass einige Übungen ein bisschen ziehen oder unangenehm sind. Dein Körper und deine Muskulatur werden ja erst trainiert. Mit der Zeit wird es immer leichter! Also halte durch. Vor allem deine Einstellung ist dabei wichtig. Wir können viel mehr, als wir meist denken! Deshalb werden auch immer wieder Rekorde gebrochen, sei es beim Sprinten, beim Marathon oder beim Weitsprung. Eine Zeit oder eine Entfernung zu erreichen gilt als unmöglich, bis es einer schafft. Danach schaffen es plötzlich mehrere, obwohl es vorher hieß „das ist unmöglich". Alleine das Wissen, dass es geht, der Glaube daran, bewirkt, dass es von anderen Sportlern plötzlich einfach nachgemacht wird.

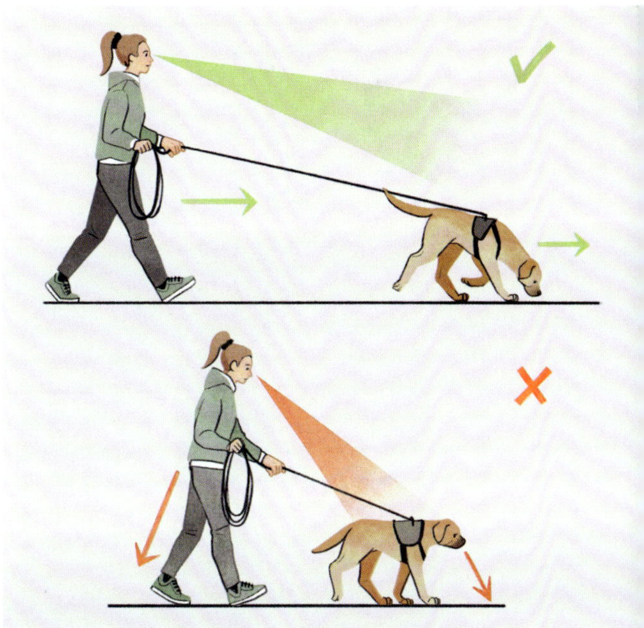

Eine aufrechte Körperhaltung mit peripheren Blick lässt den Hund frei nach vorne arbeiten. Geht der Fokus zu stark nach unten, blockiert das oft den Hund.

FITNESS UND TRAILEN

— *Interview mit dem mehrfachen Kickboxweltmeister Ibrahim Karakoc*

Rovena: *Ibrahim, wir kennen uns jetzt schon einige Jahre, berichte uns doch mal, wie es dazu kam, dass du so ein erfolgreicher Kickboxweltmeister geworden bist. Was fasziniert dich an dem Sport? Was gehört alles dazu, darin erfolgreich zu sein?*

Zu Besuch beim Kickboxweltmeister Ibrahim Karakoc.

Ibrahim Karakoc: Sehr gerne. Ich bin mittlerweile 40 Jahre alt und vierfacher Weltmeister, vierfacher Europameister und siebenfacher deutscher Meister im Kickboxen, im Superschwergewicht ab 100 kg. Ich habe mit 28 Jahren mit dem Kickboxen angefangen. Zuvor war ich 140 kg schwer, wurde in meinem Umfeld gemobbt und war gefühlt „der Loser". Und das war der Punkt, an dem ich mein Leben ändern wollte. Innerhalb von ein paar Monaten habe ich dann 30 kg abgenommen und das Kickboxen intensiviert. Das heißt, am Ende des Jahres war ich deutscher Meister, ein Jahr später Europameister und ein weiteres Jahr darauf mit 30 war ich Weltmeister. Ich habe mir Ziele gesetzt und mir den „A… aufgerissen"! Und seitdem gebe ich Vollgas! Wichtig für den Erfolg ist es dranzubleiben, Klarheit im Kopf, du musst wissen, was du möchtest. Allein die Motivation reicht nicht aus, da diese für 1 – 2 Tage kommt, aber vergänglich ist. Hier ist dann Disziplin gefragt und eine klare Zielsetzung. Ich wollte der Welt zeigen, dass ich nicht „nur fett" bin. Mittlerweile habe ich ein Kampfsportstudio

Gleich geht es los: Ibrahim zeigt mir Übungen, die mich fit fürs Trailen machen.

mit einigen 100 Mitgliedern und ein Personal Training Studio. In diesem Studio verhelfe ich Menschen abzunehmen. Es ist kein Hexenwerk, jeder kann seine Ziele erreichen! Abnehmen und Gesundheit sind möglich, wenn man sich an ein paar Regeln hält. Wenn man gesund ist, ist man leistungsfähiger, sei es auf der Arbeit oder im privaten Bereich. Insbesondere im Alter spielt der körperliche Zustand eine große Rolle. Die Gesundheit hält Körper, Geist und Seele zusammen!

Rovena: *Genau, es spielt in allen Bereichen eine große Rolle. Beim Trailen sind wir in den Einsätzen sowohl mental als auch körperlich sehr gefordert. Wir laufen teilweise stundenlang und kilometerweit durch Städte und Wälder und erwarten hier von unserem Hund, dass er die Ausdauer hat, vorne permanent konzentriert und motiviert zu „performen". Wenn wir selbst hinten aber dranhängen, wie ein „Kartoffelsack", dann ist es zum einen für uns nicht sehr gesund und zum anderen dem Hund auch nur schwer möglich, so eine hohe Leistung zu erbringen.*

Ibrahim Karakoc: Wenn du gesund bist, ist dein Hund gesund, dein Kind, deine Familie, und, und, und … Dein Umfeld ist einfach ein ganz anderes. Wenn du glücklich bist mit deinem Körper, dann ist auch oft alles andere kein großes Problem mehr. Es entwickelt sich alles zum Positiven.

Rovena: *Du hebst dadurch insgesamt dein Energielevel für Körper & Geist und das zieht sich durch den gesamten Alltag, das spiegelt sich unmittelbar im Hund wider! Du kannst dir die Übungen auch als Video anschauen in unserem Youtube Channel (K-9 Grunow&Langkau; Video „Fit for Trail")*

WICHTIG

Bitte achte bei körperlichen Einschränkungen darauf, alles nur soweit zu machen, wie du es kannst! Wenn du nicht alle Übungen machen kannst, dann mach nur die, die gehen. Diese Übungen sind für jede Altersklasse geeignet!

FIT FOR TRAIL

— *Fitnessübungen speziell für Trailer*

In Zusammenarbeit mit dem mehrfachen Kickboxweltmeister und Personaltrainer Ibrahim Karakoc

01

02

03

04

Übung 1: Warm-Up

01 Schulter und Rücken: Wir beginnen mit Schulterkreisen, sowohl vorwärts als auch rückwärts. Jeweils 4 – 5 Mal.

02 Arme stretchen: Ein Arm zeigt nach oben und wird in die Höhe gstreckt, der andere zeigt nach unten. Beide Arme nach hinten drücken. Armseiten wechseln. Jeweils 4 – 5 Mal.

03 Arme seitlich stretchen: Das öffnet den Brustkorb, auch hier die Arme leicht nach hinten drücken, sodass du ein leichtes „Ziehen" im Brustkorb spürst, jeweils 4 – 5 Mal.

04 Das ist vor allem gut, um Brustkorb, Schultern und Arme wieder zu lockern und zu dehnen. Wir bekommen ja – je nach Größe und Typ Hund – mehr oder weniger starken Zug nach vorne und müssen gegenhalten.

05

06

05 Joggen: Nun jogge ca. 30 – 60 Sekunden auf der Stelle, schüttele die Arme dabei aus und lass sie dann locker hängen.

06 Jetzt wärmen wir die Knie und Beinmuskeln auf. Hierfür stellst du dich Schulterbreit hin, streckst die Arme leicht vor für die Balance und gehst halb runter in die Knie. Vor allem bei Knieproblemen musst du die Knie gar nicht so tief beugen. Beim Runtergehen atmest du aus, beim Hochkommen atmest du wieder ein, den Rücken gerade halten und Brust nach vorne. Mache davon ungefähr 10 Wiederholungen.

01

02

Übung 2: „Split Squats"

Wir trainieren den Unterkörper mit Beintraining, stärken die Muskulatur rund um das Knie und „schmieren" das Kniegelenk.

01 Stell dich wieder Schulterbreit hin, das rechte Bein in einem Ausfallschritt nach vorne bringen, das linke Bein ganz nach hinten stellen. Bleibe möglichst auf den Fußspitzen stehen, hierdurch werden gleichzeitig das Gleichgewicht und die Koordination vom „Coresystem" trainiert.

02 In dieser Haltung dann das rechte Knie nach vorne weiterbeugen, Blick nach vorne ausrichten, das Gleichgewicht und den Rumpf stabil halten. Am besten beugst du das Knie bis über die Fußspitzen. Wichtig ist es, ganz langsam in ca. 4 Sekunden runter zu gehen, nicht schneller! Pro Bein ca. 6 – 8 Wiederholungen und anschließend wird das Bein gewechselt, das heißt, dass dann das linke Bein nach vorne gestellt wird. Anschließend 60 Sekunden Pause.

01

02

03

Übung 3: „Superman-Pose"

Wir trainieren den Oberkörper.

01 Für diese Übung legst du dich ganz auf den Boden auf den Bauch.

02 Dann die Beine hinten nach oben anheben und gleichzeitig vorne die Arme vom Boden abheben. Das Atmen hierbei nicht vergessen!

03 Anschließend ziehst du deine Arme nach hinten, atmest hierbei tief in den Bauch ein und schiebst sie langsam wieder nach vorne, atmest hierbei deutlich aus. Halte den Kopf oben!
Beachte hier die 4-Sekunden-Regel. Zähle rückwärts 4, 3, 2, 1 und nimm in diesem Tempo gleichmäßig die Arme nach vorne und wieder nach hinten, nicht schneller. Die Hände können dabei zur Faust geballt werden. Den Ellbogen eher hochziehen mit dem Oberkörper, damit wirklich Spannung aufgebaut wird. Die Beine bleiben während der gesamten Zeit oben. Bei dieser Übung wird der gesamte (Ober-)Körper, insbesondere der Rücken, traininiert. Das schützt den Hundeführer und hält ihn gesund! Ca. 8 – 10 Wiederholungen.

Beide Übungen – Unterkörper „Split Squats" (siehe Übung Nr. 2) und Oberkörper „Superman" (siehe Übung Nr. 3) – jeweils im Wechsel drei Runden lang durchführen:

1. „Split Squats" 6 – 8 x pro Seite
2. 60 Sekunden Pause
3. „Superman" 8 – 10 Wiederholungen
4. 60 Sekunden Pause
5. „Split Squats" 6 – 8 x pro Seite
6. 60 Sekunden Pause
7. „Superman" 8 – 10 Wiederholungen
8. 60 Sekunden Pause
9. „Split Squats" 6 – 8 x pro Seite

01

02

Übung 4: „Beinheber"

Mit dieser Übung trainieren wir den Unterkörper, die Rückseite der Oberschenkel, das Gesäß und den unterrn Rücken.

01 Für diese Übung legst du dich auf den Rücken, die Arme legst du entspannt neben deinem Körper ab. Die Beine werden nun leicht angewinkelt.

02 Das rechte Bein nach oben strecken und zusammen mit der Hüfte und dem Oberkörper vom Boden weg anheben. Anschließend wieder absetzen und es erfolgt der Beinwechsel. Die Fußspitzen werden Richtung Gesicht herangezogen. Jeweils 8 – 10 Wiederholungen je Seite und oben 1 – 2 Sekunden halten. Es folgt wieder eine Pause von 60 Sekunden.

01

02

Übung 5: Bauchübung

Wir trainieren Bauch und Oberkörper.

01 Du bleibst weiterhin auf dem Rücken mit angewinkelten Knien liegen. Nimm beide Arme nach oben …

02 … und hebe den Oberkörper einige Zentimeter vom Boden ab. Lass deinen Kopf dabei gerade.

Diese Übung 10 – 25 Mal wiederholen, je nach der eigenen Belastungsgrenze. Darauf achten, dass der untere Rücken kein Hohlkreuz bildet. Wieder 60 Sekunden Pause. Beide Übungen – Nr. 4 Beinheber und Nr. 5 Bauchübung – jeweils wieder im Wechsel durchführen mit 3 Wiederholungen.

1. Beinheber 8 – 10 pro Seite
2. 60 Sekunden Pause
3. Bauchübung 10 – 25 Wiederholungen
4. 60 Sekunden Pause
5. Beinheber 8 – 10 pro Seite
6. 60 Sekunden Pause
7. Bauchübung 10 – 25 Wiederholungen
8. 60 Sekunden Pause
9. Beinheber 8 – 10 pro Seite

Übung 6: „Planken"

Wir trainieren den kompletten Körper. Das ist die ultimative Übung für jeden Hundeführer! Du schaffst damit Stabilität und eine aufrechte Körperhaltung.

01 Du gehst in die Bauchlage und stützt dich mit den Ellbogen und Füßen ab, spannst die komplette Körpermuskulatur an und drückst dich nach oben. Wichtig ist hierbei, den Bauchnabel einzuziehen, Po und Rücken müssen eine Linie ergeben, den Nacken gerade halten. Diese Haltung mindestens 45 Sekunden halten und täglich steigern. Das Atmen nicht vergessen!

02 Vorderansicht.

03 Alternativ kann man auch in die Liegestützposition gehen und diese 45 Sekunden lang halten.

Danke Ibrahim, für das Interview und die Übungen!

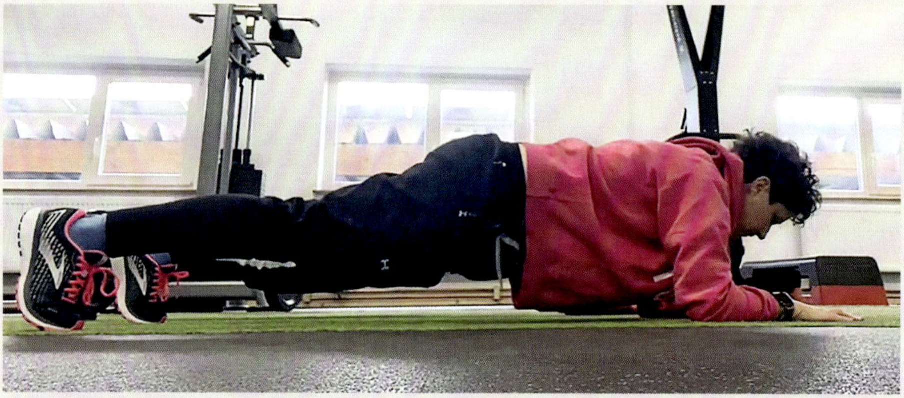

01

02

03

In bestimmten Einsatzgebieten ist eine besonders gute körperliche Verfassung und Kondition Voraussetzung.

SO WIRST DU FIT

Um einen spürbaren körperlichen Effekt zu bekommen, ist es gut, wenn du alle Übungen mindestens 2 – 3 Mal pro Woche durchführst. Super ist es auch, wenn du parallel noch Joggen gehst, Yoga machst oder sonst einen „Ausgleichsport". Du kannst ganz einfach beispielsweise auf den YouTube Channel von Mady Morrison gehen, dort gibt es tolle Yoga-Videos zum Mitmachen auch für Einsteiger. Die ersten drei Wochen werden vielleicht etwas hart sein, da du dich motivieren musst, die Trainings durchzuziehen. Wenn dir „die Zeit dafür fehlt", stehe einfach 30 Minuten früher auf. Nach ca. 3 – 6 Wochen wirst du bereits einen deutlichen Effekt spüren und „Momentum" entwickeln.

NUTZE DAS „MOMENTUM"

Stelle dir eine große Dampflok vor, die in einem Bahnhof steht. Wenn sie anfährt, dauert es eine ganze Weile, bis sie Fahrt aufgenommen hat. Sie tuckert erst langsam und ächzend los. Nach einer Weile bekommt sie „Momentum", wird immer schneller, das Vorwärtskommen wird leicht und mühelos. Sie jetzt zu stoppen ist nahezu unmöglich! Mit „Momentum" sind Hindernisse kein Problem. Genauso geht es dir, wenn du den Anfang erstmal geschafft hast, wird dich nichts mehr aufhalten. Du wirst dich fitter und vitaler fühlen, mehr Energie haben, dynamischer und flexibler trailen. Auch dein Hund profitiert davon, weil sich alles leichter anfühlt. Du wirst dann beginnen, dich sogar auf die Fitnessübungen zu freuen. An manchen Tagen fällt es dir leichter, an anderen nicht so. Trainiere einen wichtigen mentalen Muskel: Disziplin. Zieh es durch und werde Schritt für Schritt zum Super-Trailer!

Schau dir Trail-Videos von sehr guten Teams an, die im Flow sind. Wie ist die Körpersprache des Hundeführers? Das Timing bei der Kreuzungsarbeit? Wie wirkt das Team? Mache dir Notizen. Was fällt dir besonders auf? Ahme das im Training nach und verbessere deinen eigenen Style.

2. VERBESSERE DEINEN HEART SET

Was passiert auf der biochemischen Ebene beim Denken oder beim Empfinden von einer Emotion oder einem Gefühl? Wenn du an etwas denkst oder dich an etwas erinnerst, wird im Gehirn eine biochemische Reaktion ausgelöst, woraufhin es bestimmte chemische Signale aussendet. So werden immaterielle Gedanken buchstäblich zu Materie – sie werden zu chemischen Botenstoffen. Und wie sensibel unsere Hunde Botenstoffe beim Menschen wahrnehmen können, wissen wir ja. Allein durch Gedanken können Veränderungen an Neurotransmittern, Hormonen, Genen, Proteinen und Enzymen bewirkt werden. Emotionen stellen hierbei ein „chemisches Feedback“ vergangener Erfahrungen dar. Durch Lernen werden neue Verbindungen im Gehirn aufgebaut, durch Erinnern werden diese gepflegt. Je öfter du einen Gedanken, eine Entscheidung, ein Verhalten, eine Erfahrung oder eine Emotion wiederholst, desto öfter werden diese Neuronen aktiviert und untereinander vernetzt.

LEBENSENERGIE

Du kannst dir deine Lebensenergie wie ein unsichtbares Feld um deinen Körper herum vorstellen. Dieses biomagnetische Feld ist mittels eines SQUID-Magnetometers sogar messbar. Wer unter Stresshormonen wie Adrenalin und Cortisol im ständigen Überlebensmodus lebt, zieht von diesem Feld (Lebens-)Energie ab. Dabei schrumpft das messbare Feld um den Körper. Zudem schränken wir unseren Fokus im Überlebensmodus ein und konzentrieren uns auf die Außenwelt, da ja anscheinend Gefahr droht. Das passiert auch beim Hund! Wenn dich das Thema genauer interessiert, kannst du die Bücher von dem Neurowissenschaftler Dr. Joe Dispenza

Energie in Bewegung beim ausgelassenen Spiel.

Zwischendurch auch wieder „Herunterfahren“ ...

... und für eine Weile zur Ruhe kommen.

lesen. Er beschäftigt sich seit Jahren mit der Erforschung des Potenzials des menschlichen Geistes und schrieb bereits mehrere New-York-Times-Bestseller, u. a. „Becoming supernatural" (Koha Verlag) oder „Du bist das Placebo". Die eigene Lebensenergie spielt für jedes Lebewesen eine Rolle. Fühlst du dich ausgebrannt, niedergeschlagen oder hilflos in einer Situation, bedeutet das in der Regel, dass dein Energielevel niedrig ist. Sich körperlich zu betätigen, an der frischen Luft spazieren zu gehen, Qi Gong, Yoga o. Ä. zu machen, kann die leeren Akkus wieder auffüllen. Wichtig ist zudem auch, dass du erkennst und daran arbeitest, was deinen Energiefluss blockiert, denn diese Blockade wirkt sich unmittelbar auf dein Wohlbefinden und auf den Trail-Flow aus. Widerstände, die den Flow nicht aufkommen lassen, können vor allem negative Gedanken und Glaubenssätze sein, die unmittelbaren Einfluss auf deinen Körper und deinen emotionalen Zustand nehmen. Je mehr Lebensenergie durch dich fließen kann, umso besser fühlst du dich. Wir möchten uns gerne mit dir Ansätze aus der Neuen Physik, der chinesischen Medizin und dem NLP anschauen, um uns für alte und neue Sichtweisen zu öffnen und auch das Zusammenspiel von Mensch und Hund vielleicht besser vorstellen zu können. Zieh einfach das für dich heraus, mit dem du in Resonanz gehst. Manches braucht vielleicht auch etwas Zeit, bis du etwas damit anfangen kannst. Einiges lässt sich bereits wissenschaftlich erklären, anderes noch nicht.

Ein einheitliches Ganzes

Auszug aus der Schweizerischen Zeitschrift für Ganzheitsmedizin / Swiss Journal of Integrative Medicine:
Neue Physik (Quantenphysik) und chinesische Medizin, Autor: Schnorrenberger C.C.

„Am Ende der Teilung von Materie in kleine und immer kleinere Teilchen bleibt etwas übrig, das dem Geistigen ähnelt: Es ist ganzheitlich, offen und lebendig; es ist Potenzialität, die Kann-Möglichkeit einer Realisierung. Der grundlegende Welle-Teilchen-Dualismus zeigt, dass es unsinnig ist, die Welt rein „physikalisch" erklären zu wollen, indem man sie auf materielle Dinge, auf Bewusstsein oder auf Energie reduziert. Realität (im Deutschen: Wirklichkeit) ist im Verständnis der Quantenphysik keine materielle Sache; es ist, wie gesagt, Potenzialität, Möglichkeit. Materie ist somit eine Art Zaubertrick, der in unserer begrenzten menschlichen Wahrnehmung begründet ist. (Letzteres ähnelt der buddhistischen Lehre von MAYA.) Denn unser modernes menschliches Gehirn ist nicht darauf trainiert, die Neue Physik unmittelbar zu verstehen."
„Es gibt nur ein einheitliches Ganzes. Mensch und Natur sind nicht voneinander getrennt; beide sind vielmehr ein einheitliches Ganzes."

Wie kann alles zusammenhängen und wir unsere Hunde mental und energetisch beeinflussen – und umgekehrt?

»Wollen Sie die Geheimnisse des Universums ergründen, dann denken Sie in Begriffen von Energie, Frequenz und Schwingung.«

Nikola Tesla

Diese Erkenntnis unterstützte der große Physiker Max Planck 1944, als er sagte: „Als Physiker, der sein ganzes Leben der nüchternen Wissenschaft, der Erforschung der Materie widmete, bin ich sicher von dem Verdacht frei, für einen Schwarmgeist gehalten zu werden. Und so sage ich nach meinen Erforschungen des Atoms dieses: Es gibt keine Materie an sich. Alle Materie entsteht und besteht nur durch eine Kraft, welche die Atomteilchen in Schwingung bringt und sie zum winzigsten Sonnensystem des Alls zusammenhält."
Planck führte diesen Gedanken weiter bis zu einer Schlussfolgerung, die ebenso überraschend ist wie die Negierung der Materie: „Wir müssen hinter dieser Kraft die Existenz eines bewussten und intelligenten Geistes annehmen."

Was bedeutet das für dich als Hundeführer?

Einerseits kannst du dich für den Gedanken öffnen, dass nicht nur dein Hund alleine „dort vorne" etwas zu lösen hat, sondern dass du hinten an der Leine als Hundeführer maßgeblich mit am Gelingen beteiligt bist. Unsere Erfahrung zeigt, je mehr Hund und Hundeführer zu einer funktionierenden Einheit verschmelzen, desto besser kann das Team arbeiten und stellt zusammen das Fundament für den erwünschten Flow-Zustand. Dein energetisches Feld, das dich umgibt, deine „Ausstrahlung", beeinflusst auch deinen Hund. Bist du negativ eingestellt, unsicher, wütend oder ungeduldig, sei es auch nur unbewusst, hat das einen Effekt auf deine Körpersprache, deine Atmung und auch auf deinen Hund. Er kann nicht so selbstbewusst arbeiten oder sich in den Trail reinträumen. Du kennst das, wenn du dein Handy neben das Radio legst und die Funkwellen gestört werden. Alles fängt zu rauschen oder rattern an. So ähnlich kannst du dir das vorstellen. Das Energiepotenzial deines Hundes spielt auch eine große Rolle dabei, wie gut er den Trail arbeiten kann. Wenn er dauergestresst und verunsichert ist, hat er gar nicht die Kapazität, den Trail spielerisch zu arbeiten. Es gibt sie zwar, die „Bulldozer" unter den Hunden, denen es tatsächlich nahezu egal ist, was hinten an der Leine passiert. Doch

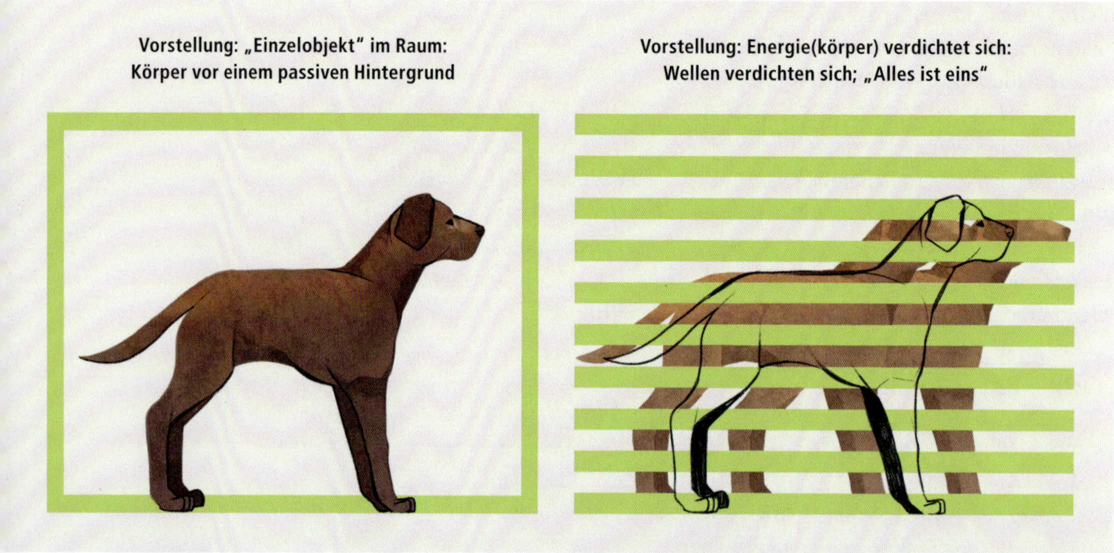

Unsere Vorstellung von der Welt muss nicht immer der Realität entsprechen.

Kirlianographie bei einer menschlichen Hand

diese stellen die Ausnahme dar, und dazu kannst du auch die Beziehung zu deinem „Bulldozer" weiter verbessern, sogar dann, wenn er trailtechnisch bereits alles draufhat.

HERZ UND KOPF IM EINKLANG

Beim Denken erzeugen die im Gehirn feuernden neuronalen Netze messbare elektrische Ladungen. Wenn diese Gedanken auch eine chemische Reaktion auslösen, die zu einem Gefühl führt, verursachen diese messbare magnetische Ladungen. Entsprechend der jeweiligen Befindlichkeit bzw. des „Seinszustands" wird ein bestimmtes elektromagnetisches Feld kreiert, das noch bis zu drei Meter vom Körper entfernt gemessen werden kann. Wir können uns Emotionen als Energie in Bewegung vorstellen. Unterschiedliche Emotionen haben unterschiedliche (messbare) Frequenzen und sind Träger einer bestimmten Intention und Energie. Kreative, höher schwingende Emotionen sind beispielsweise Liebe, Freude und Dankbarkeit. Stressemotionen wie Angst und Wut schwingen viel niedriger. Das nehmen andere Menschen wahr und natürlich auch Tiere. Wir haben die Möglichkeit, unsere Energie zu verändern – und somit auch unser elektromagnetisches Feld. Für die visuell veranlagten Hundeführer: Die Kirlianographie ist in der Lage, die bioelektrische Körperenergie visuell darzustellen. Diese verändert sich, wenn ein Mensch seinen Zustand oder seine Stimmung ändert.

Hast du jemals eine Nachricht von deinem Herzen gelesen?

Forschungen des HeartMath Instituts (Boulder Creek, Kalifornien) zur Psychophysiologie bestätigen, dass das Herz tatsächlich mehr Signale an das Gehirn sendet, als das Gehirn an das Herz. Darüber hinaus haben diese Herzsignale einen wesentlichen Einfluss auf verschiedene Gehirnfunktionen: die emotionale Verarbeitung sowie höhere kognitive Fähigkeiten wie Aufmerksamkeit, Wahrnehmung, Gedächtnis und Problemlösung. Mit anderen Worten: Nicht nur das Herz reagiert auf das Gehirn, sondern auch das Gehirn reagiert kontinuierlich auf das Herz.

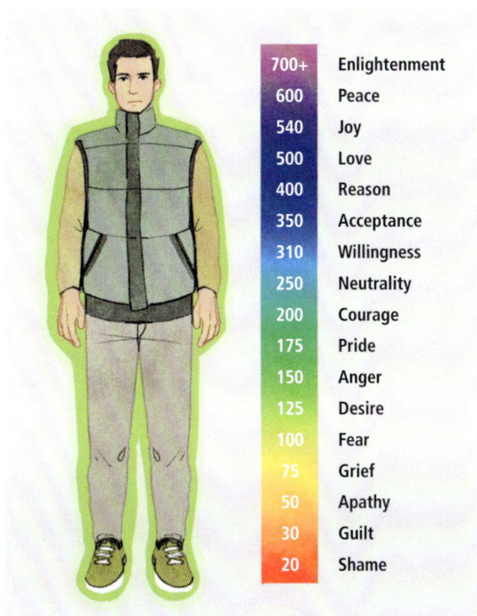

Emotional Vibration Chart

Die HeartMath-Forschung konnte zeigen, dass unterschiedliche Muster, die mit verschiedenen emotionalen Zuständen einhergehen, deutlich voneinander abweichende Effekte auf unsere mentalen Fähigkeiten und unser emotionales Erleben haben. Bei Stress und negativen Emotionen ist das Herzrhythmusmuster unregelmäßig und ungeordnet. In diesen Fällen hemmt das entsprechende Muster der neuronalen Signale, die vom Herzen zum Gehirn gelangen, höhere kognitive Funktionen. Dies schränkt unsere Fähigkeit ein, klar zu denken, sich zu erinnern, zu lernen, nachzudenken und effektive Entscheidungen zu treffen. Das erklärt auch, warum wir oft impulsiv und unklug handeln, sobald wir unter Stress stehen. Im Gegensatz dazu scheint das geordnete und stabilere Muster der Herzsignale ans Gehirn während positiver emotionaler Zustände den gegenteiligen Effekt zu haben: Es verbessert die kognitiven Funktionen und verstärkt positive Gefühle und emotionale Stabilität. Das bedeutet, dass das Erlernen einer erhöhten Herzrhythmuskohärenz nicht nur dem ganzen Körper zugutekommt. Es beeinflusst grundlegend auch die Art und Weise, wie wir wahrnehmen, denken, fühlen und handeln. Entscheidend ist also, positive Emotionen aufrechtzuerhalten, um die Herzrhythmuskohärenz zu stärken.
Werden andererseits Gefühle wie Ärger, Stress, Wut, Konkurrenzkampf oder Frust empfunden, dann wird das Signal vom Herzen zum Gehirn inkohärent. Hierbei werden ungefähr 1 200 chemische Substanzen in den Körper ausgeschüttet, die diesen Gefühlen entsprechen und die auch unsere Hunde wahrnehmen können.

MAGNETFELD DES HERZENS
Das Herz produziert das stärkste Magnetfeld im Körper. Es ist 5 000-mal stärker als das vom Gehirn erzeugte Feld.

Wichtig hierbei ist: Kämpfe nicht gegen negative Gefühle an! Das ist nicht gesund und macht diese im Hintergrund nur noch stärker.

Where focus goes, energy flows

Energie fließt immer dorthin, wo wir unsere Aufmerksamkeit hinlenken. Wenn du beispielsweise in die Vergangenheit oder in die Zukunft denkst, dann ziehst du deine Energie aus der Gegenwart (dem Hier und Jetzt) ab. Beispiele: „Damals bei der Prüfung hat er auch dies und jenes gemacht …“ oder „Hoffentlich schnüffelt er an der nächsten Kreuzung nicht. Was ist, wenn die Prüfung wieder nicht gut läuft? Dann werden wir nie einsatzfähig.“
Und was passiert, wenn du Energie abziehst? Genau! Es ist kein Flow-State möglich.
Im Hier und Jetzt hole ich meine Energie zurück. Ich denke nicht an Situationen aus der Vergangenheit und aktiviere somit nicht immer die gleichen alten neuronalen Netze. Ich bleibe im perfekten gegenwärtigen Moment, tauche mit meinem Hund ein auf den Trail und blende alles aus, was in diesem Moment nicht wichtig ist. Somit entsteht ein Moment voll unendlicher Möglichkeiten, Potenzialität. Ich habe freie Energie zur Verfügung, um eine neue positive Erfahrung kreieren zu können: den Flow-State.

ÜBUNG: DER KREISLAUF IN DER SUPER-TRAILER-BLASE

Wenn du nur eine Übung aus diesem Buch anwendest, dann wähle diese:
Du stellst dir vor, wie dich eine große Blase umgibt, wie eine Hülle quasi. Das ist dein Energiefeld. Sie hat einen Durchmesser von ca. 3 Metern. Dasselbe stellst du dir für deinen Hund vor. Deinen Hund umgibt eine große Blase. Wenn ihr zusammen trailt, berühren sich beide Blasen und verschmelzen zu einer gemeinsamen großen Blase. Ihr bildet somit eine Art Einheit, die sich aufeinander einschwingt. Dies ist euer geschützter Raum, in dem Mut und Vertrauen als Basis für eure

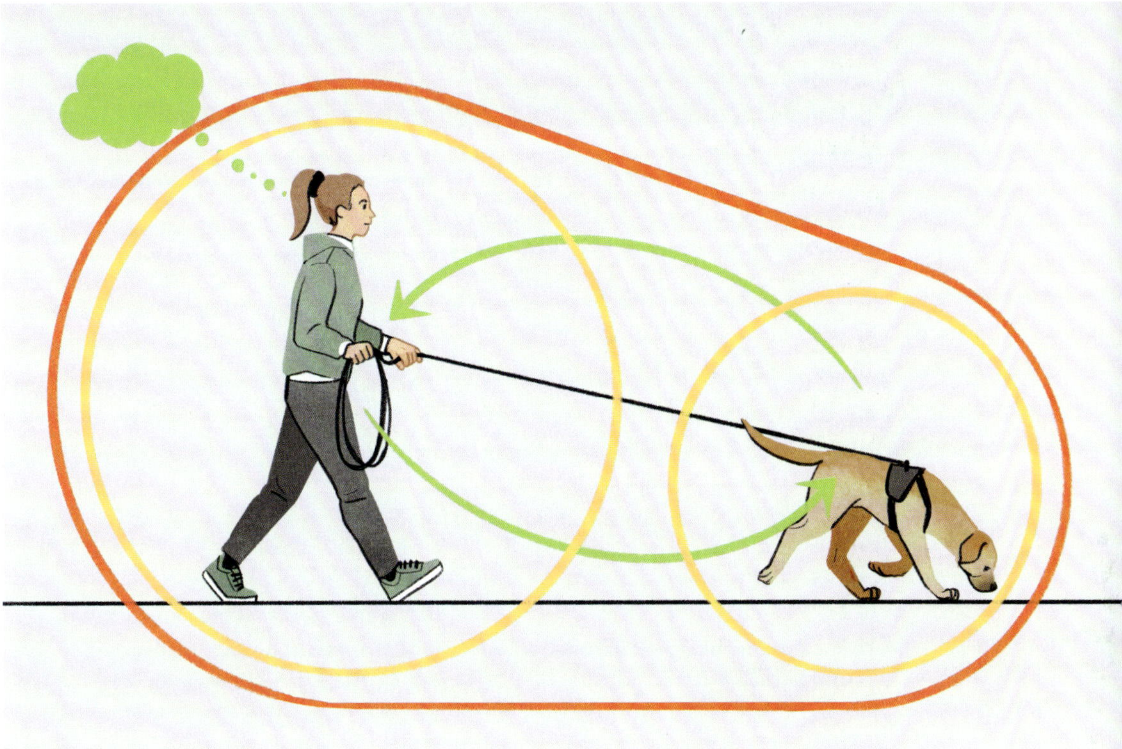

Die „Super-Trailer-Blase“: Lass Energie von deinem Herzen zu deinem Hund fließen und wieder zurück.

gute Arbeitsatmosphäre dienen. Du musst nichts erreichen oder schaffen oder beweisen. Stress und negative Gedanken lässt du draußen. Positive, wohlwollende Energie fließt von dir zu deinem Hund und zurück, wie ein natürlicher Kreislauf. Konzentriere dich während des Trailens vor allem auf eine tiefe Bauchatmung, entspanne dich dabei und halte die Verbindung zu deinem Hund aufrecht. Mache die Dinge lieber etwas langsamer und bewusst. Halte deine Leine bewusst, atme bewusst. Das hilft dir dabei, im Hier und Jetzt und in dem Moment zu sein. Das ist die Basis für den Flow-State.

DIE KRUX MIT DEN GEFÜHLEN

Wenn du dich näher damit befassen möchtest, wie du Gefühle als Kraft nutzen kannst, lies das Buch „Gefühle & Emotionen – Eine Gebrauchsanweisung: Wie emotionale Intelligenz entsteht“ von Vivian Dittmar. Dieses Buch ist eine Gebrauchsanweisung durch unsere Gefühlswelt. Wut, Angst, Freude, Trauer oder Scham – jedes Gefühl erfüllt laut Dittmar eine wichtige Funktion in unserem Leben.
Für uns Hundeführer macht es Sinn, Gefühle genauer unter die Lupe zu nehmen, insbesondere die nachfolgenden.

»Wenn ich arbeite, entspanne ich mich.«

Picasso

1. Gefühle, die das Bewusstsein und/ oder den Körper zusammenziehen (negativ)

Körperliche Anzeichen beim Trailen können zum Beispiel sein:

— sich Kleinmachen, nach vorne kippen, verdrehen und/oder eine enge geschlossene Körperhaltung
— den Atem anhalten
— die Schultern hängen lassen oder verkrampft hochziehen
— alles zieht sich zusammen, Zähne zusammenpressen, Kiefergelenk festmachen
— Leine verkrampft festhalten beziehungsweise an der Leine ziehen, entgegenwirken, stark bremsen
— stocken, verkniffen schauen, auf den Hund gerichteter, starrer fokussierter Blick

Dazugehörige Emotionen können sein:

Angst/Unsicherheit, beispielsweise diese oder ähliche Gedanken:
— „Hoffentlich kommt kein Auto."
— „Hoffentlich kommt uns jetzt kein Hund entgegen."
— „Hoffentlich frisst er nix unterwegs."
— „Hoffentlich stolpere ich nicht."

Misstrauen, beispielsweise diese Gedanken:
— „Ob die Richtung stimmt? Trailt er denn überhaupt oder macht er irgendetwas anderes? Der läuft doch irgendwohin!"

Ärger, beispielsweise diese Gedanken:
— „Jetzt schnüffelt er schon wieder so viel rum, er soll doch arbeiten."
— „Er pinkelt zu viel."
— „Er zieht zu sehr an der Leine."
— „Wieso biegt er denn nicht gleich ab?"

Scham, beispielsweise diese Gedanken:
— „Jetzt habe ich es wieder nicht richtig gemacht und alle schauen zu!"

2. Gefühle, die das Bewusstsein erweitern und den Körper öffnen (positiv)

Körperliche Anzeichen beim Trailen können zum Beispiel sein:

— sich groß machen, aufrechter Gang, Rumpf stabilisieren, zum Hund offene Körperhaltung
— den Atem fließen lassen, Zirkulation zum Hund und zurück aufrechterhalten
— dynamisches weiches Führen
— nach vorne und leicht nach oben gerichteter, weicher, peripherer Blick
— Mundwinkel leicht nach oben ziehen, inneres Lächeln

Dazugehörige Emotionen können sein:

Mut, beispielsweise diese Gedanken:
— „Wir schaffen das zusammen."
— „Alles geht gut."

Vertrauen, beispielsweise diese Gedanken:
— „Er weiß genau, was er tut."
— „Es kann nichts passieren, wir sind ja nicht alleine."
— „Wir sind bis jetzt immer angekommen."

Wohlwollen und Gelassenheit, beispielsweise diese Gedanken:
— „Wir geben unser Bestes."
— „Wir machen das, weil es uns beiden Spaß macht."

Freude, „positiver Stolz", beispielsweise diese Gedanken:
— „Es ist toll, wie er das macht."
— „Ich mach das mit der Leine schon ganz schön gut."
— „Wir haben uns schon sehr entwickelt."
— „Es fühlt sich ziemlich gut an."

Beobachte deine Gedanken, ohne sie zu bewerten. Setze dich nicht unter Druck und kämpfe nicht gegen negative Gefühle an.

Hat der Hund Freude am Trailen, fördert dies seine Lesbarkeit – auch in den Turns.

Willensstärke und Drive beim Zugriff.

„Good Job": Alle sind zufrieden.

Auch sie haben ihre Berechtigung. Alleine dadurch, dass du sie dir bewusst machst und dich nicht damit identifizierst, geht es dir schon besser. Welches Gefühl hast du in dem Moment genau? Ist es Wut? Angst? Scham? Trauer? Oder Freude? Wut kennt keine Unentschlossenheit und ist sehr zielgerichtet. Sie ist eine Kraft und kann in manchen Situationen Klarheit schaffen.
Die Angst kann dir aufzeigen, wo es etwas Neues und Unbekanntes für dich zu entdecken gibt, wo der Grenzbereich deiner Komfortzone liegt und wo Entwicklung stattfindet, wenn du diese Grenze gelegentlich überschreitest. Die Scham kann dir den Anstoß geben, dich von deinen eigenen Ansprüchen, perfekt sein zu müssen, zu befreien oder dich vielleicht ein wenig in Demut zu üben. Die Trauer gibt dir den nötigen Raum zur Stille, um die Dinge zu betrachten, wie sie sind, dein Herz weit werden zu lassen und für die Liebe zu öffnen. Die Freude sprudelt und alles strahlt in dir, du willst hüpfen und tanzen und fühlst dich lebendig und eins mit allem, du bist im Hier und Jetzt.

Das Gehirn umprogrammieren: Ein positiver Mindset fördert Ruhe und Gelassenheit.

AUFGABE

Finde Sätze, die sich für dich gut anfühlen und mache sie dir auch während des Trainings immer wieder einmal bewusst. Du kannst dir auch positive Affirmationen, die eine gute Wirkung auf dich haben, in dein Notizbuch schreiben. Du kannst sie dir auch auf dein Smartphone sprechen und abends leise abspielen, denn kurz vor dem Einschlafen ist unser Unterbewusstsein besonders beeinflussbar. Das Gefühl ist hierbei wichtig, sonst haben diese Sätze keinen Effekt. Ändere sie gegebenenfalls so ab, dass sie für dich passen.

Einige Beispielsätze, die du nach Belieben natürlich auch in verschiedene Kategorien einteilen kannst, wie Trailen, Selbstbewusstsein, Beziehung etc.:

- Ich bin selbstbewusst und strahle Ruhe und Gelassenheit aus.
- Ich fühle mich kraftvoll und stark.
- Ich bin konzentriert und fokussiert.
- Ich kann meinen Hund sehr gut führen.
- Ich traile aus dem Herzen heraus.
- Trailen fühlt sich für mich ganz leicht und einfach an.
- Ich liebe es, zusammen mit meinem Hund in den Flow-State einzutauchen.
- Die Beziehung zu meinem Hund ist frei von Verurteilung.
- Unsere Verbindung ist tief und sehr vertrauensvoll.
- Ich respektiere und liebe meinen Hund bedingungslos.
- Unsere Beziehung wird von Tag zu Tag intensiver.
- Ich bin glücklich und dankbar, mit meinem Hund gemeinsam Zeit verbringen zu können.

Gut für dich und deinen Hund ist es, wenn du dich regelmäßig vor dem Trailen noch einmal bewusst erdest, vor allem wenn du bereits einen hektischen Tag hattest. Meistens ist unsere Grundenergie durch die Alltagshektik nicht synchronisiert, nicht kohärent und irgendwie durcheinandergewirbelt. Das kann sich beim Hund dann so äußern, dass er unkonzentriert trailt, hektisch wird oder sich vorne an der Leine eben auch nicht „satt“ und geerdet anfühlt, sondern irgendwie „flirrig“. Dadurch habe ich hinten das Gefühl, ständig etwas ausgleichen zu müssen, gegenzusteuern oder sonst wie aktiv sein zu müssen. Beide, Hund und Hundeführer, können sich ohne ausreichende Erdung nicht richtig fallenlassen, sind voneinander entkoppelt und arbeiten eher unkonzentriert und fahrig.
Wenn Super-Trailer „sich scheußlich“ fühlen, entfernen sie das blockierende Gerümpel aus dem Kopf! Denn die einfache Super-Trailer-Formel lautet:

Kein Gerümpel im Kopf + kein Widerstand + Freude am Tun = Flow

DIE KLOPFTECHNIK

Wir wenden eine einfache Übung an, mit der es auch Vielbeschäftigte schaffen, ihren „inneren Denker“ in Schach zu halten. So kannst du deine mentale Stärke durch Selbstbewusstsein und Selbstakzeptanz erhöhen: mithilfe der „Klopftechnik“ (auch „Tapping“ genannt).
Das Klopfen wirkt in beiden Hirnregionen, in denen wir unser „Gerümpel“ einlagern: dem limbischen System (Gefühle) und in der Großhirnrinde (Persönlichkeit, Werte, Glaubenssätze). Es reduziert den Stress (vor allem in den Amygdalae/Mandelkernen) und auch andere blockierende Gefühle. Die Übungen zur Selbstakzeptanz wirken auf der Ebene der Großhirnrinde (v. a. im Frontalhirn). Um dort aufzuräumen, akzeptieren wir erst einmal überhaupt, dass wir Gerümpel im Kopf konservieren. Wenn du tiefer in das Thema einsteigen möchtest, kannst du das Buch von Dr. Michael Bohne „Feng Shui gegen das Gerümpel im Kopf“ (rororo Verlag) lesen.

DIE KLOPFTECHNIK

— *Interview mit der Diplom-Psychologin Nicole Pramberger*

Die Diplom-Psychologin und approbierte Psychotherapeutin lebt in München und wendet die Klopftechnik erfolgreich zur Stressbewältigung bei ihren Klienten an.

Rovena: *Nicole, du wendest die Klopftechnik an, um mentale und emotionale Blockaden zu lösen. Warum machst du das?*

Nicole: Negative Emotionen oder Gedanken blockieren den Abruf von Leistung oder beeinträchtigen die Entfaltung des vorhandenen Potenzials. Techniken aus der Energetischen Psychologie können dazu beitragen, effektiv Blockaden aufzuspüren, zu erleichtern oder aufzulösen. Das hier in der Kurzform dargestellte Vorgehen lehnt sich an die Methode von Dr. Michael Bohne an und kann in seinen Büchern ausführlich nachgelesen werden. Um effektiv an einem emotionalen Problem arbeiten zu können, müssen wir dieses aktivieren, d. h. es in unser Bewusstsein rufen.

Diplom-Psychologin Nicole Pramberger

Rovena: *Wie gehst du dabei vor?*

Nicole: Im ersten Schritt identifizieren wir die Blockade.

✎ Du kannst es gerne ausprobieren. Dazu benennst du das belastende Thema, die negative Grundannahme, den hinderlichen Gedanken oder die blockierende Emotion und schreibst es auf.
Als nächstes findest du alle Aspekte dazu, die emotional und gedanklich mit der Blockade verbunden sind. Beispiel: Die Emotion der Angst, dass der Hund schnüffelt und pinkelt. Dann versuchst du, die Wurzel der Emotion, die dich selbst betrifft, zu ergründen. Denn Probleme, die uns selbst betreffen, können wir auch am besten lösen, wie die

Selbstakzeptanzpunkt

— Angst zu versagen.
— Angst, dich zu blamieren.
— Angst, dich lächerlich zu machen.
— Angst, dich zu schämen.
— Angst, nicht abzuliefern.

Finde alle dazugehörigen Gedanken:
— Niemand wird mich dann respektieren.
— Ich werde es nicht schaffen, den Hund zu kontrollieren.
— Das dauert dann viel zu lange.
— Der funktioniert nie, wenn es drauf ankommt.

Es spielt keine Rolle, ob du mit der Emotion oder dem Gedanken beginnst. Wichtig ist, beide Aspekte zu ergründen und aufzulisten.

Rovena: *Nun bin ich mir darüber im Klaren, was mich blockiert, kenne meine Gedanken und Emotionen. Was wäre der nächste Schritt?*

Nicole: **Im zweiten Schritt erfolgt die Selbstakzeptanzübung.** Selbstablehnung aufgrund negativer Gefühle oder Gedanken kommt häufig vor und ist oftmals ein weiteres Hindernis für die Verarbeitung der belastenden Emotionen. Insbesondere dann, wenn Vorwürfe oder Erwartungshaltungen gegen dich, deinen Hund oder andere im Vordergrund stehen, liegt die Hauptarbeit auf der folgenden Übung. Der Erfolg des Klopfens hängt maßgeblich davon ab, an der Selbstakzeptanz oder der Akzeptanz deines Hundes zu arbeiten.

Formuliere dazu den negativen Aspekt und verbinde ihn in einem Satz mit der Selbstakzeptanzformulierung wie unten beschreiben. Als Beispiel:
— „Auch wenn ich mich über meinen Hund ärgere, liebe und akzeptiere ich ihn so, wie er ist."
— „Trotz meiner Angst zu versagen, bin ich in Ordnung so und akzeptiere mich so, wie ich bin."

Suche den Selbstakzeptanzpunkt unter dem linken Schlüsselbeinknochen und massiere ihn mit einem oder zwei Fingern kreisförmig im Uhrzeigersinn (siehe Abbildung oben), während du den Satz (am besten laut) aussprichst. Wiederhole das drei Mal, möglichst mehrmals täglich, wenn die oben genannten Lösungsblockaden im Vordergrund stehen. Intensivieren kannst du die Übung, wenn du sie vor dem Spiegel durchführst und die Sätze laut aussprichst (bei Selbstablehnung) oder wenn du deinen Hund dabei anschaust (bei Erwartungshaltung oder Vorwürfen

TIPP

Betrifft die Emotion vor allem den Hund oder andere Menschen, beispielsweise Ärger darüber, dass der Hund nicht richtig arbeitet, funktioniert das Lösen der Blockade ebenso mit der Klopftechnik. Nur liegt der Schwerpunkt hier bei Schritt 2 und bei Schritt 4.

gegenüber dem Hund) und die Sätze dabei ebenfalls laut aussprichst.
Die Variante mit Hund würde dann lauten: „Auch wenn ich mich manchmal über dich ärgere, liebe und akzeptiere ich dich, so wie du bist."
Deiner Kreativität beim Finden und Formulieren der Akzeptanzsätze ist keine Grenze gesetzt, wichtig ist jedoch, dass beide Teile zusammenpassen und mit einem UND verbunden werden.

Rovena: *Und wie lösen wir das belastende Thema? Wann klopfen wir?*

Nicole: Genau dazu kommen wir jetzt im dritten Schritt: Wir klopfen und lösen so das belastende Thema (Kurzform).
Aktiviere das belastende Thema möglichst umfänglich, indem du dir die Situation bildlich vorstellst und die dazu notierten Gefühle und Gedanken in deinem Buch durchliest.

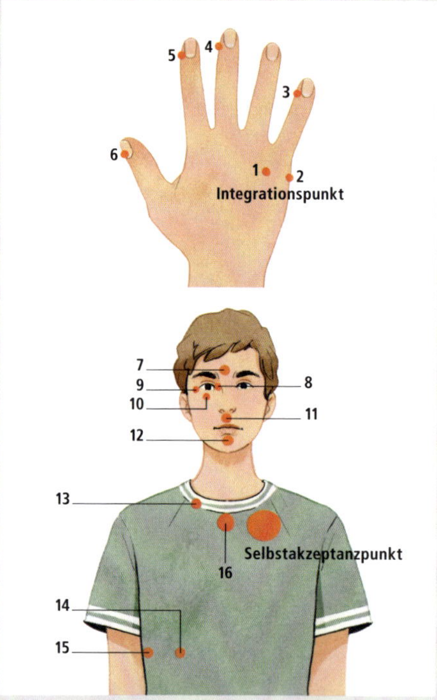

Klopfpunkte

Die Belastung muss dabei im Körper spürbar werden. Schätze den Grad der aktuell gefühlten Belastung zwischen 0 (keine) und 10 (maximale) ein und notiere dir die Zahl. Beginne dann mit dem Klopfen der 16 Punkte wie in der Illustration dargestellt. Es spielt keine Rolle, ob du links oder rechts klopfst. Während du die Punkte klopfst, wiederholst du mental oder laut das Thema deiner Belastung mindestens einmal an jedem Punkt. Sollte an einem Punkt das Empfinden besonders intensiv sein, bleibe einfach ein wenig länger klopfend dort. Nachdem du alle Punkte geklopft hast, scannst du dich und schätzt die jetzt spürbare Belastung zwischen 0 bis 10 ein. Ist die Belastung < 2, kannst du zum nächsten Schritt übergehen.
Anderenfalls wiederholst du einfach das Klopfen der Punkte, bis die gefühlte Belastung deutlich abgesunken ist. Erst dann ist es sinnvoll, zum nächsten Schritt überzugehen.

Rovena: *Ah, schon viel besser. Der negative Druck hat deutlich nachgelassen. Ist die Übung damit abgeschlossen?*

Nicole: Noch nicht ganz. Jetzt erfolgt der vierte und letzte Schritt, in dem wir den mentalen Freiraum mit Positivem füllen.
Dazu findest du einen positiven Satz, der wie ein Antidot zu deinem belastenden Thema wirkt. Die Affirmation sollte kurz und knackig sein, wie ein Motto oder Werbeslogan. Beispiele wären:

— „Trail from the heart."
— „Keep the focus."
— „Trust your dog."
— „In the Flow."
— „Ein ganzer Kerl dank K-9."
— „Dream-Team Trust."
— „Wir schaffen das."
— „Just do it."
— „Auf geht's."

Klopfe die vier Aktivierungspunkte (siehe Abbildung unten), während du den positiven Slogan laut oder mental formulierst. Wiederhole das so oft, bis du die positive Energie der Affirmation deutlich im Körper spüren kannst. Wenn sie dich und deinen Hund gemeinsam betrifft, empfiehlt es sich, die Affirmation in dessen Anwesenheit mit einem auf ihn gerichteten und entspannten Blick oder einer sanften Berührung zu wiederholen.

Wiederkehrende, tiefsitzende Blockaden sollten mit zeitlich längerem Vorlauf zur auslösenden Situation, wie beispielweise einer Prüfung, mehrmals und am besten täglich durch Klopfen entlastet werden, bis im Vorfeld beim mentalen Aufruf der Situation kaum mehr Belastung aktiviert wird. Kurz vor der Situation kann natürlich problemlos auch noch die Belastung geklopft werden, da diese dann meist nochmals deutlicher gespürt werden kann. Direkt vor oder während der Situation hilft vor allem der Aufruf der Affirmation, entweder mit oder ohne Klopfen aller vier oder auch nur eines Punktes.

LÖSUNGSBLOCKADEN

Trifft eine der 5 Lösungsblockaden auf dich zu, sollte der Schwerpunkt vor allem auf Schritt 2 und Schritt 4 liegen. Die fünf Lösungsblockaden (nach Dr. Bohne) sind

1. Selbstvorwürfe
2. Vorwürfe anderen gegenüber
3. Erwartungshaltungen an andere Menschen (oder meinen Hund)
4. Altersregression: Sich kleiner fühlen, als man ist
5. Para-/Dysfunktionale Loyalität: Innere Verbundenheit mit anderen im Leid

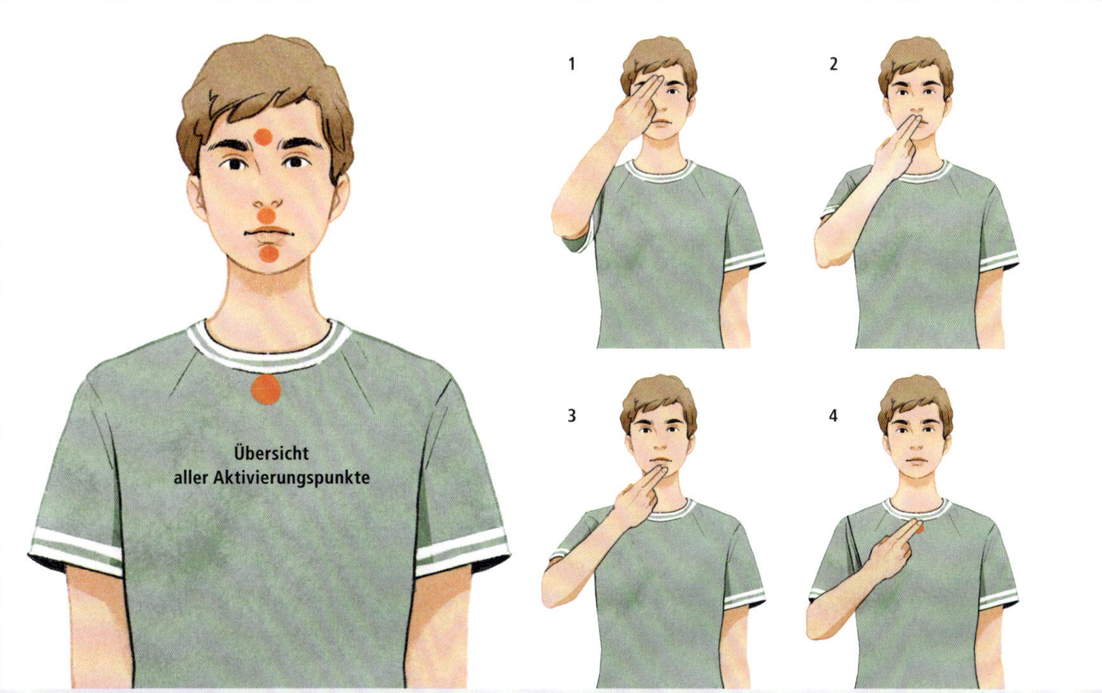

Aktivierungspunkte

Eigenständigkeit fördern, Unabhängigkeit vom

3. VERBESSERE DEINEN MIND SET

15 MENTALTRAININGS-HACKS

So rockst du Prüfungen und Einsätze! Was du zunächst wissen solltest: Eine gewisse Nervosität vor Prüfungen oder Einsätzen ist ganz natürlich und hilft uns dabei, fokussiert zu bleiben. Angst und Stress (auch positiver Eustress) sind von den körperlichen Symptomen her erstmal dasselbe! Der Körper unterscheidet anfangs nicht, ob wir aufgeregt oder verliebt sind, uns freuen oder tatsächlich Angst haben. Die Reaktionskette des Organismus ist dieselbe. Hormone und Neurotransmitter werden ausgeschüttet, Energie wird bereitgestellt. Herzklopfen setzt ein, der Blutdruck erhöht sich, die Muskulatur wird mehr durchblutet. Wir geben dir wertvolle Tipps und Mentaltrainings-Hacks an die Hand, die dich und somit auch deinen Hund in diesen akuten Situationen deutlich gelassener und entspannter bleiben lassen!

1. GEFÜHLE UND GEDANKEN ANNEHMEN UND UMSCHREIBEN

Diese Technik nennt man auch Reframen und sie kommt aus dem NLP. Da du nun weißt, dass die körperlichen Symptome sowohl bei negativem als auch positivem Stress erstmal dieselben sind, kannst du das kurze Zeitfenster ausnutzen, um diese aktiv als positiv zu bewerten. Du nimmst also deine Aufregung einfach nur wahr und blockst sie nicht ab. Wenn du versuchst, etwas zu unterdrücken, kommt es nur stärker zu dir zurück! Deswegen nimmst du deine „ungewollten" Gefühle an und schaust dabei bewusst hin, und zwar bevor die Gedankenmaschinerie startet und dir Sätze durch den Kopf schießen wie: „Boah, ich hab echt Schiss vor dieser Prüfung, hoffentlich schaff ich das und hoffentlich läuft mein Hund gut und fängt nicht wieder an zu schnüffeln, hoffentlich kommt er vom Start gut los, was ist, wenn dieses oder jenes passiert?"

»Unsere Zweifel sind Verräter und häufig die Ursache für den Verlust von Dingen, die wir gewinnen könnten, scheuten wir nicht den Versuch.«

William Shakespeare

Trainer schaffen als Vorbereitung für die Prüfung.

Coolness ist erlernbar!

Wichtig Bevor diese Gedankenmaschinerie unaufhaltsam losrattert und du dich immer mehr hineinsteigerst, dabei wie ein aufgescheuchtes Huhn am Parkplatz herumläufst, deine Trail-Leine verknotest und die Futterdose mit dem Fisch für deinen Hund im Kofferraum verschüttest, machst du dir bewusst: „Ah, jetzt fangen diese Gedanken an", und sagst innerlich „STOPP!" Du kannst dir auch ein großes rotes Stoppschild dabei vorstellen oder deine Hand zu einem abblockenden Stopp-Signal hochheben (lege die Fischdose vorher aus der Hand).

Innehalten

Spüre in deinen Körper hinein, atme ein paar Mal in Ruhe tief ein und aus und sage dir dann: „So, ich bin aufgeregt. Das ist normal und hilft mir dabei, mich zu fokussieren. Ich freue mich auf diesen Trail und wachse an meinen Aufgaben." Finde etwas, das sich einigermaßen richtig für dich anfühlt. Wenn du dir das gar nicht vorstellen kannst, finde eine Formulierung, die zumindest in die richtige Richtung geht. Zum Beispiel: „Ich bin aufgeregt. Das ist gut, denn es hilft mir, mich zu fokussieren. Ich bin auf dem besten Weg, mich gerne neuen Herausforderungen zu stellen. Es fällt mir immer leichter." Stoppe negative Gedankenmuster, die automatisch in deinem Kopf ablaufen. Ersetze negative Worte durch positive. Aus negativ blockierender Angst wird positive Aufregung und Vorfreude. Zu Hause kannst du dem auch nochmal in Ruhe nachgehen und schauen, woher diese negativen Gefühle kommen und beispielsweise mit der Klopftechnik bearbeiten.

2. BEWUSST SEIN

Vieles, das unbewusst und somit von uns unbemerkt abläuft, hat einen ungewollten Einfluss auf uns. Wichtig ist es, dass du dich nicht mit deinen negativen, zweifelnden Gedanken identifizierst. Stelle sie dir eher wie Wolken vor und du bist der Himmel. Der Himmel ist immer da, die Wolken kommen und gehen. Sie ziehen einfach an dir vorbei.

Entwickle dein Trail-Momentum, tauche ein und speichere das Gefühl ab.

Beobachte sie als neutraler Beobachter aus der Ferne, mit dem weichen peripheren Blick und fokussiere dich nicht darauf! Lass sie weiterziehen. Woher sie kommen und wohin sie gehen ist in dem Moment nicht wichtig. Die Energie des Sich-bewusst-Machens ist eine höhere als die deiner negativen Gedanken. Wenn du dir dessen bewusst bist, bringst du quasi „Licht ins Dunkel" und die Dunkelheit verschwindet. Manchmal hilft uns eine eher metaphorische Sichtweise auf die Dinge ...

3. VERGLEICHE DICH NICHT MIT ANDEREN

Es spricht prinzipiell nichts dagegen, sich mit anderen zu messen, beispielsweise in Wettbewerben. Wir haben ja auch schon Trail-Meisterschaften durchgeführt und diese waren ein großer Spaß. Vielen Menschen machen Wettbewerbe Spaß und ein Ziel zu haben spornt sie an. Achte dabei aber auf deinen Hund und das Maß der Dinge. Jedes Suchhundeteam arbeitet in seinem eigenen Tempo und hat seinen eigenen „Style" – die Art und Weise, wie sie als Team zusammenarbeiten. Der Entwicklungsprozess variiert von Team zu Team. Es macht keinen Sinn, auf andere zu schauen und zu analysieren, warum diese beispielsweise in einer kürzeren Zeit schon höher geprüft sind. Es spielen dabei so viele Faktoren eine Rolle! Die Geschichte des Hundes, seine Anlagen, die Gesundheit von Mensch und Hund, Trainingsbedingungen und viele weitere Themen, die den Fortschritt beim Trailen beeinflussen. Konzentriere dich überwiegend auf dich selbst und auf deinen Hund und euch als Team. Was du dennoch tun kannst: modellieren der guten Fähigkeiten und Strategien der Profis.

„Egal, wie viele Fehler du machst oder wie ...

4. VERTRAUE DEINEM HUND

Du bist nicht alleine in der Situation, lasse dich voll auf deinen Hund ein! Dein Hund ist bei dir und du bist bei ihm. Verlasst euch aufeinander, vertraut euch und geht gemeinsam durch die Prüfung. Egal wie es ausgeht, schweißen diese Momente zusammen und das ist es, was zählt.

5. ENTWICKLE DAS „TRAIL-MOMENTUM"

Wie es ausgeht, spielt erstmal keine Rolle. Gewinner, Führungspersönlichkeiten, Meister – sie alle wissen, dass es nur ein Feedback ist, wenn man mit dem, was man tut, nicht auf Anhieb das gewünschte Ergebnis erzielt. Trailen ist ein Entwicklungsprozess. Prüfungen nach dem K-9-System sind beispielsweise stufenweise aufgebaut, sodass nach und nach der Schwierigkeitsgrad erhöht wird. Im Training wird das Team gut auf die jeweilige (Farb-)Stufe vorbereitet. Sollte eine Prüfung nicht bestanden werden, gibt es die Möglichkeit, diese mehrmals zu wiederholen. Du hast also genug Zeit. Du gehst mit deinem Hund eine Entwicklung in eurem Tempo durch, bis ihr die nötige Reife und Erfahrung gesammelt habt. Später in den Einsätzen zählt wirklich jeder Trail. Aber auch dort gehen unerfahrene Hunde erstmal als Backup, um die nötige Erfahrung zu sammeln. Mach dich frei von der Idee, dass alles sofort zu 100 Prozent klappen muss. Das Wichtigste ist, dass du dich der Aufgabe überhaupt stellst! Du handelst! Du entwickelst „Momentum" in die Richtung, in die du dich bewegen möchtest! Damit gehst du schon mal aus der Komfortzone heraus und genau hier ist es, wo Entwicklung stattfindet und das Leben spannend wird. Es hat einen Grund, warum du dieses Buch in den Händen hältst und warum du einen Hund hast, mit dem du trailst. Mit einer hohen Wahrscheinlichkeit möchtest du deine Anlagen und die Talente deines Hundes nutzen, um etwas Sinnvolles zu machen. Du möchtest rausgehen, etwas erleben und dich weiterentwickeln. Du stellst dich der Aufgabe und hast tief in dir ein echtes Trailer-Herz, das nur darauf wartet, für dich und die Sache zu schlagen. Konzentriere dich erstmal vor allem darauf, „Trail-Momentum" zu generieren – und nicht nur auf gewünschte Ergebnisse.

langsam du vorankommst, du bist weit vor jedem,

... der es nicht versucht." (T. Robbins)

6. TRAINIERE REGELMÄSSIG AUCH MENTAL

Dem Gehirn ist es nahezu egal, ob wir eine Übung tatsächlich praktisch ausführen oder diese nur mental im Kopf durchspielen. Durch mentales Training von beispielsweise Bewegungsabläufen werden Verschaltungen im Gehirn aktiviert und vernetzen sich in diesem Hirnareal. Ein voller Trainingsersatz ist dies für uns Trailer allerdings nicht, denn Erfahrung muss auch draußen unter Ablenkung gesammelt werden. Es gibt jedoch mehrere bahnbrechende Studien unter anderem über mentales Muskeltraining, die belegen, dass mit mentalem Training sogar ein Muskelzuwachs (beispielsweise Bizeps, Studie der Cleveland Clinic) bewirkt werden kann! Ohne dass der Muskel im Training überhaupt bewegt wurde! Durch das rein mentale Üben kann also nicht nur das Gehirn, sondern auch der Körper allein durch Gedankenkraft verändert werden. Als zusätzliche Trainingsmöglichkeit ist das mentale Training also absolut Gold wert! Wichtig ist es hierbei, dass du dich aus der 1. Person wahrnimmst. Also nicht von außen als 3. Person beobachtest, wie du etwas machst, sondern wie in „echt" alles aus deiner Sicht wahrnimmst und fühlst.

Bewegungsabläufe kannst du so beispielsweise vor dem Einschlafen nochmal durchgehen. Du kannst schon mal deinen Part als Hundeführer trainieren. Leinenhandling, Kreuzungsarbeit, das richtige Timing, dynamisches Führen, wann fasse ich nach, wie bewege ich mich neutral hinter meinem Hund usw. Du hast das bestimmt schon mal gesehen, wenn Leistungssportler vor dem Start nochmal Bewegungen im Kopf durchgehen, beispielsweise Slalomskifahrer. Die Sportler gehen auch besondere Situationen immer wieder im Kopf durch, um sie später praktisch besser umzusetzen. Ich trainiere mental so lange, bis es sich gut anfühlt. Hast du im Training eine sehr schöne Sequenz erlebt, den Flow gefühlt? Dann speichere dies bewusst ab! Wie war das genau? Wie hat es sich angefühlt? Erlebe es zu Hause nochmal nach und rufe es dir vor dem nächsten Start wieder ins Bewusstsein.

✎ 7. SKRIPTING (MANIFESTATIONSTECHNIK)

Eine einfache und sehr effektive Technik zur Vorbereitung ist das sogenannte „Skripting" (deutsch „Schreibe-Technik"). Du stellst dir vor, wie die Prüfung im besten Fall ablaufen wird und schreibst diese Geschichte in dein Notizbuch. Verwende hierbei die Gegenwart! So kannst du dein Unterbewusstsein beeinflussen. Beschreibe auch dich und deinen Hund so, wie du euch in dieser Situation benötigst. Lass dich voll in das Geschehen fallen, erlebe es bereits im Vorfeld richtig. Du wirst merken, wie du darin eintauchst und auch spürst, wie gut es sich anfühlt. Also als Beispiel: „Ich fühle mich sehr gut und freue mich auf den Trail. Wir sind pünktlich und ich habe alles gut vorbereitet. Ich bin konzentriert und sortiert. XXXXXX (setze den Hundenamen ein) ist voll bei mir und ich sehe ihm an, dass er Lust hat zu trailen. Ich verdrahte mich vor dem Start mental mit ihm und starte den ‚Kreislauf in der Super-Trailer-Blase'. Er trailt sofort los und ich spüre, wie er mich mitnimmt. Alles ist ganz einfach und leicht. Ich bin gelassen, selbstbewusst und genieße den Moment, ich fühle mich sicher und mit meinem Hund verbunden. XXXXXX reiht sich schon deutlich vor der Richtungsentscheidung ein, ich gehe entschlossen mit und gebe ihm Sicherheit. Wir fliegen über den Trail und finden die VP.", usw. Diesen Text liest du in den letzten Tagen vor deiner Prüfung immer wieder durch und verinnerlichst auch dich als diese Person in der Geschichte. Du wirst sehen, wie du in der Prüfung mehr und mehr zu dieser Person wirst und auch so handelst. Wenn während der Prüfung etwas anders läuft, bleibst du entspannt, atmest tief durch und aktivierst den „Kreislauf in der Super-Trailer-Blase".

Herausforderungen machen mit der richtigen Einstellung und dem passenden Training auch Spaß!

8. ES GEHT UM DAS GEFÜHL

Wenn du schon eine Weile trailst, hast du bestimmt bereits Trails gearbeitet, die besonders gut liefen und bei denen du dich mit deinem Hund sicher und gut gefühlt hast. Du konntest erahnen, wie sich der Flow anfühlt oder bist sogar schon voll darin eingetaucht. Wenn du solche Momente erlebst, mach dir das bewusst und speichere diese Situationen in deinem Gehirn ab! Setze dir einen mentalen Anker! Wie hat sich das angefühlt? Auch Details helfen dir dabei, es noch einmal zu erleben: Wie hat es gerochen? Wie war das Wetter? Wie war der Zug auf der Leine? Wie sah dein Hund während der Arbeit aus? Wie seid ihr zusammen zum Auto zurückgegangen? Hast du gelacht, dich frei und leicht gefühlt? Sind die Bilder bunt und hell? Siehst du einen groß gezoomten Ausschnitt aus der Nähe, oder ist die Szene eher weiter weg? Hole das Gefühl, das du da gespürt hast, nochmal hervor und spüre es intensiv nach. Du kannst währenddessen auch einen Punkt beispielsweise an deinem Handgelenk gedrückt halten: Wenn du kurz vor der Prüfung stehst, drückst du diesen Punkt wieder und erinnerst dich an das tolle Gefühl.

Zu wissen, was du willst, ist gut. Bleibe entspannt und „empfangsbereit" auf dem Weg dorthin.

9. MENTALE ZEITREISE

(„Revision Technique" von Neville Goddard). Situationen, die nicht so gut liefen, kannst du mental wiederholen und währenddessen besser machen. Dein Gehirn ist in der Lage, diese zu überschreiben und die bessere Lösung abzuspeichern. Male dir ganz genau aus, was anders gelaufen wäre. Wie du dich an bestimmten Punkten vielleicht anders verhalten hättest. Gehe die Situation bildlich durch und erlebe auch die Gefühle neu dabei. Du schreibst quasi die Vergangenheit um und lernst aus deinen Fehlern. Klingt krass, aber es funktioniert! Probier's aus! Du kannst die überarbeitete Situation auch schriftlich in deinem Notizbuch festhalten.

10. NIMM DIE WICHTIGKEIT HERAUS

Das ist einer der wichtigsten Punkte überhaupt! Nimm die Wichtigkeit aus der Situation. Wenn uns etwas besonders wichtig ist, baut sich in uns nahezu automatisch ein Widerstand auf und die Leichtigkeit geht verloren. Wenn du etwas ganz unbedingt erreichen willst, schiebst du es in dem Moment tatsächlich weiter von dir weg. Zu wissen, was du willst, ist gut. Auf dem Weg dorthin, bleibe entspannt und „empfangsbereit", dann kommt es einfacher zu dir. Wenn wir etwas besonders gut machen wollen und verbissen darangehen, geht es meistens schief. In einer Prüfung vergessen wir plötzlich wesentliche Punkte oder wissen die einfachsten Dinge nicht mehr. Bei einem Vorstellungsgespräch verhalten wir uns vielleicht angespannter, als bei einem Treffen mit einem Bekannten. Vor solchen Situationen aufgeregt zu sein, ist völlig normal. Die ausgeschütteten Hormone helfen uns auch, auf den Punkt präsent und bereit zu sein, uns auf die Sache zu konzentrieren. Gut ist es, die Situation in Relation zu setzen. Wir werden nicht von einem Tiger verfolgt oder müssen sonst wie um unser Leben fürchten. Wir laufen tatsächlich „nur" eine grüne Prüfung mit unserem Hund. Ich vergleiche also diese Prüfung mit anderen Faktoren und nehme mir selbst den Druck, hier perfekt sein zu müssen. In dem Moment hilft es, eine gewisse emotionale Distanz aufzubauen, sich quasi zu dissoziieren. Ich betrachte mich und meinen Hund wie durch eine Kameralinse von außen, ohne innerlich den Kontakt zu ihm zu verlieren.

11. AKTIVIERE DEN GEWINNER IN DIR MIT DER „SIEGERPOSE DES SUPER-TRAILERS"

Unsere Körperhaltung, die Atmung und der Ausdruck auf unserem Gesicht beeinflussen maßgeblich unseren Gefühlszustand. Du kannst dir dieses Wissen zunutze machen und hiermit dein Gehirn austricksen. Einen superschnellen Effekt erreichst du mit der „Siegerpose des Super-Trailers". Reiß die Arme hoch, juble und lache und feiere bereits vorher deinen Erfolg. Du kannst dir auch vorstellen, wie du deine Urkunde dabei in der Hand hältst. Fühle dich richtig hinein, wie toll es sich anfühlt, es geschafft zu haben. Dein Gehirn denkt nun, dass du glücklich und selbstbewusst bist. Somit hast du ganz leicht deinen emotionalen Zustand positiv verändert. Du hast dich in einen ressourcenvollen Zustand gebracht, und dies verändert auch die Qualität deines Verhaltens. Zudem hast du dich darauf konzentriert, was du willst, und nicht darauf, was du nicht willst. „Where focus goes, energy flows!" Dort, wo du deine Aufmerksamkeit hinlenkst, geht auch deine Energie hin.
Du wirst nun selbstsicher durch die Prüfung trailen und die Wahrscheinlichkeit, dass ihr auch am Ziel ankommt, ist hoch! Mache die „Siegerpose des Super-Trailers" am besten schon morgens beim Zähneputzen vor dem Badspiegel, an dem Tag deiner Prüfung. Vor dem Start visualisierst du dieses Bild nochmal und das Gefühl, das du dabei hattest. Oder du machst die Pose einfach nochmal.

Was, wäre wenn …?

Die zweite Möglichkeit ist, dir zu Hause vorzustellen, wie du diese Prüfung erst gar nicht läufst. Wie du dadurch in deiner Komfortzone bleibst. Wie du gemütlich zu Hause sitzt. Wie du deine „Mission" mit deinem Hund nicht angehst, keine Menschen oder Tiere rettest – gibt ja auch genügend andere, die das tun können. Deine Kollegen sind vielleicht alle da, nur du nicht. Es ist sehr wahrscheinlich, dass dir diese Vorstellung so unangenehm wird, dass die Aufregung vor der Trailprüfung dagegen ein Klacks ist! Das Bedauern über die verpasste Chance, es wenigstens versucht zu haben, überwiegt!
Die Prüfung nicht zu bestehen kann passieren, du bist aber wenigstens angetreten! Du machst sie einfach nochmal, bist aber um diese Erfahrung reicher und ein ganzes Stück weiter auf dem Weg zu deinem Ziel – der Einsatzfähigkeit beispielsweise – und hast dich in deiner Persönlichkeit weiterentwickelt. Unterscheide zwischen A) „falschem Ehrgeiz" mit einer Art Verbissenheit und B) dem Wissen, was du willst – du tust es aber aus der Freude am Tun heraus. Das ist ein großer Unterschied! Führe dann die Siegerpose wie oben beschrieben durch.

Mach die Siegerpose und fühl dich stark!

12. ERDE DICH UNMITTELBAR VOR DER PRÜFUNG

Menschen und Hunde lieben Menschen, die geerdet sind! Mache hierzu eine einfache Übung: Stell dich hüftbreit hin, lass die Knie locker, leicht eingeknickt. Schließe die Augen. Dein Körper ist gerade aufgerichtet, du kannst dir vorstellen, dass dein Kopf von einer Schnur leicht nach oben gezogen wird. Deine Schultern sind locker und entspannt. Dein Kiefer ist entspannt. Deine Zunge liegt leicht oben am Gaumen an, die Zungenspitze hinter den Vorderzähnen. Dies ist wichtig, um den Energiekreislauf geschlossen zu halten! Atme durch die Nase tief ein, dein Bauch wölbt sich dabei nach außen, dann durch die Nase oder den Mund wieder ausatmen, dein Bauch geht dabei nach innen. Nun stellst du dir vor, wie Wurzeln aus deinen Beinen nach unten in die Erde wachsen und dich fest mit dem Boden verankern. Sie breiten sich immer mehr aus, tiefe starke Wurzeln. Du stellst dir einen hellen Lichtstrahl vor, der von oben in deinen Kopf und durch deinen gesamten Körper strömt, hinab bis tief in die Erde hinein. Stelle dir das eine Weile vor. Nimm dann die Arme nach oben, atme tief ein, stelle dir dabei vor, wie du die Energie aus der Erde über deinen Rücken die Wirbelsäule entlang nach oben ziehst, bis über deinen Kopf hinaus. Halte dort den Atem kurz an und lass ihn mit Druck durch deinen Mund nach außen strömen. Dabei senkst du die Arme ab. Wenn du magst, lässt du dabei deinen Oberkörper nach unten gleiten, du klappst quasi langsam wie ein Taschenmesser zusammen. Zwei bis dreimal wiederholen. Jetzt bist du geerdet und voller Energie! Diese Übung empfiehlt sich auch vor einem Trainingstrail, wenn du einen stressigen Tag hattest.

Visualisiere dir Wurzeln an den Füßen, um dich zu erden.

13. ABGEBEN AN „DAS UNIVERSUM"

Wenn du dich und deinen Hund gut vorbereitet hast, gib den Rest einfach ab an das Universum. Bitte das Universum (oder was auch immer sich für dich gut anfühlt) um Schutz für dich und deinen Hund und um Führung, sodass du in den Situationen intuitiv das Richtige machst.

14. SICH BEDANKEN

Bedanke dich nach der Prüfung bei deinem Hund und dem Universum. Dankbarkeit zieht mehr Positives in dein Leben!

15. VERTRAUE DEINEM TRAINER

Natürlich kann es sein, dass du und dein Trainer nicht so gut zusammenpassen und du dich mit deinem Hund vielleicht bei einem anderen Trainer besser aufgehoben fühlst. Wenn es um die Arbeit mit dem eigenen Tier geht, kann es schnell auch mal emotional werden. Wenn du dich aber für die Arbeit mit deinem Trainer entschieden hast, ist es wichtig, ihm zu vertrauen und sich auf die Trainings und das Feedback einzulassen. Misstrauen, Zweifel oder ständiges Hinterfragen („ja, aber...") sind hier fehl am Platz und blockieren die Entwicklung. Auch ein ständiges „Trainerhopping" ist nicht ratsam, da die Trainings aufeinander aufbauen und Themen komplett durchgearbeitet werden müssen. Meistens findet Trainerhopping statt, wenn man sich mit seinen Themen nicht wirklich auseinandersetzen will. Regelmäßige Besprechungen und eine offene vertrauensvolle Kommunikation sind sehr sinnvoll, immer und alles bis ins kleinste Detail zu analysieren und zu verkopfen, dagegen nicht.

Vertraue deinem Trainer, vor allem während der Ausbildung ist Teamarbeit gefragt!

PRÜFUNGSANGST

— *Erfahrungsbericht von Sonja Hügli, 48 Jahre alt, K-9-Trailtrainerin*

Trailen als Angst-Nehmer funktioniert nicht nur beim Hund, auch bei mir haben das Trailen und die Ausbildung zum Trail-Trainer geholfen, mir meine enorme Prüfungsangst zu nehmen. Einerseits war meine Nervosität vor und während einer Prüfung für meine Hunde eine zusätzliche Belastung und andererseits lähmte mich diese Angst nahezu. Das war so extrem, dass ich bei Prüfungen gewisse Sachen einfach nicht mehr wusste oder nicht mehr konnte, obwohl dies zuvor überhaupt kein Thema war.
Durch meine Trainerausbildung bei Rovena und Alexandra konnte ich an dieser Angst arbeiten. Es gab auf dem Weg zum Trail-Trainer auch Module zur Unterstützung, in denen es um die Mentalebene beim Menschen und um Persönlichkeitsentwicklung geht. Diese Module haben mir persönlich sehr viel gebracht. Meine Abschlussprüfung zum ATT-Trainer war der beste Beweis dafür. Ich hatte mich zum ersten Mal nicht vor lauter Angst selbst lahmgelegt, sondern konnte konzentriert und fokussiert arbeiten und hatte auch noch Freude dabei.
Durch die erlernten Techniken weiß ich heute genau, was ich für mich tun muss, um in solchen Situationen ruhig zu bleiben. Für mich und meine Hunde ist dies ein erheblicher Mehrwert und eine Bereicherung – auch im Alltag über das Trailen hinaus.

Sonja Hügli und Bliss

Alexandra und Rovena arbeiten seit Jahren mit Mentaltechniken.

FEHLERLOS GLÜCKLICH?

Perfektionismus unter die Lupe genommen! Wir wollen unser Bestes geben und setzen uns und unseren Hund damit oftmals zu sehr unter Druck. Gerade in Prüfungssituationen, in denen es „um etwas geht", tritt das dann zutage. Ein bisschen zu verbissen, ein wenig zu verspannt, es läuft nicht rund und wir kommen nicht richtig rein. Wir zerbrechen uns den Kopf und fragen uns: „Warum ist das so?" Wir gehen der Sache auf den Grund!

1. DER WILLE ZUR PERFEKTION – IST DAS GUT ODER SCHLECHT?

Es kommt darauf an! Es gibt eine „gute" und eine „schlechte" Perfektion, die ich an einigen Punkten unterscheiden kann:

Extrinsische Motivation

- Bin ich extrinsisch motiviert und somit nach außen orientiert?
- Strebe ich nach Beachtung und Beifall?
- Versuche ich mich damit vor etwas zu schützen? Das kann sehr stressig und ungesund werden! Nicht gut!

Beim Trailen bin ich dann auch nicht im Hier und Jetzt, sondern (unbewusst) nach außen orientiert. Ich bekomme einen starren Tunnelblick, anstatt in meinem Blick weich zu bleiben. Ich verbinde mich nicht mit meinem Hund („Trail from the heart") und gehe vor allem über das Gefühl, sondern traile zu sehr mit dem Verstand. Ich analysiere und beurteile während des Trailens, anstatt mich einzulassen. Das merkt auch mein Hund. Er wirkt vielleicht gestresster und kann sich nicht entspannt in die Arbeit fallen lassen. Je nach Sensibilität, versucht er, sich dem von hinten ausgestrahlten Druck und der Anspannung zu entziehen. Das äußert sich beispielsweise im Schnüffeln, Pinkeln oder Wälzen.

Intrinsische Motivation

Ein gesundes Streben danach, sein Bestes zu geben und sich immer weiterzuentwickeln, ist intrinsisch motiviert und kommt aus mir selbst heraus („positiver Perfektionismus"). Das ist gut!
Erfolgreiche Menschen machen oft sogar mehr Fehler, als nicht erfolgreiche Menschen – einfach aus dem Grund heraus, weil sie mehr probieren. Manchmal macht man eben etwas lieber gar nicht, als es vielleicht „falsch" zu machen und verpasst damit eine wertvolle Erfahrung und die Möglichkeit zu lernen. Aus seinen Fehlern zu lernen und sie dann so nicht mehr zu machen, ist eine Investition in die Ausbildung. In unserem Fall in die Ausbildung zum Super-Trailer. Das erfordert Zeit und Mut.

„Trust your dog." Fehler zulassen und nicht werten schafft Vertrauen.

2. WOHER KOMMT DAS STREBEN NACH PERFEKTION?

Perfekt sein zu müssen ist ein Glaubenssystem, das meistens in der Kindheit bzw. Schulzeit entsteht:

- Wenn wir besonders für Leistung und Fleiß gelobt wurden.
- Wenn wir für die Dinge gelobt wurden, die wir erreicht haben.
- Wenn wir gelobt wurden, weil wir in den Augen unserer Eltern oder Lehrer etwas besonders gut gemacht haben.

Das kann sich auswirken auf unsere Noten; unser Verhalten, Aussehen und Auftreten; das Einhalten von Regeln und den Wunsch, es anderen recht machen zu wollen; unsere Leistung im Sport usw. Gefahr besteht dann, wenn wir uns damit identifizieren. Einer der Glaubenssätze, die beispielsweise hinter dem ungesunden Perfektionismus stehen können, ist: „Ich bin das, was ich erreiche ..."

Unterscheide

- Ein gesundes Sich-Entwickeln ist auf sich selbst konzentriert und stellt sich eher die Frage: „Wie kann ich mich verbessern?" Hier steht vor allem auch der Entwicklungsprozess im Vordergrund.
- Ungesunder Perfektionismus schaut nach außen: „Was denken die anderen?" Hier wird sich weniger auf den Weg konzentriert, sondern auf das Resultat. Dadurch geht oft der Spaß an der Sache verloren und Druck mit all seinen möglichen negativen Folgen kommt auf. Das merkt auch der Hund! Wichtig: Der ungesunde Perfektionismus ist ein selbstzerstörerisches Glaubenssystem und bremst die Entwicklung aus, weil es „perfekt" gar nicht gibt! Es bleibt ein unerreichbares Ziel!

3. WARUM STREBEN WIR ÜBERHAUPT NACH PERFEKTION?

Perfekt sein zu müssen wird als Schutzschild, Rolle und Maske eingesetzt. Wir denken, wenn wir perfekt aussehen, perfekt leben und uns perfekt verhalten, können wir den Schmerz von Schuld, Verurteilung (durch uns selbst oder durch andere) und Scham minimieren. Vielleicht gab es in der Schule einmal eine Situation, in der wir etwas nicht wussten und uns jemand als „blöd" bezeichnet hat oder über uns gelacht wurde. Häufig laufen in unserem Kopf meist unbemerkt Gedanken ab wie „Ich muss mich mehr anstrengen! Hoffentlich stelle ich mich nicht blöd an! Hoffentlich sehe ich nicht

total fahrig mit der Leine aus, wenn ich wieder Knoten drin habe! Hoffentlich zeigt mein Hund auch jetzt die gute Leistung, wenn es darauf ankommt! Hoffentlich enttäusche ich meinen Trainer nicht", etc. Dies passiert vor allem in Situationen, die uns wichtig sind. Wo es „um etwas geht" wie eine Prüfung, eine Vorführung oder wenn wir beobachtet werden.
Buchempfehlung zum Thema von Brené Brown: „The Gifts of Imperfection", Hazelden Publishing, 2010. Brené Brown ist eine sehr bekannte Sozialwissenschaftlerin und forscht an der Universität von Houston u. a. zu Themen des menschlichen Verhaltens wie Scham und Empathie.

4. WIE KÖNNEN WIR ES BESSER MACHEN?

— Indem wir uns bewusst machen, dass Scham, Schuld und (Selbst-)Urteil uns verletzlich machen und eine normale menschliche Erfahrung ist.
— Wir eine Scham-Resilienz (= psychische Widerstandskraft) entwickeln und uns im Selbstmitgefühl üben, beispielsweise auch unsere Gedanken beobachten. Würde ich das, was ich innerlich zu mir sage, auch zu meinem Trailkollegen sagen, wie etwa: „Boah, stellst du dich heute wieder doof an!"?
— Die eigene Fehlerhaftigkeit annehmen. Fehler machen ist völlig normal! Es bedeutet, dass du es wenigstens gewagt hast.
— Fehler abhaken („where focus goes, energy flows"), um nicht in die Negativspirale zu geraten.

DIE GEGENSPIELER ZUM UNGESUNDEN PERFEKTIONISMUS

Mut, (Selbst-)Mitgefühl und Verbindung (zu mir selbst, zu meinem Hund, zu anderen) sind die Gegenspieler des ungesunden Perfektionismus! Was bedeutet das konkret?

Mut im ganz alltäglichen Sinn Sich auch mal verletzlich zeigen und damit authentisch sein, anstatt sich mit einer perfekten Fassade zu schützen. Wir sitzen alle im selben Boot!
Sich über die eigenen vermeintlichen Grenzen hinausbewegen, direkt in das hinein, was uns zunächst Angst macht, beispielsweise eine Prüfung oder Vorführung. Oder zum Beispiel einfach mal nachfragen, wenn ich etwas nicht genau verstanden habe. Mut bringt dich häufig weiter!

Gemeinsam durch Höhen und Tiefen, das schweißt zusammen.

Eine gute Arbeitsatmosphäre zu schaffen ist beim Training sehr wichtig, vor allem auch nach Einsätzen.

Mitgefühl Sich selbst (und andere) annehmen, wie man ist (und wie sie sind), ohne zu urteilen. Das betrifft auch meinen Hund! Kein Label überstülpen! Unterscheide: Man kann über das Verhalten sprechen – aber nicht den Menschen, sich selbst oder den Hund verurteilen.

Verbindung Die Energie spüren, die zwischen zwei Lebewesen fließt, wenn sie sich gesehen, gehört und wertgeschätzt fühlen. Dadurch findet ein emotionales Aufblühen statt, das sich auf alle Ebenen ausbreitet (psychisch, körperlich, Beziehung, mental ...). Sich auf sich selbst und auf den anderen einlassen können (meinen Hund, meinen Trainer ...).
Wie genau mache ich das? Machen! Üben! Ausprobieren!

— Du wirst mutiger, indem du dich deinen Ängsten stellst und mutige Dinge tust!
— Schwimmen lernt man auch nur durchs Schwimmen. Es ist besser, unvollkommen zu beginnen, als perfekt zu zögern. Oder wie Nike es formuliert: „Just do it".
— Verhalte dich mitfühlend dir selbst und anderen gegenüber und vergleiche dich nicht mit anderen.
— Habe Spaß im Prozess (es geht ohnehin immer weiter) und arbeite nicht nur auf ein bestimmtes Ergebnis hin. Ziele haben: Ja! Aber unterwegs entspannt bleiben!
— Entscheide dich für eine Sache und gehe dann All-In. Unentschlossenheit macht unsicher und führt zu nichts.
— Arbeite an deinem Selbstwertgefühl, deiner Selbstliebe. Du bist gut genug und wertvoll, so wie du bist und genau jetzt! Nicht erst, wenn du schlanker bist und die blaue Prüfung hast ... wir sind alle nicht vollkommen.
— Trail from the heart! Nimm das Gefühl mit! Nicht nur den Verstand.

»Perfection is the enemy of progress.«

Winston Churchill

MIT DRUCK UMGEHEN

— *Interview mit Thomas Baschab (Mental- und Managementtrainer)*

Thomas Baschab, Jahrgang 1960, ist bekannt geworden als Managementtrainer für Top-Unternehmen und als Mentalcoach zahlreicher Spitzensportler. In seinen Seminaren vermittelt er eindrucksvoll, wie man Ziele erreichen kann, die man bisher für unerreichbar gehalten hat. Mit seinen ungewöhnlichen Methoden und seinem begeisternden Seminarstil – einer sehr authentischen Mischung aus Tiefgang und Humor – bringt er seit 1987 Führungskräfte und Mitarbeiter aller Branchen auf Erfolgskurs. Zudem coacht er Top-Führungskräfte aus der Wirtschaft und hält Vorträge als Gastdozent an Universitäten und Fachhochschulen.

Alex: *Im normalen Training löst das Suchhundeteam souverän jeden Trail. Mensch und Hund sind ein Team. Kommt es jedoch zu bestimmten Situationen, die insbesondere für den Hundeführer (HF) wichtig sind, wie beispielsweise Prüfungen, beginnt das Zweifeln. Im Kopf des HF werden plötzlich die Entscheidungen des Hundes angezweifelt und Unsicherheit entsteht. Der Erfolgsdruck lässt das Team unsicher werden und obwohl sie eigentlich optimal vorbereitet sind, fehlt in diesen besonderen Momenten oftmals das Vertrauen in den Hund und in sich selbst. Wie kann das Suchhundeteam sich hier mental besser darauf vorbereiten, um nicht in diese Selbstzweifel zu verfallen?*

Thomas Baschab: Zunächst einmal muss man wissen, dass zwischen Mensch und Hund (Tier) eine tiefere Verbindung besteht, die man als eine Art „telepathische" Verbindung bezeichnen könnte. Das gilt auch für Reiter und Pferd. Es ist mehr als der normale Kontakt oder die Gefühle, die zwischen einem selbst und seinem Tier bestehen. Diese Verbindungen laufen über sogenannte „Quanteninfomationsfelder". Sowohl der Mensch als auch der Hund haben so ein Feld um sich herum. Darüber sind beide gekoppelt. Das heißt, das was der Mensch fühlt, fühlt auch der Hund. Folglich spürt der Hund, wenn der Hundeführer Zweifel am Ergebnis hat, Angst mitbringt oder Druck aufbaut. Diese Grundstimmung überträgt sich auf den Hund. Zweifelt der Mensch, fängt auch der Hund an, an seinem

Thomas Baschab

Der Hund kann sich nur von seiner besten Seite zeigen, wenn der Hundeführer an den Erfolg glaubt.

Handeln zu zweifeln. Spürt der Mensch Angst vor etwas, ist auch der Hund nicht mehr in der Lage, sich von seiner besten Seite zu zeigen. Die telepathische Verbindung macht dies möglich. Vor vielen Jahren wurde dies auch schon im Buch von Rupert Sheldrake „Der siebte Sinn der Tiere" beschrieben. Es ist essenziell zu wissen, dass diese Verbindung besteht, um zu verstehen, was diese Zweifel im eigenen Tier tatsächlich auslösen. Mit diesem Wissen bin ich als HF gefordert, mich zu disziplinieren, um dem Hund nicht meine Ängste und Zweifel zu übertragen. Der Hundeführer steuert über die eigene mentale Verfassung auch die des Hundes!

Alex: *Wie kann ich als Mensch mir selbst helfen, um meine mentale Verfassung nicht auf den Hund zu übertragen?*

Thomas Baschab: Jede Veränderung fängt mit dem Bewusstsein an. D. h. man muss sich bewusst über diesen Umstand sein, um ihn zu verändern. Wenn also beispielsweise ein grundlegender Zweifel vorhanden ist wie „Ich kann das nicht so gut mit diesem Hund", dann ist dies wie ein Glaubenssatz. Glaubenssätze haben die Besonderheit, dass sie für den jeweiligen Menschen als „das Normale" / „die Wahrheit" angesehen werden. Gehe ich also davon aus, „ich schaffe es eh nicht" und dann tritt das auch ein, ist das für den Menschen die Bestätigung dafür, dass er es tatsächlich nicht kann. Sollte es wider Erwarten doch funktionieren, wird es als Ausnahme gewertet und nicht, dass sie es vielleicht doch können. D. h. die Realität wird infrage gestellt, aber nicht der eigene Glaubenssatz. Daher ist es wichtig, sich die eignen Glaubenssätze anzusehen und festzustellen, was ich in mir glaube. Immer wenn ich an etwas glaube, hat es eine ganz hohe Tendenz, dass es sich auch verwirklicht. Glaubenssätze zu verändern ist

Schwieriges Gelände, wie in den Bergen, ...

allerdings nicht so einfach. Es hilft nicht, sich einfach nur etwas Neues einzureden. Es muss eine fachmännische Veränderung dieser Glaubenssätze durchgeführt werden. Diese Veränderung ist sehr individuell und muss auf den einzelnen abgestimmt sein.

Alex: *Vielfach äußern die Trailer solche Sätze wie: „Ich glaube, mein Hund hat ein Endpoolproblem." Der Hund hat aber in der Realität gar keines. Der Hund hat ggf. einmal einen kurzen Moment gezögert und sofort reagiert der HF ebenfalls mit Zweifeln. Der Hund wird nun durch die Zweifel und die falsche Führung des HF zurückgehalten, weil dieser diesen Gedanken im Kopf hat. Lässt sich so etwas ändern? Würde der HF seinem Hund vertrauen und richtig unterstützen, wäre dieses Problem doch gar nicht vorhanden. Wie schafft man es als HF, weiter positiv zu bleiben, auch wenn der Hund mal einen kurzen Moment zögert?*

Thomas Baschab: Was in jedem Fall in diesen Situationen hilft, ist dem Hund den Gedanken zu schicken: „Du kannst das!" „Ich vertraue dir!" Oder auch direkt verbal dem Hund diese Information sagen. Der Hund versteht nicht die einzelnen Worte, aber diese Information kommt beim Hund in Form von Energie an. Der Hund spürt das ihm entgegengebrachte Vertrauen und wird so viel eher das nötige Selbstvertrauen haben, um die Aufgabe zu lösen. Man kann sich das vorstellen, dass der HF das Thermostat ist und der Hund das Thermometer. Der Mensch stellt also die Temperatur ein und der Hund nimmt diese auf. Es geht um die positive oder eben negative Energie, die beim Hund ankommt und so entweder die Leistung zum Guten verändert, oder durch Zweifel abschwächen lässt. Die wichtigste Aufgabe des Hundeführers ist immer eine gedanklich klare und positive Ansage an den Hund zu geben. Um das zu schaffen, muss man sehr diszipliniert an sich selbst arbeiten, um entsprechend Zweifel und negative Gedanken zu vermeiden. Dem Hundeführer muss bewusst sein, dass er seinen Hund vorne beeinflusst mit allem was er tut und denkt! Hier geht es nicht nur darum, technisch mit der Leine usw. alles richtig zu machen, sondern er hat auch und vor allem die Aufgabe, positive Energie an seinen Hund nach vorne zu geben. Man kann sich als Hilfestellung die Leine vorstellen, durch die die Energie hin und herfließt.

Alex: *Danke Thomas für das Interview!*

... erfordert einen starken Willen.

Nicht aufgeben, auch wenn's mal steil wird!

4. VERBESSERE DEINEN SOUL SET

AUFGABE

Schreibe es am besten jetzt in dein Notizbuch: In welchen Bereichen lebst du bereits dein Potenzial?

— Bist du dir deiner Ziele und Werte bewusst?
— Worum geht es dir im Leben genau?
— Wo möchtest du vielleicht noch etwas verändern, um gesünder und glücklicher zu sein?
— Was genau willst du dafür tun?

Du kannst dir hierfür beispielsweise aus dem Internet eine Werteliste ausdrucken. Schaue erst einmal ganz intuitiv, welche Werte dich hierbei spontan ansprechen. Das kann sowas wie Freiheit, Ehrlichkeit, Authentizität, Mut, Loyalität, Freundschaft oder Erfüllung sein. Dann sortiere diese Werte nach ihrer Wichtigkeit von oben nach unten, d. h. oben steht der wichtigste Wert. Es sollten insgesamt nicht mehr als 15 sein. Dann streichst du die letzten fünf weg und kennst somit deine 10 wichtigsten Werte und weißt vielleicht wieder etwas mehr, was dir wirklich wichtig ist. Dies hilft dir dabei, den Fokus zu behalten, in allem was du tust.

In Bezug auf das Trailen kann das beispielsweise bedeuten, dass du dir den Freiraum für das Training nimmst (Freiheit). Vielleicht bist du auch unglücklich in deinem aktuellen (Büro-)Job und schaffst dir den Freiraum, um mehr mit Hunden zu arbeiten. Dass du jedes Mal ein Stückchen mehr über dich selbst und deinen Hund erfährst. Deinen Soul Set zu verbessern kann auch bedeuten, dass du genauer hinschaust und dich mit Themen auseinandersetzt, die du sonst gerne von dir wegschiebst. Dass du ehrlich zu dir selbst oder deinen Kollegen bist (Ehrlichkeit). Dass du dich nicht verstellst und meinst, etwas können oder sein zu müssen, was du eigentlich so gar nicht bist (Authentizität). Dass du dich weiterentwickelst und über deine Komfortzone hinausgehst, dich auch mal auf etwas Neues einlässt (Mut). Dass du mit deinem Hund ein Team bist und ihn auch in schwierigen Situationen nicht hängen lässt (Loyalität). Dass du dich auch auf deine Teamkollegen einlässt und nicht nur auf dich selbst schaust. Dass ihr vielleicht zusammen durch „dick und dünn" geht, beispielsweise in den Einsätzen (Freundschaft). Dass du nicht mit falschem Ehrgeiz nur nach Trailerfolgen strebst, sondern das Trailen an sich in dem Moment erlebst und genießt, auch wenn es mal nicht so läuft (Erfullung) ...

»When you experience unity of intention, fascination, and purpose, you live like a bloodhound on a scent, joyfully doing what feels truest in each moment.«

Martha Beck

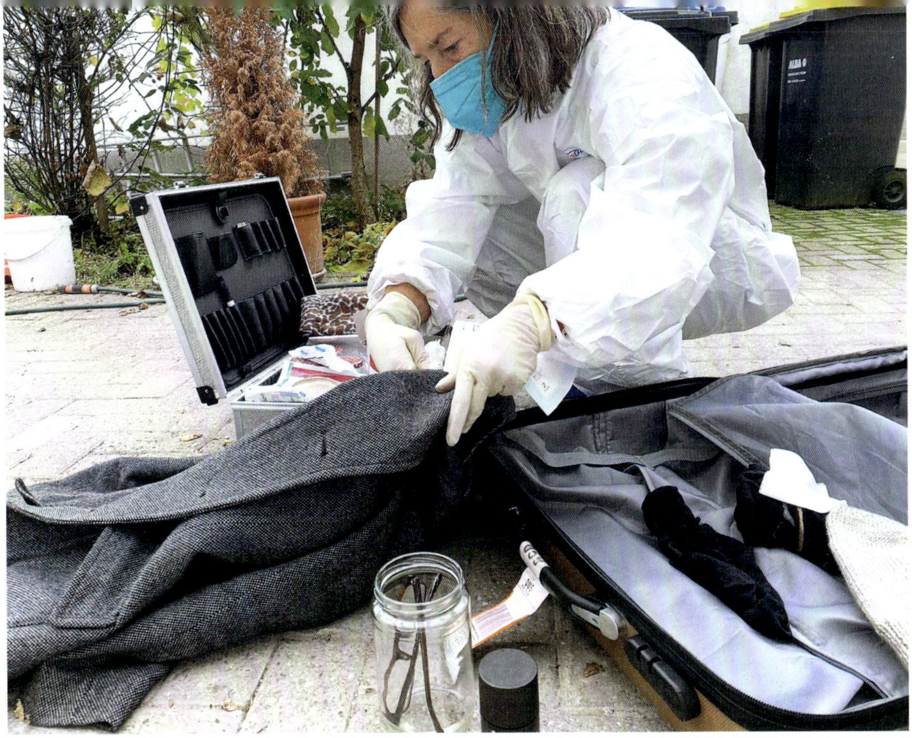

Bei Einsätzen kann es turbulent zugehen. Erwarte das Unerwartete, behalte Ruhe und Übersicht.

„DIE SUPERTRAILER-STRATEGIE"

Hier findest du Tipps vom Profi für dich zum Nachmachen und Ausprobieren.

AUF DEM WEG ZUM EINSATZ

— Bringe dich mit deiner Lieblingsmusik in eine positive Grundstimmung.
— Visualisiere dir gute Trailmomente.
— Gehe die Informationen, die du vielleicht bereits über den Einsatz bekommen hast, noch einmal gedanklich durch.
— Erwarte das Unerwartete. Nichts kann dich überraschen. Gerade auf Personensucheinsätzen passieren oftmals die seltsamsten Dinge.
— Bereite dich mental darauf vor, die Ruhe zu bewahren, auch wenn dich viele Einsatzkräfte, Angehörige etc. erwarten. Es kommt häufig vor, dass der Startpunkt nicht so ist, wie man es gerne hätte, beispielsweise Start an einer Tankstelle, auf dem Zirkusplatz o. Ä., hohe Ablenkung, Hektik, Lärm.

AM EINSATZORT ANGEKOMMEN

— Möglichst immer die gleichen Abläufe / Rituale nutzen.
— Einsatzjacke anziehen, ggf. Kappe und Stirnlampe aufsetzen, Schuhe fest zubinden (doppelte Schleife).
— Zum Einsatzleiter gehen, Infos, Briefing und Geruchsartikel abholen.
— Kurzen Überblick über den Start verschaffen.

DEN HUND HOLEN

— Tiefe Bauchatmung, zentriere dich.
— Ggf. Erdungsübung.
— Verdrahte dich mental mit deinem Hund.
— Sei präsent, tauche in den „Tunnel der Konzentration"ein.
— Blende dadurch alles aus, wie Geräusche etc., „alles wird leise".
— Denke nur an euch beide.
— Lass deinen Hund ggf. im Auto schon mal kurz am Geruch riechen – je nach Typ Hund. Bei Bloodies ist das sehr gut. Dazu kannst du das Glas für einen kurzen Moment vor der Hundenase öffnen.

Nicht zu früh auzufgeben führt häufig zum Erfolg (oder Fund).

— Nehme kurzen, wohlwollenden Körperkontakt zum Hund auf und stimme ihn auf eine konzentrierte Arbeitsatmosphäre ein. Nimm ihm den Stress.
— Mache keine Hektik und baue keinen Druck auf.
— Visualisiere ggf. ein Entspannungsbild, wie die „Palme“ aus dem letzten Strandurlaub o. Ä.

MIT DEM HUND ZUM START

— Gehe möglichst entspannt zum Start, blende Ablenkungen aus.
— Baue die schützende „Blase“ um dich und deinen Hund auf und stelle die Verbindung her (den „Kreislauf“), während du ihn ins Geschirr umhängst. Schirme deinen Hund energetisch ab, mache aber kein umständliches Tamtam – von außen bekommt man nicht viel davon mit.

> Wichtig ist die richtige Mischung aus Vertrauen/Neutralsein und Führen/Präsentsein/Unterstützen. „Wir schaffen das“, ohne Druck aufzubauen.

— Atme tief durch.
— Wenn du zentriert bist, gib deinem Hund den Geruchsartikel zum Riechen.

AUF DEM TRAIL

— Halte den Kopf frei, sei eine „neutrale Leinwand“.
— Konzentriere dich nur auf das Machen und sei präsent.
— Bleibe mit deinem Hund verbunden.
— Gib ihm das Gefühl, dass du ihm voll und ganz vertraust.
— Werte nicht! Alles was dein Hund macht, hat einen Sinn, auch wenn dir dieser im Moment nicht ersichtlich ist.

AM ENDE DER SUCHE

— Schließe immer deutlich ab, beispielsweise mit dem Wort „Ende“ oder „fertig“, falls es keinen Direktfund gibt.
— Hänge deinem Hund ins Halsband um und streichle ihn kurz.
— Bleibe auch auf dem Rückweg zum Auto noch mental bei deinem Hund. Das hat er verdient.
— Beendet die Suche gemeinsam, stell ihn nicht einfach nur ab.

UNSERE NACHWUCHSHUNDE

Ein kurzer Auszug der Einsätze unserer drei eigenen Nachwuchshunde „Willi", „Tao" und „Chase", die du im zweiten Teil des Buches kennenlernen wirst. Dies sind ihre ersten Einsätze:

Tao, Bloodhound-Rüde, unkastriert, 1 Jahr und 9 Monate alt

1. Einsatz am 25.5.2021: Seit elf Tagen verschwundene Münsterländerhündin „Ilvy". Direktfund und Lebendfund nach 45 Minuten Suche.
2. Einsatz am 9.6.2021: Seit fünf Tagen vermisster Bayrischer Gebirgsschweißhund „Champ". Direktfund und Lebendfund nach 13 Minuten (680 Meter Berg/Gestrüpp).

Chase, Vizsla-Münsterländer-Border-Collie Hündin, unkastriert, 3 Jahre alt

1. Einsatz 21.5.2021: richtungsweisend
2. Einsatz 23.5.2021: bestätigter Weg
3. Einsatz am 27.5.2021: 66-Jähriger seit dem Nachmittag aus LKH vermisst. Direktfund und Lebendfund nach 6 Minuten Suche (640 Meter).

Willi, Bloodhound-Rüde, unkastriert, 2 Jahre und 4 Monate alt

1. Einsatz am 17.4.2021: Vermisst wurde ein Hund seit vier Tagen abgängig. Der Trail ging ca. vier Kilometer, der Hund konnte gesichert werden.
2. Einsatz am 21.5.2021: abgängig eine 89-jährige Frau; richtungsweisend
3. Einsatz am 23.5.2021: 30-jährige Frau seit sechs Tagen aus dem Krankenhaus abgängig. Trail und Wegfahrpunkt (Negativ) durch aufgefundene Person selbst bestätigt.
4. Einsatz am 8.6.2021: 81-jähriger Mann verschwunden. Trail zum Fluss, Mann im Fluss aufgefunden.

Um die Hunde auf die Einsatzfähigkeit vorzubereiten, ist Double-Blind-Training äußerst wichtig.

Tao zeigt die VP in diesem ungewöhnlichen Versteck unter ihm an.

WIE UNSERE ENERGIE UNSER LEBEN BEEINFLUSST

— *Interview mit Bruce Chongman Ham*

Bruce Chongman Ham ist seit mehr als 25 Jahren auf dem Gebiet der ganzheitlichen Körperbalance und Energie-Therapie tätig. Bruce wurde in Seoul, Südkorea geboren und zog im Alter von 17 Jahren mit seiner Familie in die USA. Sein Vater, der Akupunktur und chinesische Medizin praktizierte, war sein Lehrmeister für verschiedene asiatische Heilmethoden und Theorien. Seit seiner Kindheit ist Bruce zudem in asiatischen Kampfsportarten aktiv. Er erhielt unter anderem den Master Titel in Taekwondo, Hapkido, Tai Chi und Qi Gong. Wir führten das Interview in englischer Sprache.

Bruce Chongman Ham

Rovena: *Wie beeinflusst unsere eigene Energie unser Leben und das Zusammenleben mit anderen Lebewesen wie z. B. unseren Hunden?*

Bruce Ham: Energie ist die unsichtbare Lebenskraft, die in allem im Universum existiert. Da diese Energie unsichtbar ist, können viele Menschen sie nicht verstehen oder sie glauben nicht, dass sie existiert. Energie ist wie das WLAN – ohne sie kann dein Internet nicht funktionieren. Ohne Energie kann unser Körper nicht funktionieren. In der Traditionellen Chinesischen Medizin ist Energie einer der wichtigsten Bestandteile, die die Homöostase bei Mensch und Tier aufrechterhält. Wenn wir im Leben auf stressige oder negative Situationen stoßen, wie z. B. Arbeitsstress, Beziehungsprobleme, physische oder emotionale Traumata oder negative Umgebungen, führt dies zu einem Energieungleichgewicht und einer Stagnation in unserem Körper. Dies führt zu dem, was wir Symptome oder körperliche und emotionale Probleme nennen.

Meditation schenkt uns mehr Gelassenheit und Energie.

Mit anderen Worten, du wirst energetische Probleme haben, bevor du körperliche, emotionale oder Verhaltensauffälligkeiten hast. Daher ist der Ausgleich der Energie und die Steigerung des Energieflusses im Körper ein wesentlicher Bestandteil des Wohlbefindens.
Durch unsere energetischen Frequenzen sind wir mit anderen Lebewesen verbunden. Diese Interaktion geschieht ständig, auch ohne unser Bewusstsein.
Die gleichen Frequenzen ziehen sich gegenseitig an. Wenn wir positiv und glücklich sind, ziehen wir mehr Positivität und Glück an. Wenn wir hingegen negativ oder wütend sind, ziehen wir mehr Negativität und Wut an. Gleichzeitig können wir uns aufgrund dieser energetischen Verbindung gegenseitig spiegeln. Wenn zum Beispiel jemand schlechte Laune hat, dämpft das leicht auch unsere eigene Stimmung. Diese Spiegelung oder eine Art Ansteckung kann mit emotionalen Zuständen, Verhalten oder sogar körperlichen Schmerzen geschehen. Tiere reagieren darauf besonders empfindlich, da sie einen ausgeprägten sechsten Sinn haben.

Rovena: *Wie können wir unsere Energie nutzen, um unser Leben und unsere Umwelt aktiv zu gestalten?*

Bruce Ham: Jeder ist Herr seines eigenen Lebens. Wir werden von vielen äußeren Faktoren beeinflusst, die unsere Energie negativ beeinflussen können. Das ist etwas, worüber wir manchmal keine Kontrolle haben. Wir haben jedoch die Kontrolle darüber, wie sich dies auf unser Leben und Wohlbefinden sowie auf unsere Beziehung zu anderen auswirkt. Wir können uns entscheiden, ein Opfer zu sein und uns den negativen Energien, denen wir begegnen, hinzugeben, oder wir können uns entscheiden, proaktiv zu sein und etwas zu verändern. Wir können gezielt an unserer eigenen Energiebilanz arbeiten und dafür sorgen, dass wir uns von negativen Energien befreien und uns mit positiven Energien aufladen. Dadurch beeinflussen und helfen wir auch anderen Menschen oder Tieren um uns herum (Spiegelung). Mit einer positiven Denkweise und Einstellung werden wir mehr positive Dinge in unser Leben ziehen.

Rovena: *Wie verbessert diese positive Einstellung die Beziehung zu meinem Haustier?*

Bruce Ham: Da Tiere viel empfindlicher auf Energien reagieren als Menschen, können sie die Emotionen oder das Verhalten ihres Besitzers leicht erkennen und kopieren. Aufgrund dieser erhöhten Sensibilität können Tiere sogar die unterbewussten Emotionen von Menschen aufnehmen und darauf reagieren. Daher ist unser eigener emotionaler und energetischer Zustand äußerst wichtig für die Beziehung, die wir zu unserem Haustier aufbauen. Eine ausgeglichene Energie und stabile Emotionen sorgen für eine bessere Beziehung und Verbindung zu unserem Haustier. Dies unterstreicht die Bedeutung des eigenen Wohlbefindens für eine harmonische Beziehung.

Rovena: *Kannst du uns einige einfache Übungen zeigen, um unsere eigene Energie zu steigern und auszugleichen?*

Bruce Ham:

1. Atemübung

Atemübungen sind eine der besten Möglichkeiten, die Energie sowie das sympathische und parasympathische Nervensystem (Sympathikus und Parasympathikus) auszugleichen. Eine einfache, aber effektive Übung ist die Bauchatmung. Du kannst diese Übung im Stehen, Sitzen oder Liegen durchführen. Beim Einatmen dehnt sich der Bauch aus, beim Ausatmen zieht er sich wieder zusammen. Stelle dir vor, du hast einen Ballon im Bauch, der beim Einatmen aufgeblasen und beim Ausatmen entleert wird. Um den Parasympathikus zu stimulieren, sollte das Ausatmen länger sein als das Einatmen. Ein guter Atemrhythmus ist beispielsweise 5 Sekunden Einatmen und 8 Sekunden Ausatmen.

2. Qi-Gong-Übung – Energieball

Qi-Gong-Übungen sind ein großartiges Werkzeug, um die Energie auszugleichen und den Energiefluss im Körper anzuregen. Stelle dich für diese Übung schulterbreit hin, die Knie leicht gebeugt. Achte darauf, dass du deinen Rücken gerade hältst.
Halte deine Hände vor deinen Bauch, als würdest du einen imaginären Ball zwischen deinen Händen halten. Mit dieser Übung führst du die Bauchatmung durch.
Wenn du einatmest, bewegst du deine Hände langsam zu den Seiten auseinander, bis sie etwas breiter als deine Schultern sind. Beim Ausatmen bewegst du die Hände wieder langsam aufeinander zu, bis du die Ausgangsposition mit dem imaginären Ball zwischen den Händen erreichst.
Wiederhole diese Übung neun Mal. Während dieser Übung spürst du die Energie als Wärme oder Kribbeln in deinen Handflächen.

3. Qi-Gong-Übung – Verbindung von Himmel und Erde

Beginne diese Übung in derselben stehenden Position. Hebe langsam deine Arme mit den Handflächen nach oben zu beiden Seiten an. Du führst eine große kreisförmige Bewegung mit deinen Armen aus, während du sie über deinen Kopf hebst. Stelle dir vor, du bringst die Erdenergie in den Himmel. Wenn sich deine Hände über deinem Kopf befinden, zeigen sie mit den Handflächen nach unten. Stelle dir nun vor, du bringst die Energie des Universums durch die Oberseite deines Kopfes in deinen Körper.
Bewege dann langsam die Arme mit den Handflächen nach unten und den Fingerspitzen einander zugewandt vor deinem Körper nach unten. Stelle dir während dieser Abwärtsbewegung vor und spüre, wie die Energie von deinem Kopf entlang deiner Wirbelsäule durch deine Beine zu deinen Füßen und in den Boden fließt. Wiederhole diesen Kreis neun Mal. Den besten Effekt erzielst du, wenn du die Atmung zu dieser Übung hinzufügst. Atme ein, wenn du deine Arme nach oben hebst, und atme aus, während du deine Arme senkst.

Die obigen Übungen helfen, die eigene Energie auszubalancieren und die Gesamtenergiefrequenz zu erhöhen.
Wenn unsere Energiefrequenz niedrig ist, beeinflussen negative Energien oder Emotionen wie Angst, Wut, Frustration oder Traurigkeit uns leicht. Es kann auch dazu führen, dass wir uns festgefahren oder hilflos fühlen.
Die Steigerung unserer Energiefrequenz hilft, diese negativen Energien und Emotionen freizusetzen oder zu überwinden. Eine hohe Energiefrequenz ist auch wichtig, um zu verhindern, dass negative Energien und Emotionen uns beeinflussen. Eine pulsierende Energiefrequenz sorgt dafür, dass wir uns wohl und glücklich fühlen.

Rovena: *Kannst du uns einige Eckpunkte für ein glückliches und erfülltes Leben nennen?*

Bruce Ham:

1. Liebe und Vergebung

Indem wir uns selbst und andere lieben, können wir wahres Glück erreichen. Vergebung spielt eine weitere wichtige Rolle in unserer Beziehung zu anderen. Aber genauso wichtig ist es, sich selbst zu vergeben und mit dem zufrieden zu sein, was man ist.

2. Dankbarkeit

Sei dankbar für das, was du hast – auch für die kleinen Dinge im Leben. Dankbarkeit verringert Angst oder Furcht und schafft Optimismus und Glück. Es verbessert alle Beziehungen, einschließlich der Beziehung zu unseren Haustieren.

3. Innerer Frieden

Ohne inneren Frieden kannst du kein dauerhaftes, wahres Glück erreichen. Es ist jedoch eines der schwierigsten Dinge, die man im Leben erreichen kann. Es ist wie Muskelaufbau, es erfordert ständiges Training und Übung, um inneren Frieden zu erreichen. Regelmäßiges Meditieren oder beispielsweise Spaziergänge in der Natur können dabei helfen, darauf hinzuarbeiten.

Rovena: *Danke Bruce für das Interview und deine Tipps!*

Im Einklang mit sich selbst und dem Universum: Bruce Chongman Ham

JETZT WIRDS PRAKTISCH

— *Geruch, Suchhunde-typen und Trailaufbau*

K-9
Tiersuche
Einsatzteam

DER GERUCHSARTIKEL

Der Geruchsartikel ist der wichtigste Gegenstand überhaupt, denn er enthält die Information für deinen Hund – den Individualgeruch, dem er folgen soll. Er dient quasi als Speichermedium, wie ein USB-Stick, den der Hund auslesen kann.

INFORMATIONSTRÄGER

Die Qualität des Geruchsartikels ist somit von größter Bedeutung. Je reiner die Information für den Hund ist, desto klarer ist ihm, wen er suchen soll. In dem Moment, in dem du deinem Hund die falsche oder eine unklare Information gibst, kann die Suche nicht zum erwünschten Erfolg führen. Wähle nach Möglichkeit einen unkontaminierten Geruchsartikel. Dieser beinhaltet nur eine einzige Geruchsinformation, sodass es für den Hund eindeutig ist, wen er suchen soll. Ist der Geruchsartikel durch weitere Personen oder Tiere kontaminiert, müssen diese dem Hund am Start zum Ausschließen dieser Personen bzw. Tiere dienen.

DER GERUCHSARTIKEL IM EINSATZ

In den meisten Fällen werden Personen aus Pflegeeinrichtungen oder aus einem Haushalt mit mehreren dort lebenden Menschen gesucht. Wir beachten bei der Auswahl der Geruchsartikel (GA) immer, dass offen liegende Gegenstände wie die Bettwäsche der vermissten Person (VP) bereits durch den Mischgeruch im Raum kontaminiert sind. Zu empfehlen sind daher geschützte Gegenstände, wie beispielsweise die Inneneinlagen von Schuhen. Hier kannst du auch Kompressen ganz vorne in die Schuhspitze reinstecken, um dir so eine Kopie des Geruchs zu erstellen. Dies ist die sicherste Methode, um an einen möglichst reinen GA zu kommen. Anschließend deponierst du diesen GA in einem unbenutzten verschließbaren (Einmach-)Glas.
Sollte es dir nicht möglich sein, einen so reinen Geruch zu bekommen – wie es beispielsweise in der Tiersuche häufig der Fall ist, wenn mehrere Hunde auf einer Decke gelegen haben –, dann müssen alle beteiligten Menschen und Tiere am Start dabei sein. Dein Hund muss die Möglichkeit haben können, alle Gerüche, die sich am GA befinden, abzugleichen und auszuschließen. Ziel ist es, dass sich dein Hund den Geruch von der einzigen Person oder dem einzigen Tier nimmt, die/das nicht am Start ist. Dies kannst du vorher im Training gezielt trainieren.

Entdeckertrails: Von Beginn an lernt der junge Hund, ...

... den Geruchsartikel am Start mit der Spur zu verknüpfen.

EINEN GERUCHSARTIKEL ERSTELLEN

Beim Einsatz stellt sich die Frage, wer nimmt den Geruchsartikel aus dem Haus der vermissten Person? Möglichst **nicht** der jeweilige Hundeführer, da dieser vom letzten Aufenthaltsort lostrailt und in der unmittelbaren Umgebung somit dann auch Geruch von ihm ist! Wenn der Hundeführer zuvor zur GA-Abnahme in dem Zimmer der VP war, hat er wahrscheinlich damit etwaige Geruchsartikel bereits frisch kontaminiert. Für nachfolgende Suchteams sind das dann erschwerte Bedingungen. Die GA-Abnahme sollte von einer Person durchgeführt werden, die für alle Suchhundeteams zum Ausschließen am Start immer verfügbar, aber selbst nicht aktiv an der Suche beteiligt ist und draußen umherläuft. Am besten eignet sich bei der Personensuche der Zugführer einer Staffel. Bei der Tiersuche nimmt der jeweilige Besitzer den GA. Die Lagerung der GA ist über mehrere Tage im Kühlschrank oder Gefrierfach möglich. In einem verschlossenen Einmachglas geht es auch.

Wichtig: Laufe nicht mit offenem GA durch die Gegend, um die Umgebung nicht unnötig zu kontaminieren.

DIE AUFBEWAHRUNG IM TRAINING

Oftmals werden Plastiktüten als Aufbewahrungsort für den Geruchsartikel verwendet. Doch Plastiktüten – egal welcher Art – halten nicht dicht! Ein Glas mit Schraubverschluss ist das Einzige, was wirklich sicher und nicht geruchsdurchlässig ist.

Die versteckte Person liegt im Gras, der Welpe kommt gut ran und freut sich.

GA, Spur, Person, Belohnung! Das wird positiv abgespeichert!

Verwende das Glas nur einmal. Wenn die Gläser mehrfach verwendet werden, kann es zur unbewussten Kontamination kommen.
Beispiel GA von Thomas, der im Training letzte Woche die VP war. In dieser Woche ist die VP Bernd. Thomas ist jetzt die Spurdifferenzierung für Bernds Trail. Der Hund bekommt den GA, nun ein Mix aus Thomas und Bernd. Der Hund kontrolliert jetzt ggf. die Spurdifferenzierung von Thomas mehr, da er auch am GA ist. Nun interpretiert man, dass der Hund die Spurdifferenzierung sehr stark kontrolliert.
Alternativ gibt es die Möglichkeit, bei einem frischen Trail den GA am Start zu hinterlegen. Geeignet hierfür wäre beispielsweise ein von der VP frisch angefasster Stein.
Eine gewisse Variation beim Präsentieren des GA ist sinnvoll, da Hunde auch das Glas beim Anriechen verknüpfen können und dann mit etwas anderem nicht starten.
Auch hier darauf achten: In den meisten Fällen begrüßen sich die Menschen mit der rechten Hand, das heißt, dass Mischgeruch an der Hand ist. Daher ist es besser, den GA, welcher Art auch immer, mit der linken Hand zu berühren oder die anderen Gruppenmitglieder vorher nicht zu berühren. Wenn Kontamination gezielt trainiert werden soll, kann man sich genau das zunutze machen.

DIE VIER W'S

1. Was als GA nehmen?
2. Worin den GA aufbewahren?
3. Wer nimmt den GA?
4. Wohin mit dem GA bei der Suche und wer verwaltet ihn?

Hohe Motivation beim Ehrgeizigen

Schäferhunde sind oft gewissenhaft im Sekundärtyp

Gelassenheit gepaart mit Drive

Beagle sind häufig im Primärtyp gelassen.

SUCHHUNDETYPEN ERKENNEN

Das richtige Erkennen und Unterscheiden der Suchhundetypen macht dich automatisch zu einem besseren Trainer, denn die Rasse kann dir wertvolle Hinweise geben. Wofür wurde der Hund gezüchtet? Hier werden einige Rassen vorgestellt, die dir im Training oft begegnen.

RASSEN UND IHRE SUCHEIGENSCHAFTEN

VORSTEHHUNDE

Dazu zählen z. B. Weimaraner, Deutsch Kurzhaar, Magyar Vizsla, Pointer, Bretone, Griffon.
Ursprüngliche Aufgabe Sie zeigen dem Jäger Wild durch Vorstehen (Verharren mit erhobener Pfote) an, teilweise auch schon aus größerer Entfernung. Vorstehhunde dürfen das Wild nicht hetzen. Sie werden oft auch für die Nachsuche nach verletztem Wild und im Wasser eingesetzt.
Eigenschaften Sie bringen Ausdauer und eine gewisse Härte mit. Weichere Variante: Magyar Vizsla.
Trail-Eigenschaften Vorstehhunde bringen beim Trailen häufig großen Arbeitswillen mit. Sie zeigen gutes Ranarbeiten, eine hohe Nase und sind meist schnell.
Core Konzentration (Will zu schnell zu viel, der „Hudler". Ruhiges Arbeiten zunächst im Aufbau fördern.)
Typ Meist überall einsetzbar, absolute Allrounder! Feinnasig. Häufig ehrgeizig im Primärtyp (gerne mit gewissenhaft). Turns! Wo ist es genau?

STÖBERHUNDE

Dazu zählen z. B. English Cocker Spaniel, Deutscher Wachtelhund, English Springer Spaniel.
Ursprüngliche Aufgabe Sie spüren Wild auf und treiben es dem Jäger zu.
Trail-Eigenschaften Beim Trailen oft sehr eigenständig, aber auch ablenkbar. Häufig reaktive Anlagen.
Core Konzentration (Ablenkbarkeit, z. B. durch Vögel, Essen oder einfach „sein eigenes Ding machen")
Typ Häufig gelassen/gewissenhaft, gegebenenfalls ehrgeizig.

SCHWEISSHUNDE

Dazu zählen z. B. Bayerischer Gebirgsschweißhund, Hannoverscher Schweißhund, Schwarzwälder.
Ursprüngliche Aufgabe Sie arbeiten eine Schweißspur aus, suchen und verfolgen angeschossenes bzw. verletztes Wild.
Eigenschaften Gezüchtet auf guten Geruchssinn, Ruhe und Ausdauer.
Trail-Eigenschaften Manchmal zu Beginn eher zurückhaltend bei der VP, darauf muss beim Aufbau geachtet werden! Confidence! Häufig sehr gut im Wald und auf weichem Untergrund mit Bodenverletzung, aber auch Indoor leisten sie gute Arbeit, beispielsweise beim genauen Eingrenzen einer Tür oder ob sich die vermisste Person noch im Haus befindet oder eine Spur nach draußen führt.
Core Motivation.
Typ Oft gelassen und gewissenhaft oder 3er-Mischtyp, gelassen x gewissenhaft x ehrgeizig.

Halte die Motivation beim Beagle hoch!

Terrier arbeiten häufig gewissenhaft.

LAUFHUNDE (MEUTEHUNDE) 001

Dazu zählen z. B. Beagle, Bloodhound, Basset, Bracke, Segugio Italiano.
Ursprüngliche Aufgabe Sie folgen in der Gruppe kilometerweit der Spur z. B. von Wild, Menschen oder einer Schleppe.
Trail-Eigenschaften Der Bloodhound ist sehr ausdauernd und hat besonders viele Riechzellen. Der Beagle beagelt sich gerne weg.
Core Motivation. Kooperation/Teamarbeit.
Typ Oft gelassen im Primärtyp.

TERRIER

Dazu zählen z. B. Border Terrier, Parson und Jack Russell Terrier, Westie.
Ursprüngliche Aufgabe Vorwiegend bei der Fuchs- und Dachsjagd eingesetzt.
Eigenschaften Zäh, ausdauernd, mutig, eigenständig, sie können sich an einer Aufgabe „festbeißen".
Trail-Eigenschaften Tut sich manchmal schwer damit, etwas abzuhaken.
Core Lesbarkeit.
Typ Häufig gewissenhaft (x ehrgeizig). Auf Kooperation achten!

APPORTIERHUNDE / RETRIEVER 002

Dazu zählen z. B. Golden Retriever, Labrador Retriever, Nova Scotia Duck Tolling Retriever, Chesapeake Bay Retriever, Flat Coated Retriever.
Ursprüngliche Aufgabe Sie werden zum Apportieren (Suchen und Bringen von verletztem Wild, oft Federwild) eingesetzt.
Eigenschaften Gute Führigkeit, arbeitet mit Besitzer zusammen, aber auch selbstständig. Meist Allrounder, gut sozialisiert, mit „Will to please" – dem Wunsch zu gefallen. Ausnahme ist der Chesapeake Bay Retriever, er bringt mehr Härte mit und wird als einziger Retriever auch für den Schutzdienst eingesetzt.
Trail-Eigenschaften Beim Trailen Unterschied zwischen Showlinie und Arbeitslinie.
Core Showlinie Motivation und Arbeitslinie Konzentration.
Typ Die Showlinie ist gelassen, die Arbeitslinie ehrgeizig.

HÜTEHUNDE, SCHÄFERHUNDE 003

Dazu zählen z. B. Border Collie, Collie, Sheltie, Tschechoslowakischer Wolfhund, Deutscher Schäferhund.
Ursprüngliche Aufgabe Hüten oder Treiben von Vieh.
Eigenschaften Hohe Intelligenz, hohe Sensibilität. Border Collies aus Arbeitslinien haben einen hohen Arbeitswillen.
Trail-Eigenschaften Achtung mit Sensibilität und dadurch ggf. Rückorientierung! Sehr gute Orientierung, manchmal etwas scheu; Thema Ranarbeiten an VP.
Core Confidence
Typ Meist gewissenhaft (Border, Schäferhunde) oder gelassen/gewissenhaft (Sheltie) oder Kombinierer (Tschechoslowakischer Wolfhund). Hier lohnt es sich, genauer hinzuschauen!

Retriever sind gute Allrounder.

Hohe Intelligenz, hoher Arbeitswille

Wendig und unermüdlich: der Dackel

DACHSHUNDE (DACKEL/TECKEL)

004 + 005

Ursprüngliche Aufgabe Die Jagd auf Fuchs, Dachs und Kaninchen über und unter der Erde (Bauhunde).

Eigenschaften Sehr unternehmungslustige, passionierte Jagdhunde, Unterschiede bei Kurzhaar Teckel (entstanden aus Bracken), Langhaar Teckel (Einkreuzung u. a. von Setter und Cocker Spaniel) und Rauhaar (Einkreuzung u. a. von Terriern.)

Trail-Eigenschaften Auf Kooperation beim Trailen achten.

Core Lesbarkeit (Turns).

Typ Gerne gewissenhaft oder ehrgeizig im Primärtyp (z. B. Rauhaardackel).

SPITZE/NORDISCHE HUNDE 006

Dazu zählen z. B. Spitz, Akita, Chow Chow, Eurasier, Shiba, Siberian Husky, Europäischer Schlittenhund.

Ursprüngliche Aufgabe Wachhunde, Schlittenhunde und/oder Hütehunde.

Eigenschaften Spitze: Wachhunde, Hütehunde. Sie haben meist kein ausgeprägtes Jagdverhalten.
Nordische Hunde/Schlittenhunde: Leistung, mentale und körperliche Fitness. Sie besitzen eine sehr gute Orientierung im Gelände und finden bei Rennen eigenständig den richtigen Weg.

Trail-Eigenschaften Nordische Hunde/Schlittenhunde: Sie arbeiten eigenständig, haben „Plan" und wissen am Start schon oft die Himmelsrichtung.

Core Spitze: Motivation (sind manchmal schwer zu begeistern, wirken in sich gefangen)
Nordische Hunde/Schlittenhunde: brauchen Raum; keinesfalls gängeln oder zu kurz führen!

Typ Spitze häufig gelassen oder Kombinierer, Nordische Hunde/Schlittenhunde sind oftmals Kombinierer.

Abkühlung nach der Arbeit am See. Gesunde und junge Jagdhunde haben beim Trailen meist eine hohe Ausdauer.

SUCHHUNDETYP ERKENNEN

Warum ist es so wichtig, dass du den jeweiligen Suchhundetyp erkennst?

- Je besser du als Hundeführer deinen Hund kennst, desto besser verstehst du ihn: Das führt zu einer guten Beziehung, guten Zusammenarbeit/Team/Kooperation und somit zu erfolgreichen Trails.
- Die Art des Suchens kann nicht ausschließlich an der Rasse festgemacht werden, es gibt aber oft rassetypische Vertreter: Goldie ist nicht gleich Goldie.
- Der Hund wird individuell ausgebildet und gefördert: Was liegt ihm? Was nicht so? Was motiviert ihn? Was stresst ihn?
- Du weißt als Trainer bereits zu Beginn, was die Themen des Teams in den verschiedenen Phasen sein werden. Du weißt, worauf der Hundeführer insbesondere beim Führen achten muss (z. B. Leine). Du achtest in diesem Zusammenhang vor allem auf die Cores! FLOW!
- Es ermöglicht (schnelles) Einschätzen eines (neuen oder externen) Hundes.
- Den Suchhundetyp zu kennen, ist vor allem im Aufbau (Lernphase und Arbeitsphase) wichtig!

SO KANNST DU DEN SUCHHUNDETYP FESTLEGEN

(Arbeits-)Motivation, Drive zur Spur = Core

1. Selbstsicherheit beim Arbeiten der Spur (Confidence vs. Nachfragen) = Core
2. Körpersprache des Hundes (Gangbild, Rute, langgezogen, weiche Bewegungen, Nase etc.) = Core
3. Konzentration („zu viel zu schnell wollen" vs. „Rumdümpeln/Abdriften") = Core
4. Lesbarkeit (Einreihen, Umdrehen, Endpool/Witterung etc.) = Core
5. Suchtempo (durchschnittliches Grundtempo) = zahlt auf Cores ein!
6. Ablenkbarkeit (Reaktivität Umwelt, Suchtempo, mit Flow sinkt Ablenkbarkeit)

7. Problemlöseverhalten (Eigenständigkeit, Coolness etc.)
8. Spurtreue
9. Ausdauer
10. Suchintelligenz (Plan, Orientierung, räumlich)

Einige Punkte hängen zusammen, z. B.
— Drive und Konzentration,
— Konzentration und Ausdauer,
— Problemlöseverhalten und Confidence.

Deine Aufgabe als Trainer ist es, diese Punkte im Blick zu behalten und ggf. Defizite auszugleichen. Cores müssen im Training zuerst bearbeitet werden!

Die folgenden sechs Punkte bringt der Hund von sich aus mit. Sie spielen beim Erkennen des Suchhundetys die größte Rolle:
— Motivation, Drive
— Körpersprache (Hund)
— Problemlöseverhalten
— Suchtempo
— Spurtreue
— Suchintelligenz

REINTYPEN

I. DER GEWISSENHAFTE (DER BUCHHALTER, CONTROLLER)

Motivation, Drive mittel bis hoch;
Körpersprache mit Nase eintauchen (tief), kurze Schritte, tippeln oder hoppeln, wenn er auf der Spur ist; buchstabieren
Problemlöseverhalten optimierbar (akribisch, verzettelt sich gerne, Thema: abhaken, Spuren sortieren)
Suchtempo (durchschnittliches Grundtempo) niedrig bis mittel
Spurtreue mittel (guckt sich alles an, kommt auch einmal ab, z. B. weil er kontrolliert) bis hoch (weil er nicht gerne überbrückt)
Suchintelligenz gering (Spur vs. Witterung, Endpool Rand etc.)

Besonderheiten

Die gewissenhaften Suchhundetypen mögen leichten Leinenkontakt und brauchen Zeit, um Schwierigkeiten auszuarbeiten.
Sie gehen oft auch gerne alten Spuren nach und drehen schlecht um. Typisch sind Schwierigkeiten, sich zu lösen (von Hauseingängen, Pools, Clustern etc.) oder etwas zügig abzuhaken.
Vor allem Schäferhunde, Border Collies und Schweißhunde sind sensibel.

Rassetypische Vertreter

— Schweißhunde (z. B. Bayrischer Gebirgsschweißhund, Hannoverscher Schweißhund)
— Teckel
— einige Terrier (Border Terrier, Westies)
— Deutscher Schäferhund, Altdeutscher Schäferhund
— Border Collies aus Arbeitslinie
— Australian Cattle Dog

Der Schwarzwälder Schweißhund träumt sich in die Spur hinein.

II. DER GELASSENE (DER SURFERTYP)

Motivation, Drive mittel (chillen ist auch schön ...)

Körpersprache weiche, gleichbleibende Bewegungen; federnder, breiter Gang, Pass; schaufeln, wenn auf Spur; halbhohe Nase

Problemlöseverhalten gut („Ich mach das schon“, Confidence)

Suchtempo (durchschnittliches Grundtempo) mittel

Spurtreue mittel

Suchintelligenz mittel

Hunde mit einem hohen Arbeitswillen ...

Besonderheiten

Der Gelassene mag Leinenkontakt!
Seine Motivation kann über dynamisches Führen (Leinenlänge variiert, mal deutlich kürzer, sportliches Führen) angehoben werden. Unbedingt auf Suchtempo achten, denn häufig wird er zu langsam geführt.
Spur vs. Witterung, Gewerbegebiet, Ranarbeiten ... kickt ihn.

Rassetypische Vertreter

— Bloodhound
— Labrador Retriever
— Golden Retriever
— Boxer
— Bull Terrier und andere Molosserartige

Dynamisch Führen: Der Bloodhound mag Leinenkontakt bei der Arbeit.

... lieben die Herausforderung!

Chase gibt alles.

III. DER KOMBINIERER (DER KREATIVE KÜNSTLER)

Motivation, Drive mittel
Körpersprache Kopf und Rute sind meist oben; er scannt Kreuzungen und die Umgebung; raumgreifende Schritte (hochgezogen); oft vergeistigte/erhabene Ausstrahlung
Problemlöseverhalten sehr gut; scannen; minimalistisch im Geruch
Suchtempo (durchschnittliches Grundtempo) niedrig bis mittel
Spurtreue mittel bis gering
Suchintelligenz hoch

Besonderheiten:

Der Kombinierer mag nur wenig Leinenkontakt und braucht viel Raum! Es ist ein deutlicher Unterschied zum gelassenen Suchhundetyp, die Leine kann auch einmal durchhängen. Er besitzt sehr guten Orientierungssinn. Als Künstler ist er oft sensibel. Hundeführer und Trainer müssen ihn und seine Art zu arbeiten verstehen.
Wird dieser Suchhundetyp nicht erkannt und beispielsweise mit dem Gelassenen verwechselt, kann er nicht sein volles Potenzial entfalten.

Rassetypische Vertreter

— Tschechoslowakischer Wolfhund
— Siberian Husky
— Europäischer Schlittenhund
— Herdenschutzhund
— Viele Mischlinge

IV. DER EHRGEIZIGE (KARRIERETYP, LEISTUNGSSPORTLER)

Motivation, Drive hoch
Körpersprache nach vorne langgestreckt; preschen, hoppeln; zackige Bewegungen; Nase meist halbhoch, aber auch einmal tiefer
Problemlöseverhalten mittel („hudeln")
Suchtempo (durchschnittliches Grundtempo) hoch
Spurtreue mittel (verpasst schon einmal Abgänge, Turns) bis hoch (er arbeitet sich zurück, Drive)
Suchintelligenz mittel

Rassetypische Vertreter:

— Vorstehhunde wie Weimaraner, Pointer, Griffon, Deutsch Kurzhaar
— Labrador Retriever
— Louisiana Catahoula Leopard Dog
— Chesapeake Bay Retriever
— Viele Südländer-(Jagdhund-)Mixe

SONDERTYPEN

Der Stürmer

Er kann sich aus dem Ehrgeizigen entwickeln. Unlesbares Hin- und Herrennen, keine Einheit. Er kann sich schlecht konzentrieren, das Team ist oft gestresst. Achtung, Verhalten! Psyche/Physische Ebene und Beziehungsebene checken! Alltag! Führung?

Der Sensible

Er kann sich aus dem Gewissenhaften oder dem Kombinierer entwickeln. Oft ist er unlesbar in Richtungsentscheidung und Problemlösung, dazu rückorientiert – fragt nach, kreiselt. Gibt der Hundeführer dem Hund auch im Alltag genug Sicherheit? Hat der Hund ggf. eine Geschichte hinter sich, die ihn sensibel auf die Umwelt reagieren lässt? Hier steht ggf. das Verhalten über dem Trailen, sodass im Vorfeld genau analysiert werden muss, warum und auf was der Hund sensibel reagiert.

WELCHE SUCHHUNDETYPEN SIND DAS?

Dieselbe Rasse, aber unterschiedliche Suchhundetypen!

MISCHTYPEN

Gelassen und Kombinierer sind immer primär, nie sekundär! Es treten Mischtypen mit „gewissenhaft“ und „ehrgeizig“ auf (im Mischtyp sekundär). Diese können 2er- oder 3er-Mischtypen sein, d. h., dass zwei oder drei verschiedene Suchhundetypen und deren Merkmale in einem Hund vereint sind.

2ER-MISCHTYP

- Die Basis ist der Primärtyp („Grundtyp“), das, was der Hund mitbringt (seine Anlagen, z. B. körpersprachliche Merkmale wie Kopf- oder Rutenhaltung, sein angeborener Arbeitseifer, seine Suchintelligenz usw.). Die Merkmale des Primärtyps überwiegen immer!
- Dazu kommt dann der Sekundärtyp („Co-Typ“) hinzu, das, was der Hund sich mit der Zeit durch Training (Motivationslage, ruhige Problemlösung und Konzentration) und Erfahrung (z. B. Einsätze) angeeignet hat bzw. was dabei freigelegt wird (verdeckte Suchhundetypen, Bearbeitung der Cores).

Welcher Mischtyp ist Labrador „Leo“?

Welcher SHT ist Labrador „Falco“?

Welcher SHT ist Labrador „Lio“?

Ehrgeizig-gewissenhafter Schwarzer Schäferhund: Nyeleti bei der Ausbildung mit Rovena.

3ER-MISCHTYP

— Bei ihm besteht bereits der Grundtyp aus zwei Suchhundetypen.
— Ob dabei der Gewissenhafte oder der Ehrgeizige überwiegen, ist häufig schwer zu sagen. Je nach Trail (z. B. Motivationstrail, Witterung, alter Trail) zeigt sich mehr der eine oder der andere Typ.
— Dazu kommt dann noch der erworbene Sekundärtyp.

MISCHTYPEN ERKENNEN

2er-Mischtypen:

→ Die Nasenhöhe/Körpersprache oder das Suchtempo passt nicht zum Grundtyp bzw. wechselt auf dem Trail (die Nase tief, halbhoch, hoch und/oder gemäßigtes, dann schnelles Tempo)

→ Scheinbar Widersprüchliches, beispielsweise ein spurtreuer Kombinierer.

3er-Mischtypen:

→ Im Primärtyp am häufigsten gelassen x … oder seltener Kombinier x …

→ Sie wechseln häufig die Gangarten (Schritt oder Pass, Trab, Galopp).

→ Sie variieren oft die Nasenhöhe, beispielsweise zuerst tief, dann halbhoch, anschließend hoch.

→ Sie kontrollieren gerne die Spur oder sind spurverliebt (gewissenhafte Anteile).

WAS HÄNGT ZUSAMMEN?

Je höher die Motivation, desto höher ist das vom Hund vorgeschlagene Suchtempo. Hier ein paar Beispiele:

Der Ehrgeizige Die Motivation ist hoch, das Suchtempo ist ebenfalls hoch

Der Gelassene Motivation mittel, Suchtempo auch mittel

Motivation mittel, Problemlösung gut = **der Gelassene**.

Motivation hoch, Problemlösung schwieriger (evtl. Stress) = **der Ehrgeizige**

Wichtig Wenn ein Verhalten übermäßig gezeigt wird, muss im Training dagegengesteuert werden (Cores), da sonst der Flow verloren geht.

WAS VERHÄLT SICH GEGENSÄTZLICH?

Je höher die Spurtreue, desto niedriger ist die Suchintelligenz. Beispiele:

Der Gewissenhafte Die Spurtreue ist hoch, die Suchintelligenz niedrig.

Der Kombinierer Die Spurtreue ist meist niedrig (es gibt auch Mischtyp mit gewissenhaft), doch seine Suchintelligenz ist hoch (scannen über weite Strecken, gute räumliche Orientierung, er hat einen Plan im Kopf).

Das Erkennen des Suchhundetyps ist essenziell wichtig, um …:

— individuell passende Trails zu legen.
— zu wissen, was gefördert werden soll und wo ggf. Themen auftreten werden.
— den Hund viel besser einschätzen zu können und zu wissen, wo seine Stärken und Schwächen liegen.
— jeden Suchhundetyp seiner Eigenschaften entsprechend führen zu können.
— immer die Cores im Auge zu behalten!

Diese Trailumgebung kickt den Gelassenen.

Sportliches, dynamisches Führen erhöht seine Motivation.

DER GELASSENE UNTER DER LUPE

DER GELASSENE ALS REINTYP

Der rein Gelassene zeichnet sich in seiner Körpersprache durch die halbhohe Nase und pendelnde Rute, einen breiten federnden, „beschwingten" Gang oder auch mal Passgang aus. Er trabt in der Regel locker über den Trail, ohne eine extreme Körperspannung dabei zu haben. Er bevorzugt eher ein gemächliches Suchtempo und nimmt sich gerne die Zeit, die er benötigt. Er hat die gelassene Einstellung eines „Surfertyps" und gerät nicht so schnell in Panik. Er liebt das Ranarbeiten und besondere Verstecke, ebenso Herausforderungen, wie Witterung versus Spur, beides motiviert und kickt ihn. Eingebaute Schwierigkeiten wie Steh- und Wohnpools wirken eher bremsend.

Als Hundeführer eines Gelassenen lohnt es sich darauf zu achten, dass deine eigene Körperspannung den gesamten Trail über erhalten bleibt. Achte hier besonders auf ein dynamisches Führen (ggf. Suchtempo erhöhen) und arbeite schnell und variabel mit der Leine. Tendenziell werden Gelassene eher mit kürzerer Leine geführt.

Tipp für dich als Trainer Lege häufig eher kürzere Trails mit spannenden, abwechslungsreichen Elementen. Variiere die Traillänge und die darin enthaltenen Themenschwerpunkte! Er liebt abwechslungsreiches Gelände

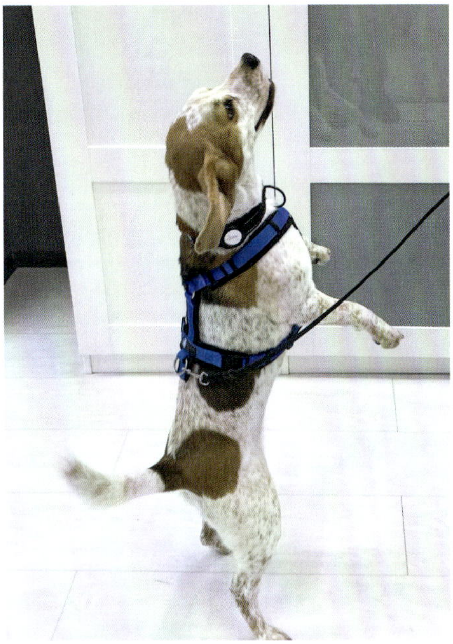

Wo ist es? „Milka" grenzt genau ein!

Der offene Türspalt erleichtert dies im Aufbau.

wie Gewerbegebiete mit teilweise offenen Flächen, (öffentlich zugängliche) Firmengelände mit diversen Versteckmöglichkeiten, Indoor, Tiefgaragen und Parkdecks, Universitäts-/Schulgelände (sonntags).

DER GELASSEN-GEWISSENHAFTE MISCHTYP

Der Gelassen-Gewissenhafte wechselt die Kopfhöhe von halbhoch auch mal zu tief, um auf die Spur einzutauchen. Gerne macht er dies nach der Richtungsentscheidung. Der Gelassen-Gewissenhafte liebt weichen Untergrund und Untergrundwechsel (Wiese, Asphalt etc.). Dieser Mischtyp träumt sich mehr auf die Spur rein als der Reintyp. Durch die gewissenhaften Anteile kontrolliert er aber auch gerne ältere oder fremde Spuren und übertreibt es manchmal mit dem Ausarbeiten von Pools. Wie der rein Gewissenhafte hat auch dieser Mischtyp manchmal Schwierigkeiten, sich aus etwas herauszuarbeiten oder Themen abzuhaken. Hin und wieder kann Witterung vs. Spur einen Konflikt auslösen, manches Mal aber zieht es ihn auch nach vorne, um sich nicht im Detail zu verlieren. Dieser Suchhund bekommt selten Stress, wenn er etwas nicht gleicht löst, es dauert manchmal einfach nur etwas länger.

DER GELASSEN-EHRGEIZIGE MISCHTYP

Der Gelassen-Ehrgeizige variiert sein Tempo mal langsam, mal schnell mit hohem Kopf. Nur auf weichem Untergrund, wenn es schwer wird oder die Spur älter ist, wird er tiefnasig. Sein Suchtempo schwankt extrem von langsam zu schnell, deshalb wird er manchmal je nach Ehrgeiz nicht gleich erkannt. Er ist für Einsteiger schwierig zu führen, ohne ihm Leinenrucks zu geben. Das sieht dann manchmal wie bei einem Fahranfänger aus, der Kupplung und Gas noch nicht richtig aufeinander abgestimmt hat. Auch hier ist dynamisches Leinenhandling nötig, kurze und längere Leine im schnellen Wechsel.

THEMEN, DIE BEI GELASSENEN AUFTRETEN KÖNNEN

Motivationsmangel (Core!)

Häufige Themen von Gelassenen und Gelassen-Gewissenhaften:
Im Wohnpool: Schauen sich länger auch alte Spuren an. Insgesamt kontrollieren sie viel. An einem neutralen Ort versuchen sie auch ohne alte Spuren weiter abzuchecken.
Verhaltensweisen von Gelassen-Ehrgeizigen: Sie schauen sich viel weniger Spuren an und können schneller abhaken.

Treppenhäuser bieten spannende Verhältnisse.

Motivation steigern durch:

Startvariationen

1. Den Hund über die Spur zum Start führen, dann aber ein Stück davon weggehen.
2. Abseits der Spur einbringen, ein Stück entfernt ansetzen.
3. Zwei Personen vom Start in entgegengesetzte Richtungen weggehen lassen.
4. 3D: Geruch unten, Start oben oder Geruch oben, Start unten, z. B. in einer Tiefgarageneinfahrt starten.
5. In einem Treppenhaus auf einem Absatz starten: Die Spur führt von unten ran und wieder weg, gleich dann Durchgang in Etage und Finden.

Führt die Geruchsspur runter oder rauf?

Ranarbeiten

1. In einem Raum oder einer Halle in der Ecke/ In Raum oder Halle in der Mitte.
2. Hoch oder tief versteckt.
3. Direkt oder nicht direkt zugänglich.

Suchtempo erhöhen, dynamisches Führen Games (siehe ab Seite 229 ff.). In der Arbeitsphase: Pacman, Schnitzeljagd; Mentalphase: DB, Start-Endpool

Freie Suche

Indoor (unbedingt in unbelebten Gebäuden!)
Outdoor (zum Beispiel im Wald oder in Kiesgruben)

Der Weimaraner entscheidet sich für runter.

6 SUCHHUNDETYPEN

MACH DEN SUCHHUNDE-TYPEN-CHECK!

In welcher Gruppe ist deiner?

1. Wie geht dein Hund an die Arbeit?

☐ „Wir haben Zeit! Bloß nicht hetzen." (C)
☐ „Los jetzt! Ich kann es kaum erwarten!" (D)
☐ „Konzentration! Ich muss mir das in Ruhe ansehen." (A)
☐ „Ich scanne schon mal die Umgebung." (B)

2. Wie „cool" und selbstbewusst ist dein Hund?

☐ „Lass mich das alleine machen! Ich kann das!" (B)
☐ „Wo bist du? Ich möchte dich bei mir wissen." (C)
☐ „Komm mit, wir rocken den Trail." (D)
☐ „Wir sind zwar ein Team, aber ich brauche meine Freiheit." (A)

3. Wie sieht dein Hund während der Arbeit aus?

☐ Rute und Nase auf halber Höhe, wippender Gang, „aristokratisch" (C)
☐ Nase tief, runder Rücken, in den Boden „geschraubt" (A)
☐ Kopf wechselnde Höhe, locker im Körper, lässig (B)
☐ Langgestreckter Körper, wechselnde Kopfhöhe, vorwärts (D)

4. In welchem Tempo seid ihr unterwegs auf dem Trail?

☐ eher gemächlich (C)
☐ rasant und zackig (D)
☐ konstant, aber durchaus auch mal zügiger (A)
☐ wechselnd, je nach Situation, hoppelnd (B)

5. Die Liebe zur Spur

☐ „Die Spur ist super, aber ankommen noch schöner." (B)
☐ „Ich mag die Spur, aber nehme es nicht immer so genau." (C)
☐ „Hauptsache wir kommen an." (D)
☐ „Der Weg ist das Ziel. Ich liebe die Spur." (A)

6. Wie geht dein Hund an kniffelige Aufgaben ran?

☐ „Da lasse ich mich nicht von aus der Ruhe bringen, find ich super." (C)
☐ „Ich habe schon einen Plan im Kopf." (B)
☐ „Das beleuchte ich von allen Seiten genau." (A)
☐ „Aufregend! Das kickt mich erst recht." (D)

7. Spur vs. Witterung

☐ „Total mein Fall. Natürlich versuche ich es über die Witterung." (B)
☐ „Ja, ich checke die Witterung, halte mich aber lieber an der Spur." (A)
☐ „Toll. Zwei Möglichkeiten zur Auswahl. Ich entscheide spontan." (C)
☐ „Versuche es gern auch über die Witterung, da bin ich ggf. schneller." (D)

8. Geruch – wie viel darf es sein?

☐ „Da bin ich tolerant, mehr oder weniger, sehe ich gelassen." (C)
☐ „Ich liebe Geruch, möchte ihn nicht verlieren." (A)
☐ „Ich halte mich an der Spur, soweit es mich auch direkt zum Ziel bringt." (D)
☐ „Der Geruch reicht zum Starten, danach entscheide ich individuell." (B)

9. Zu welcher Rasse gehört dein Hund?

____

AUFLÖSUNG

Zähle alle Buchstaben von deinen jeweiligen Antworten zusammen und trage sie unten ein:

A: ____________________

B: ____________________

C: ____________________

D: ____________________

Der Buchstabe mit der höchsten Anzahl verrät dir deinen (Primär-)Suchhundetypen. Die zweithöchste Anzahl, zeigt dir den Sekundärtyp, was zusammen den Mischtypen ergibt.

A: Gewissenhaft
B: Kombinierer
C: Gelassen
D: Ehrgeizig

Beispiel: D 6 x + A 2 x = Ehrgeizig & Gewissenhaft

K9-SUCHHUND

DIE DREI LÖSUNGSTYPEN

Unabhängig vom Suchhundetyp konnten wir unterschiedliche und immer wiederkehrende Verhaltensmuster der Hunde beim Lösen von Problemen beobachten. Daraus haben wir drei Lösungstypen definiert.

In der Beobachtung über einen Zeitraum von drei Jahren standen das Laufverhalten des Hundes, die Rückorientierung zum Hundeführer (dem Trainer oder auch der Gruppe) und die Anzahl der Lösungsversuche bei gleichem Versuchsaufbau. Daraus ergaben sich folgende drei Lösungstypen:

1. Der Renner
2. Der Frager
3. Der Kreative

DER RENNER

Wir haben ihn den Renner genannt, weil er wiederholt die gleichen Wege abläuft. Sein Tempo ist dabei meist eher höher. Du kannst dir das bildlich so vorstellen, dass er während der Problemlösung quasi Furchen in den Boden zieht, denn er bewegt sich immer gleich und auf denselben Bahnen.

Er entwickelt keine neuen Lösungsansätze, sondern läuft stoisch die Wege, die er einmal eingeschlagen hat, auf und ab – vor allem vor dem Versteck der VP. Das kann eine ganze Weile dauern. Er läuft sie unterschiedlich lang und in unterschiedlicher Reihenfolge ab, aber es sind immer dieselben Wege.

Er arbeitet meist auch kaum noch mit der Nase, er ist eher in einem Laufflluss und eigentlich nicht mehr im Trailen. Er hat Stress damit, nicht gleich lösen zu können und kompensiert über das Rennen.

WAS KANNST DU IN DIESER SITUATION MACHEN?

Wenn er sich quasi festgelaufen hat und keine neue Lösungsidee anbietet, dann kann es sein, dass man bis zu 20 Minuten um ein Versteck kreist (erst ab Arbeitsphase). Wenn er nach einer Weile etwas zur Ruhe kommt und auch mal innehält, fängt er meist wieder an, auch seine Nase einzusetzen. Erst in der Ruhe wird er zum Lösen kommen.

Wichtig ist, dass du nicht wild irgendwo hinrennst und mit hohem Tempo hinter dem Hund noch unbewusst Druck ausübst. Überhaupt ist Druck der falsche Weg.

Hunde zeigen verschiedene Verhaltensmuster beim Lösen.

Auch wenn du ihn zur VP zwingen würdest, würde er es kaum annehmen können oder zumindest nicht verstehen, wie er dahin gekommen ist. Trotz Belohnung würde er nichts gelernt haben und das nächste Mal wieder das Gleiche machen und ewig brauchen, um an das Versteck heranzukommen.

WAS IST DIE BESSERE LÖSUNG?

Das A und O ist ein variables Leinenhandling, nicht starr hinten dranhängen. Nicht zu dicht am Hund kleben, eher ruhig bleiben, atmen und ihm Raum geben. Halte ihn nicht zu dicht in der Nähe des Verstecks. Manchmal benötigt er Zeit und Raum, um auch mal kurz aus der Situation rauszugehen und „Luft zu holen". Du musst den Radius behutsam wieder etwas verkleinern, aber keinesfalls direkt vor dem Versteck stehenbleiben und den Blick auf ihn richten. Auch die Gruppe darf sich nicht davor positionieren. Besser ist es, entspannt zu bleiben, die Situation auszuhalten und darauf zu warten, dass der Hund etwas runterkommt und vielleicht einen Augenblick innehält. Passiert das nicht von alleine, kannst du ihn mit einem Stoppsignal durchaus auch mal anhalten und ihm eine „Zwangsruhephase" gönnen. Wichtig ist hierbei, dass erst weitergemacht wird, wenn das Stresshecheln aufhört und der Hund wieder relativ normal atmet. Erst dann kann er die Aufgabe mit der Nase und nicht durch Rennen lösen. Wir fördern eine ruhige Problemlösung.

Gewisse Anlagen bekommen Welpen in die Wurfkiste gelegt.

WARUM MACHT ER DAS?

Er wird die Anlage schon von Welpe an mitbringen. Man sieht bereits nach der Geburt diesbezüglich große Unterschiede. Zudem kann es sein, dass im Aufbau nicht so viel Wert auf „genau hinschauen" gelegt und der Hund immer fürs „über die VP stolpern" belohnt wurde. Manchmal spielt auch der Ehrgeiz eine Rolle.

WAS TUN?

Als Trainer achtest du bereits beim Aufbau auf das „Genau-Hinschauen" und arbeitest über das Traillegen und Führen des Teams an der Genauigkeit. Der Hund darf nicht mit „Schnell-schnell" und Hudeln alles lösen können. Natürlich wird er in der Lernphase schnell bestätigt, doch haben wir die Möglichkeit, von Beginn an gewisse Dinge zu fördern und mit jedem Trail vorsichtig an der Problemlösung zu arbeiten. Für den Hund muss es ein lustiges Spiel sein, das aber immer auch mit Lernen verbunden ist.

DER TRAIL

Wie könnte also ein Trail eines weiß durchgeprüften Hundes aussehen, wenn wir an diesem Thema arbeiten möchten? Du kannst auch mehrere Lösungen ankreuzen:

Start:

a. In Trailrichtung, um ihm gleich Sicherheit zu geben.

b. Quer zum Trail in der Mitte des Trails – d. h. man läuft nicht auf dem Trail ein, sondern trifft im rechten Winkel auf ihn und der Hund muss entscheiden, wo er herkommt und wo er hingeht.

c. Mit Minimalgeruch aus dem Glas, es folgt gleich eine Spurdifferenzierung links weg und ein rechter Winkel der VP von Asphalt auf Wiese.

Wo ist sie genau? Ranarbeiten an die VP...

...fördert die Kreativität beim Hund.

Trailinhalte:

a. Witterung vs. Spur, um ihn zu ziehen und zum Lösen zu motivieren.
b. Atypische Abgänge und spitzer Winkel, damit er genau hinschauen muss.
c. Untergrundwechsel, damit er besser aufpassen muss.

Ende:

a. Auf einem offenen Platz hinter einem Baum, damit er sich von allen Seiten ranarbeiten kann.
b. Hinter einer Mülltonne oder einem Kasten in einer Ecke versteckt, damit er sich genau ranarbeiten muss und die VP nicht über Sicht finden kann.
c. Leicht erhöht, damit der Geruch etwas herunterfällt und sich verteilt und der Hund damit das Ranarbeiten üben kann.

Lösungen:

Start: b, c
Trail: b
Ende: b

RUHIGE PROBLEMLÖSUNG TRAINIEREN

Wie sollten die Trails also grundsätzlich aussehen, wenn du an diesem Thema arbeiten möchtest?

Nicht jeder Trail wird auf den Lösungstyp ausgerichtet sein. Entscheidend im Aufbau bleibt vor allem der Suchhundetyp. Dennoch ist es sinnvoll, wenn du immer wieder Elemente einbaust, um das ruhige Problemlösen zu trainieren.

Das genaue Hinschauen bzw. Hinriechen ist ein guter Weg, um den Renner nicht nur über den Geruch und die VP am Ende „drüberstolpern“ zu lassen. Der Hund sollte vor allem zu Beginn nicht die Möglichkeit haben, irgendwie und über „Nichts“ zum Ziel zu kommen.

Trainiere mit ihm die räumliche Orientierung im Geruch, indem du ihn auch mal quer zur Spur oder leicht versetzt startest. So kann er sich gleich zu Beginn ein dreidimensionales räumliches Bild vom Trail machen. Elemente wie atypische Abgänge, spitze Winkel und Verstecke, die in Ecken liegen und verdeckt sind, helfen in der Lernphase, Lösungsvarianten zu entwickeln. Wichtig sind auch Endverstecke in Sackgassen oder Ecken und nicht auf Gängen oder offenen Flächen, damit der Hundeführer den Hund nicht aktiv bremsen muss, der Hund aber nicht ewige Wege aus dem Endpool wegrennen kann.

DER FRAGER

Dieser Lösungstyp ist schnell verunsichert, wenn er das Problem nicht sofort löst. In dieser Situation wendet er sich mit einem fragenden Blick an seinen Hundeführer, den Trainer oder die gesamte Gruppe. Es kommt hierbei häufig zu einer „Stehung" – der Hund bleibt dabei meist recht nah am Versteck stehen und schaut die Gruppe fragend an. Oft sind es Hütehunde, die dafür gezüchtet wurden, eng mit dem Menschen zu arbeiten und auf Anweisungen zu warten. Wir können es ihnen also nicht verübeln, dass sie fragen. Wenn es dir bewusst ist, dass das möglicherweise passieren kann, kannst du zu Beginn der Ausbildung bereits dagegensteuern. Egal ob Renner oder Frager – mit dem richtigen Training wird der Hund das selbstbewusste Lösen lernen.

WARUM MACHT ER DAS?

Wie oben schon erwähnt, sind schon von Welpe an in einem Wurf Unterschiede unter den Geschwistern zu sehen. Ferner kann natürlich auch ein nicht durchdachter Trainingsaufbau oder Überforderung der Grund sein, weshalb der Hund nicht eigenständig lösen kann. Bauen die Trails aufeinander auf? Wurde der Schwierigkeitsgrad zu früh und zu schnell gesteigert oder die Ablenkung erhöht, bevor der Hund gelernt hat, sich in die Spur hineinzuträumen? Vorsicht mit Indoortraining oder spektakulären Events. Er hat eine Aufgabe vielleicht nicht verstanden oder das Gefühl gehabt, nur mit der Hilfe von außen lösen zu können. Fehlt diesem Hund im Aufbau die planvolle Herangehensweise an die Problemlösung, kann das in einer Rückorientierung münden. „Alles was nach vorne geht (weg vom Hundeführer), ist gut."

WAS TUN?

Am besten hältst du den Frager in Bewegung. Wichtig ist, dass wir von der Einstellung her eher „mitsuchen" und nicht selbst fragend den Hund anstarren. Er soll keine Einladung zum Fragen durch uns bekommen.

Bei einer Stehung Die Leine eher lockerlassen, sich entspannen, vor allem die Führhand nicht verkrampfen und tief durchatmen. Lass die Energie zum Hund zirkulieren, um nicht von ihm entkoppelt zu sein. Er kann nichts dafür und wir haben ihn ja in die Situation gebracht. Du möchtest damit keinen Vertrauensbruch erzeugen. Also bist du bei ihm und mit ihm in derselben Situation, kannst aber quasi einfach nicht helfen. Du unterstützt ihn aber emotional und bleibst verbunden und ihm freundlich zugewandt. Das ist sehr wichtig, sonst bricht der Hund mental vielleicht in sich zusammen. Oft ist es dann so, dass sie nach der Fragerunde plötzlich anfangen zu wittern, und wie aus dem Nichts das Problem lösen, beispielsweise ins Versteck gehen und die VP finden. Bingo! Man vermutet es Sekunden vorher noch nicht, und dann – schwupps – hat der Hund den Geistesblitz. Geduld und Gelassenheit sind hier wie so oft die Lösung. Überprüfe immer, ob der Trail oder das Versteck zu schwer war, und vor allem überprüfe auch die Körpersprache des Hundeführers (keine zögernden, unsicheren Bewegungen) und arbeite an den Cores Confidence und Motivation!

Bei einer Stehung bleibt der HF in Bewegung.

Oft haben die Hunde einen Gedankenblitz, …

… nehmen Witterung auf und kommen ans Ziel.

DER TRAIL

Wie kann also ein Trail eines weiß durchgeprüften (= Richtung Orange-Niveau) Hundes aussehen, wenn du an diesem Thema arbeiten möchtest? Wie hältst du ihn motiviert in Bewegung? Du kannst auch mehrere Lösungen ankreuzen:

Start:

a. Entgegen der Spur.
b. In Trailrichtung, aber mit Spurdifferenzierung gleich am Start.
c. In Trailrichtung.

Trail:

a. Ein kleines „P" um ein Gebäude, dann nach ein paar Metern Pool und gleich einen Abzweiger.
b. Spurdifferenzierung gleich nach dem Start in einem Loop und danach einen Pool legen.
c. Eine Spurdifferenzierung gleich nach dem Start, nach dem Abzweiger der VP Spur mit Geruchsverstärker intensivieren, nach ein paar Metern noch einen kleinen Pool.

Ende:

a. Hinter einem Busch oder Baum in einer Häuserecke.
b. Hinter einem Zaun, sodass sich der Hund den Zugang um den Zaun erarbeiten muss, allerdings nur zwei bis drei Meter.
c. Hinter einem Zaun, sodass sich der Hund den Zugang um den Zaun erarbeiten muss, allerdings zehn Meter weit.

Lösungen:
Start: b, c
Trail: c
Ende: a, b

LANGSAMER TRAININGSAUFBAU

Wie sollten die Trails also grundsätzlich aussehen, wenn du an diesem Thema arbeiten möchtest?

Wichtig ist, dass der Hund nie stark verunsichert wird, die Aufgaben gut aufeinander aufbauen und der Hund gerade in der Lernphase immer das Gefühl hat, alles schaffen zu können. Es kann mit Geruchsverstärkern wie Spucke, angefassten Steinen etc. gearbeitet werden, die beim Abbiegen und Lösen helfen können, wenn sie richtig platziert sind.

Auch sind Spur- vs. Witterungsübungen hilfreich. Er darf durchaus mit spannenden Trails motiviert werden. Wichtig hierbei ist, dass der Hund im Fluss (in Bewegung) gehalten wird. Wähle die Verstecke gut zugänglich und eher in Ecken, nicht mitten auf offenen Flächen. Der Geruch sollte sich eher an einer Stelle konzentrieren und nicht überall weit verteilen. Um ihn aber an die Lösung schwierigerer Aufgaben heranzuführen, kannst du nach und nach einseitig offene Bereiche einführen.

Wichtig ist, das mit diesem Hund sehr langsam vorangegangen wird. Es muss für ihn eins aufs andere aufbauen. Bringe ihm bis zum Abschluss der Arbeitsphase erst mal alle Schwierigkeiten langsam bei, arbeite diese vor allem auch. Vorher sollte er keine in Reihe geschalteten Probleme bekommen. Erst wenn er alles erlernt hat und souverän löst und Gefallen an eigenständiger Problemlösung findet, kannst du kompliziertere Aufgaben stellen oder auch die Ablenkung nach und nach erhöhen. Achte von Beginn an darauf, dass der Hund möglichst nicht ins Rückfragen kommt und behalte immer die Cores Motivation und Confidence im Auge! Hier spielen Spaß und Freude eine große Rolle, seid nicht zu ernst bei der Sache! In dieser Arbeitsatmosphäre kann dein Hund am besten lernen.

DER KREATIVE

Der Kreative trifft auf die Schwierigkeit oder kommt in den Endpool und freut sich schon auf das Lösen des Rätsels. Er hat viele Lösungsvarianten in der Tasche und packt gerne eine nach der anderen aus. Vielleicht führt schon die erste zum Ziel, vielleicht aber auch erst die fünfte. Das hängt von seiner Erfahrung ab. Mit der Zeit weiß er immer besser, was am schnellsten zum Erfolg führt. Er versucht in jedem Fall, alles selbst zu lösen. Das kickt ihn! Er fragt nur im äußersten Notfall einmal kurz nach, ob hier denn alles stimmt. Er probiert es in der Tiefe, in der Höhe, versucht Türen selbst zu öffnen, versucht von hinten ans Ziel zu kommen und bietet sehr viel an.

WARUM MACHT ER DAS?

Der Kreative war sicher auch als Welpe vorne mit dabei, ist auch einmal alleine auf Erkundungstour gegangen und hat ein hohes Explorationsverhalten an den Tag gelegt. Er fand wahrscheinlich oft den schnellsten Weg – noch vor seinen Geschwistern – um ein Hindernis herum direkt zur Futterschüssel. Er läuft nicht viermal gegen eine Wand oder einen Zaun, sondern findet schnell den Weg drum herum. Der Renner als Welpe dagegen wird sich auch fünfmal und hektischer am Hindernis versuchen und der Frager nach einem Versuch davor sitzen bleiben und kläglich maulen.

WAS TUN?

Wichtig ist, dass du ihm Raum zum Arbeiten gibst und ihn nicht dabei behinderst oder etwas vorgibst. Halte ihn auch nicht im Endpool, sondern sei „sein Schatten". Arbeite einfach mit dem Hund und bleibe freudig mit ihm im Flow. Denke nicht nach, wo es sein kann und wie er hinkommt, sondern gehe einfach nur mit.

Die eigenständige Problemlösung beim Ranarbeiten kickt den Bloodie.

DER TRAIL

Wie kannst du also einen Trail eines weiß durchgeprüften Hundes gestalten, wenn du an diesem Thema arbeiten möchtest? Du kannst auch mehrere Lösungen ankreuzen:

Start:

- **a.** Zwei Meter abseits der Spur, die von links nach rechts verläuft. Daraufhin folgt ein Splitting.
- **b.** Entgegen der Trailrichtung.
- **c.** Aus einer Tiefgarageneinfahrt hoch, die Person ist aber nur oben drüber gekreuzt und war nie unten.

Trail:

- **a.** Schlangenlinien einbauen, ein ruhiges Wohngebiet, Treppentrail legen.
- **b.** Einen Loop um einen Häuserblock legen, danach in etwas Abstand zum Loop eine Spurdifferenzierung, den Trail kurz halten.
- **c.** Atypischer Abgang, dann am Rande einer offenen Fläche entlang und wieder ein atypischer Abgang zum Ende hin. Die VP sitzt hinter einem Container.

Ende:

- **a.** Unter einem Balkon versteckt.
- **b.** Offen hinter einer Ecke am Rande eines offenen Platzes.
- **c.** In einem Kellerabgang hinter Gerümpel.

Lösungen:

Start: a, b, c
Trail: b, c
Ende: a, b, c

MAL LEICHT, MAL SCHWER

Wie sollten die Trails grundsätzlich aussehen, wenn man ihn fördern will?
Dem Leistungsstand entsprechend sollte dieser Lösungstyp unterschiedliche Anforderungen bekommen. Einmal ganz leicht, ein anderes Mal schwer. Halte die Themen und Trails möglichst variabel. Beachte aber, nur weil er viel anbietet, es nicht zu übertreiben. Du kannst auch diesen Typ überfordern. Achte darauf, dass er nicht zu kreativ wird und den Radius dadurch unnötig erweitert. Mit gezieltem Ranarbeiten ans Versteck kannst du seine Motivation auf ein schnelles Lösen wieder erhöhen. Lege den Schwerpunkt bei den Cores auf die Konzentration!

HAPPY DOG
ADAPTIL

ENTDECKERTRAILS FÜR DEN BABY-FLOW

Die beste Basis für den Hund legst du, wenn er von Beginn der Ausbildung an lernt, sich beim Verfolgen der Spur ausschließlich auf seine Nase zu konzentrieren, und nicht über das Auge visuell getriggert einer Person hinterherzurennen („Anreizen").

Wir starten in den ersten Trainings mit den „Entdeckertrails". Der Suchhund soll den Geruch dabei für sich entdecken und aus seiner Neugierde heraus, intrinsisch (aus eigenem Antrieb) motiviert, der Spur der VP nachgehen. Die Auswahl des richtigen Gebietes und der Aufbau der ersten Entdeckertrails ist ein sehr wichtiger Teil in der „Kunst des Traillegens".

DER ERSTE TRAIL

Das Gebiet Gehe für das erste Training in ein Gebiet, in dem so gut wie keine Ablenkung herrscht.

Die Länge Der erste Trail ist nur ein paar Meter lang. Gerade so lang, dass der Hund nicht schon am Start die Witterung der VP bekommt. Die Spur wird entlang eines geschützten Bereiches gelegt, beispielsweise entlang einer Hecke, einer Mauer oder in einer engeren Gasse. Du kannst sowohl auf weichem Untergrund als auch auf Asphalt starten. Lass die VP bereits ein paar Meter in einer Geraden einlaufen, bevor sie den ersten Geruchsartikel für den Start ablegt. Beim Entdeckertrail wird der Geruchsartikel immer auf den Boden gelegt, damit der Hund über ihn hinweg loslaufen kann. Dadurch vermeiden wir einen unnötigen Stopp.

Die Auswahl des Geruchsartikels spielt ebenfalls eine große Rolle. Wenn ich etwas großes Weiches nehme, wie beispielsweise ein getragenes T-Shirt, kann das zu viel Geruch am Startpunkt sein und den Hund daran hindern, von alleine loszulaufen. Er nimmt die Spur quasi gar nicht wahr und wird durch den kleinen Geruchspool am Start ausgebremst (je nach Alter des Hundes und Drive). Der Hund weiß zunächst einmal noch gar nicht, was er tun soll. Ist der Trail gut gelegt, wird er wie von selbst von der Spur magisch angezogen. Am besten geeignet für den Startgeruchsartikel ist also eher etwas Kleineres mit weniger Geruch. Das kann ein großer angefasster Stein oder ein Schlüsselanhänger o. Ä. sein. Achte darauf, dass der Geruchsartikel keine Kontamination mit einem anderen Individualgeruch aufweist.

Geruchlich verstärken Die VP fasst unterwegs beim Legen der Spur immer mal wieder den Boden an. Und zwar genau dort, wo sie auch läuft! Nicht seitlich davon und auch nicht irgendwo oberhalb, wie z. B. einer Hecke. Es geht darum, die Spur geruchlich zu verstärken, um es dem Einsteiger leichter zu machen und von Beginn an seine Neugierde für das Trailen der Spur zu wecken.

An den Hund angepasst Die Entdeckertrails variieren an Länge, je nachdem, welchen Hund ich antraile: Ist es ein Welpe oder ein erwachsener Hund? Welche Rasse und welche Dynamik bringt er mit? Hat er bereits Erfahrung mit Geruch aus einer anderen Sparte etc.? Der Trail für einen zwölf Wochen alten Pudel sieht anders aus wie der Trail für einen einjährigen Weimaraner.

UNTERSCHIEDLICHE ENTDECKERTRAILS IM VERGLEICH

Entdeckertrail für das zehn Wochen alte Labbi-Mädchen „Samira"

01 Samira läuft bereits umgehängt ein. Der GA ist ein Autoschlüssel.

02 Die Spur führt an der Wand entlang, Länge insgesamt ca. 5 Meter.

03 Die VP sitzt gleich ums Eck. Die Clips am Deckel der Dose sind bereits geöffnet.

Entdeckertrail für „Gutzi", einen 4 Monate alten Vizsla-Mix aus dem Tierschutz mit viel Power

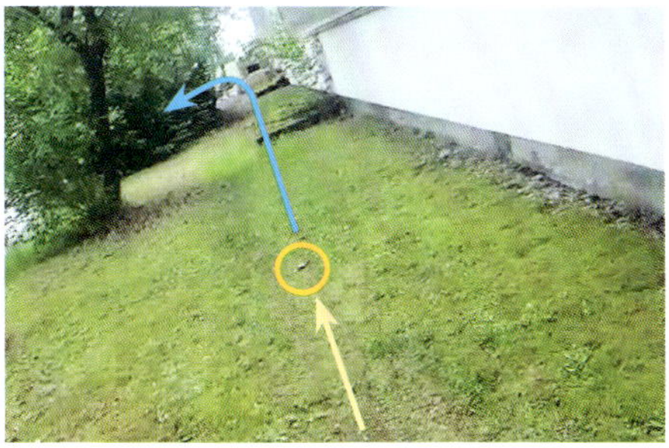

01

02

01 In dem gelben Kreis liegt der GA. Der blaue Pfeil zeigt den Trail. Die Spur wurde unterwegs verstärkt, indem die VP das Gras angefasst hat. Auf dem Weg zum GA (heller Pfeil) trägt der Hund bereits das Geschirr, die Leine ist sortiert und das Team läuft gerade über die Spur zum Startpunkt ein. Der Hund kommt somit bereits in einer Vorwärtsbewegung zum Startgeruchsartikel (Schlüsselanhänger).

02 Der Hund registriert den GA.

03 Er wird magisch von der Spur auf der Wiese angezogen und setzt sofort seine Nase ein. Er „träumt" sich zur Spur hin, entdeckt diese für sich.

04 Bis zum Schluss sieht er die VP nicht. Die Länge beträgt insgesamt ca. 10 Meter. Achtung: Die Gegenstände im Hintergrund können für unsichere Hunde ablenkend wirken!

05 Er biegt nach links ab und registriert die VP. Viele Hunde, vor allem aus dem Tierschutz kommend, finden es erst einmal komisch, wenn da jemand sitzt. Damit sie sich schnell überwinden und wissen, dass sie rangehen dürfen, ist die Futterdose hier bereits offen. Für sehr menschenbezogene Hunde reicht auch der Kontakt zum Menschen vor der Bestätigung aus (z. B. häufig bei Labrador). Manche Hunde bringen bereits so viel Drive mit, dass Futter sie am Ende zu sehr hochfahren würde. Wie der Hund am Ende belohnt wird, muss von Fall zu Fall mit dem Besitzer zusammen entschieden werden.

03

04

05

Entdeckertrail für „Gutzi" ca. 1 Woche später

01

02

03

04

01 Anriechen am angefassten Stein

02 Der Hund folgt automatisch der Spur. Hier hat die VP den Boden angefasst und weitere angefasste kleine Steine hingelegt.

03 Der Trail führt nun über weichen Boden (Gras) an einer Hecke entlang, ...

04 ... ein Stück Asphalt, dann Untergrundwechsel. Der Hund reiht sich bereits rechts ein.

05 Die VP sitzt für den Hund bis zum Schluss nicht sichtbar an der Hecke versteckt. Der Hund kommt aber direkt an sie ran und findet gleich. Die Körpersprache der VP ist locker, zugewandt und „normal", nicht extra weggedreht o. Ä. Der Deckel der Futterdose wird zu Beginn bereits geöffnet, um den Hund sofort zu bestätigen und auch nicht mit dem Klicken des Deckels beim Öffnen zu erschrecken.

05

WICHTIG FÜR ENTDECKERTRAILS

Bitte beachten

- ✓ Leinenhandling etc. wird dem Hundeführer vom Trainer schon vorher in Ruhe erklärt.
- ✓ Den Hund bereits ein paar Meter vor dem Start in das Geschirr umhängen.
- ✓ Hund und Hundeführer laufen bereits auf der Spur ein, bevor der Startgeruchsartikel ausliegt.
- ✓ Aus der Bewegung starten und dem Hund den Start-GA kurz zeigen (beispielsweise mit dem Finger auf den Stein deuten).
- ✓ Der Hundeführer geht mit und bremst den Hund nicht aus. „Ich dachte, er hat noch nicht angerochen", ist ein klassischer Fehler.
- ✓ Der Energiefluss vom Hundeführer geht nach vorne, er gibt dem Hund Sicherheit.
- ✓ Am Ende bei der VP wird gleich aufgelöst und sich gefreut. Für die meisten Hunde ist es erstmal eine kurze Überwindung, an den Menschen ranzugehen.

Was kann passieren?

Der Hund geht nicht los. Das kann verschiedene Ursachen haben:

- ✓ Der Hund ist noch zu jung.
- ✓ Der GA ist zu groß. Am Start gibt es zu viel Geruch.
- ✓ Der Hundeführer fixiert den Hund, hält die Luft an oder zieht die Leine nach oben.
- ✓ Es gibt zu viel Ablenkung/Leute.
- ✓ Ungeklärtes Beziehungsthema Hund/Hundeführer … etc.
- ✓ Der Hund nimmt den Geruchsartikel mit. Das ist erst einmal nicht schlimm. Für die Konzentration des Hundes auf die Spur ist es jedoch besser, wenn das nicht passiert. Wenn er den Geruchsartikel aufgenommen hat, lass ihn damit weitertrailen.

01 GA Kaugummidose. Was passiert gleich?

02 Er nimmt die Dose mit. Typisch Retriever …

HUNDEFÜHRER

DIE KUNST DES TRAILLEGENS: VON DER LERN- ZUR ARBEITS-PHASE

Wir verraten dir auf den folgenden Seiten anhand verschiedener Beispiele Tipps und Tricks, wie du aus jedem Hund das Beste herausholen kannst. Was kickt ihn, was bremst ihn? Was ist leicht, was ist schwer? So schafft ihr den Übergang von der Lern- zur Arbeitsphase.

Die Rasse und Größe des Hundes spielen hierbei keine große Rolle, wenn du die Umgebungsfaktoren und den Hund gut einschätzen kannst! Nach den Entdeckertrails beginnst du, sobald der Hund den Geruchsartikel am Start, die Spur und die VP miteinander verknüpft hat, mit den Aufbau- und Lerntrails. In der Lernphase ist es besonders wichtig, auf den Suchhundetyp einzugehen, da du dann weißt, was diesen Hund kickt und was ihn eher bremst. Ziehende Faktoren benötigen wir vor allem, um die Motivation hoch zu halten, beispielsweise bei dem Gelassenen. Bremsende Faktoren können wir uns für das Thema Konzentration und Genauigkeit zunutze machen, beispielsweise bei dem Ehrgeizigen. Wir zeigen dir anhand einiger Beispiele, was zieht, was bremst und was für den Hund leicht ist und was schwer. Wenn du ein paar Dinge beachtest und unnötige Fehler vermeidest, legst du das Fundament für den angehenden Super-Trailer.

BEISPIELE

GEWISSENHAFTE

1. **Beispiel Aufbautrail für einen gelassenen-gewissenhaften Goldie, ca. 6. Training. Traillänge ca. 150 Meter.**

01 Der Trail führt eine gerade Gasse entlang, bei „X" ist der Start; die VP biegt an der Kreuzung…

02 … nach links ab (kurzer Stehpool ca. 2 Meter nach der Ecke, um den Hund in die Richtung reinzuziehen).

03 Der Trail führt weiter eine gerade Gasse entlang; die VP versteckt sich gleich rechts ums Eck hinter der Hecke.

2. Beispiel Aufbautrail für einen gelassenen-gewissenhaften Goldie, ca. 6. Training. Traillänge ca. 180 Meter

Aufgabe:
Was denkst du, welcher Trail ist spannender für diesen Suchhundetypen?

(Lösung: Trail 2)

01 Der Trail führt über einen leicht abschüssigen Weg in einem Park; bei dem „X" ist der Startpunkt.

02 Die VP nimmt einen atypischen Abgang über einen Wiesenpfad; kurzer Stehpool auf der Höhe des Stromkastens.

03 Der Trail führt an dem Gebäude entlang auf dem Wiesenweg weiter.

04 Die VP geht in das Versteck hinter dem Baum, sitzt nicht sichtbar, aber gleich vorne (ca. ½ Meter rein).

WIE MOTIVIERST DU DEN GEWISSENHAFTEN?

Wie machst du den Ehrgeizig/Gewissenhaften oder Gelassen/Ehrgeizigen etwas ruhiger und langsamer, konzentrierter? Gewissenhafte lieben Eingänge und Nischen, in denen sich der Geruch fängt. Das motiviert sie. Terrier, Chihuahuas oder Dackel beispielsweise fangen hier gerne das buchstabieren und dann loshoppeln an und geben plötzlich alles! Das motivierte Arbeiten geht direkt ins Gehirn und wird dort abgespeichert!

Ein Beispiel: Dieselbe Situation wird den Ehrgeizig/Gewissenhaften etwas bremsen. Der Hundeführer kann ihm in die Nische hinein sehr gut weich die Leine rausgeben (Vizsla ...).

WAS KICKT DEN HUND AM ENDE?

Was alle Hunde motiviert und kickt, ist das Thema Ranarbeiten an die VP. Sie sitzt nicht einfach nur leicht zugänglich um die Ecke, sondern der Hund muss erst irgendetwas überwinden oder sich in etwas hineinsuchen, um an sie ranzukommen. Dies kannst du bereits relativ früh einbauen, sobald der Hund genügend Drive zur VP hat bzw. GA-Trail-VP gut verknüpft hat.

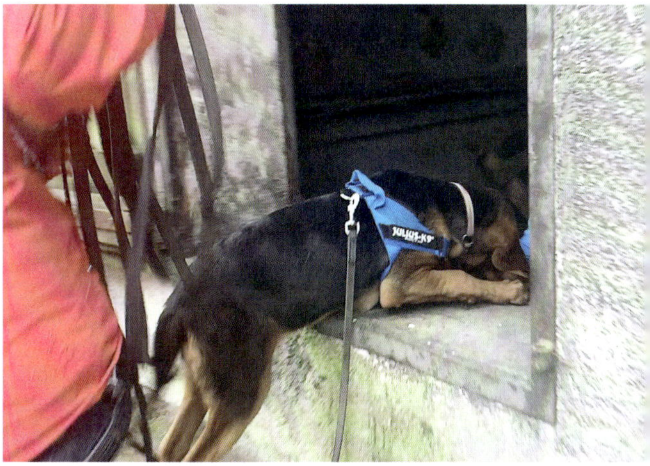

Einsteiger: junges Bloodhound-Mädchen „Yoki", ca. 16 Wochen alt

1. Überwinden eines Hindernisses

Hier sitzt die VP in einem offenen Gebäude. Der Hund kommt leicht ran, muss aber ein kleines Stück auf die Mauer klettern. Problemlösung: Hindernis überwinden.

Einsteiger

Willi arbeitet sich an die VP durch die offenstehende Tür in ein Gartenhäuschen ran.

2. In etwas hineinsuchen

Ebenfalls spannend für viele Hunde ist es, in etwas hineinzusuchen (muss offen zugänglich sein! Keine verschlossene Tür ...), beispielsweise ein offenes Parkdeck. Die Auswahl des Versteckes kannst du leicht oder schwer machen. Wir nehmen das „lustige Ende" zur Motivation, als Kick und um den Drive zur VP zu erhöhen. Gutes, einfaches Mittel, auch wenn ein Core betroffen ist!

01 Du siehst hier das Ende des Trails, kurz vor dem Finden der VP. Der Trail führt an der Wiese entlang. Die VP steht in der Garage, hinter der Lamellenwand. Der Hund bekommt bereits durch die offenen Lamellen Witterung und wird durch den frischen Geruch angezogen. Er weiß schon auf der Wiese, wo es langgeht, weiß aber noch nicht genau, wie er rankommt. Das motiviert ihn und kickt ihn, den Zugriff zu machen.

02 Der Trail führt rechts ums Eck am Gebäude entlang. Auch hier bekommt der Hund weiterhin Geruch aus der Garage, denn die VP steht bereits gleich um die Ecke.

03 Hier siehst du die offenen Lamellen im Hintergrund. Von dieser Seite aus kam der Hund.

Fortgeschritten

01

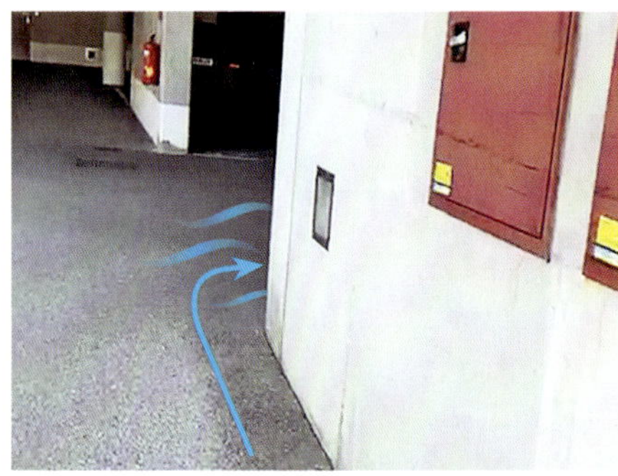

02

03

3. VP ist eingebaut

Eine weitere Möglichkeit ist es, die VP hinter etwas einzubauen, beispielsweise Container und Paletten. Wir lassen aber immer eine Möglichkeit für den Hund, eigenständig zur VP vorzudringen. Du kannst beispielsweise zwischen den Paletten einen Freiraum lassen. Achte darauf, dass nichts auf den Hund herunterfallen kann! Tipp für den Hundeführer: Gib deinem Hund beim Ranarbeiten genügend Raum. Lass die Leine lieber locker und halte etwas Abstand.

Die VP versteckt sich hinter dem Container links an der Wand. Hier kannst du auch noch eine Palette davorstellen.

DER START

Was kickt?

01 Startrampe: Eine für Hunde spannende Startsituation ist beispielsweise in der Auffahrt einer Tiefgarage. Das kickt, das zieht, vor allem den Gelassenen ... Der Geruch kommt ihm von oben entgegen.

01

02 Diese Startsituation würde den Kombinierer oder den Gelassenen kicken, wenn der Trail den Weg entlang und dann weiter nach hinten führt. Der Hund bekommt unten am Start bereits durch das offene Gitter und den Mauervorsprung Witterung von oben.

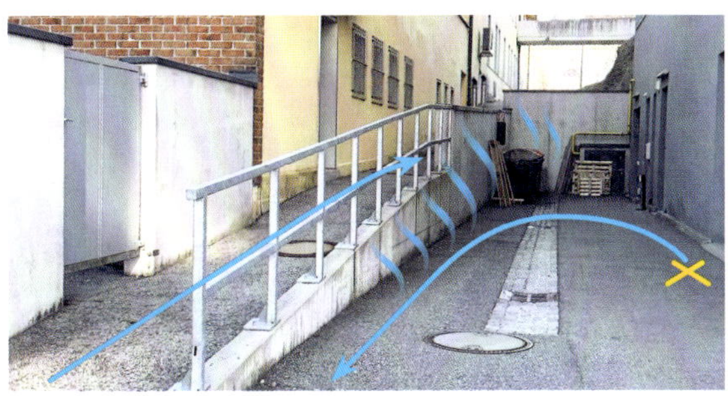

02

Was bremst?

03 Denselben Innenhof kann man sich auch für einen bremsenden Start zunutze machen, beispielsweise für einen Ehrgeizigen. Damit dieser am Start nicht gleich losschießt, starten wir in Richtung Innenhof und legen ans Ende noch einen Stehpool rein. Er läuft quasi erstmal „gegen die Wand" und muss sich konzentrieren und den Ausgang nehmen. Der Hundeführer kann hier auch erstmal in Ruhe Leine rausgeben. Der Trail führt dann rechts an der Hauswand entlang weiter.

03

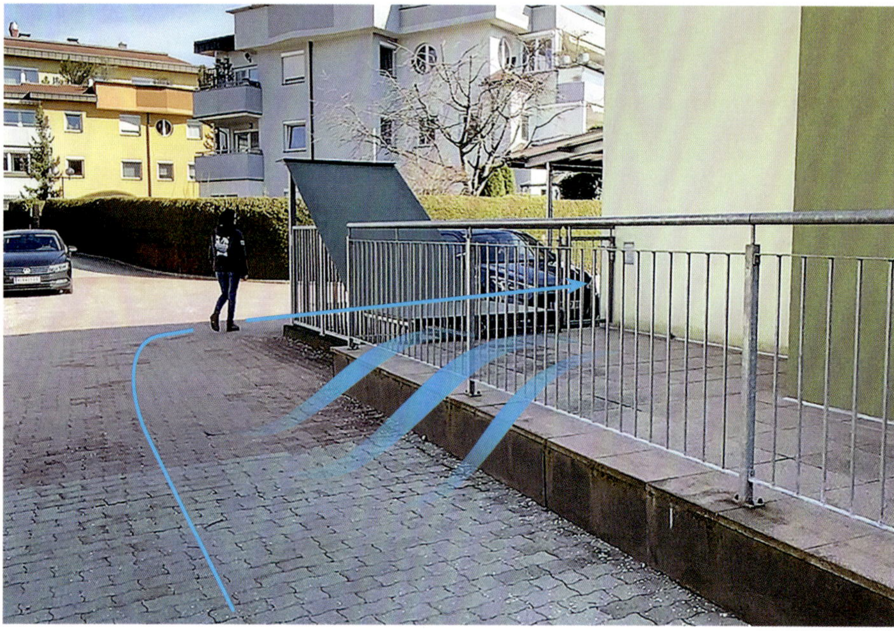

Hier bekommt der Hund deutlich Geruch von rechts. Das fördert die Lesbarkeit.

LESBARKEIT IN DER KREUZUNG

Wenn du das Thema Kreuzungsarbeit gezielt trainieren möchtest, gibt es Möglichkeiten, den Hund lesbarer zu machen, indem er geruchlich um die Ecke und in die richtige Richtung gezogen wird. Dies kannst du durch Stehpools der VP nach der Ecke erreichen oder wenn der Hund aufgrund der Gebietsauswahl bereits vor der Kreuzung schon Witterung aus der richtigen Richtung bekommt.

Beispiel Lerntrail Kreuzungsarbeit:

Hier bekommt der Hund deutlich vor der Kreuzung durch das offene Gitter Geruch von rechts ... Er wird sich schon sehr früh auf der rechten Seite einreihen, mit der Nase rechts rüber riechen und in der Kreuzung deutlich abbiegen. Sehr gut als ziehendes Element für den Gelassenen und Kombinierer geeignet! Diese Auswahl des Gebietes (begrenzt und dennoch Witterung) ist ideal, um Motivation, Confidence und Lesbarkeit aufzubauen. So bearbeitest du gleich 3 Cores auf einmal ...

AUFBAU OFFENE KREUZUNG

Wir befinden uns am Ende der Lernphase/Übergang Arbeitsphase auf orangem Niveau (ca. nach vier Monaten regelmäßigem Training, je nach Team). Nun ist es an der Zeit, Kreuzungen zu trainieren, die zum einen mehrere Richtungsentscheidungen haben, und zum anderen an einer offenen Fläche liegen.

01

02

03

04

05

Wie können wir es dem Team zu Beginn leichter machen? Ein Beispiel:

01 Der Trail ging bereits 150 Meter und führt nun auf eine offen gelegene Kreuzung zu. Es gibt drei Entscheidungsmöglichkeiten.

Um es dem Team einfach zu machen, führt der Trail hier nach links. Die VP läuft bereits ganz am linken Rand auf dem Wiesenstreifen auf die Kreuzung zu. Dadurch fängt sich an der Hecke linksseitig Geruch und der Hund wird sich sehr wahrscheinlich schon auf der richtigen Seite einreihen.

02 Die VP biegt gleich an der Hecke nach links ab. Dadurch hält sich der Geruch auf der Seite am Rand und zieht nicht stark auf die offene Fläche hinaus. Durch die Bodenverletzung auf dem Wiesenstreifen wird der Geruch für den Hund noch verstärkt.

03 Um den Hund am Rand zu halten, bauen wir auf Höhe des Baumes noch einen Stehpool ein. Dort hält sich der Geruch zwischen Hecke und Baum und zieht nicht nach rechts auf die offene Fläche hinaus.

04 Ausblick von der VP aus gesehen nach rechts auf die offene Fläche

05 Die VP versteckt sich deutlich nach der offenen Fläche, da sich sonst der Geruchspool auf die Fläche hinaus ausbreiten würde. Sie steht von den Hecken abgeschirmt und ist für das Team nicht sichtbar (macht sich klein, geht ein Stück weiter rein. Hier nur für das Foto sichtbar).

Gut ist es, wenn die VP – so wie hier – recht nah nach dem Lösen der offenen Fläche platziert ist, damit der Hund zu Beginn den größten Lerneffekt hat. Lösen – Ankommen – Belohnung.

Zusammenfassung

Trainieren der offenen Kreuzung / Fläche:

- Die VP reiht sich bereits vor der Kreuzung deutlich auf der richtigen Seite ein.
- Die VP bleibt immer am Rand der offenen Fläche.
- Am Besten ist diese durch eine Hecke oder eine Wand begrenzt.
- Gut ist es auch, sich weichen Untergrund als Verstärker zunutze zu machen.
- Die VP verlässt den offenen Bereich noch ein ganzes Stück, damit der Poolgeruch nicht auf die Fläche rauszieht.
- Die VP wird kurz nach dem Lösen der Fläche so platziert, dass der Hund sie leicht findet und für das Lösen der Fläche gleich bestätigt werden kann (Lerneffekt).

Schwerere Variante

Derselbe Trail wäre schwerer, wenn die VP bereits vor der Kreuzung einfach in der Mitte des Weges bleibt und auch in der Kreuzung mittig auf dem Weg geht. Die Begrenzung der Hecke wird nicht genutzt und auch kein Stehpool eingebaut. Dadurch zieht der Geruch durch die Dynamik des Gehens auf die offene Fläche und nach rechts zur Hecke hinaus. Der Hund ist wahrscheinlich auch für den Hundeführer nicht so gut lesbar, wie in unserem ersten Beispiel. Diese Variante kann in der Arbeitsphase eingebaut werden. Der Hundeführer kann hier lernen, seinem Hund genügend Zeit und Raum zum Ausarbeiten der Kreuzung zu geben.

Die schwerere Variante desselben Trails

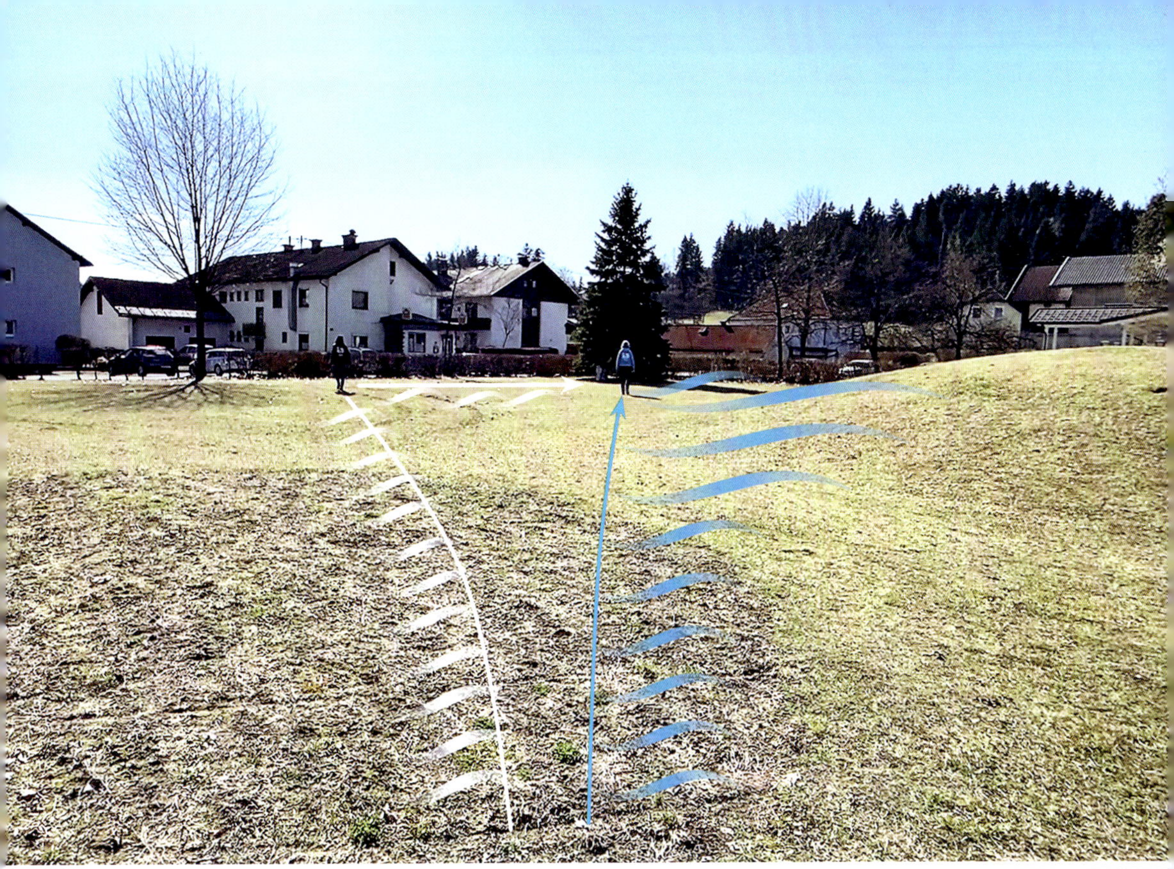

Die beiden Personen laufen nicht gleichzeitig. Das ist hier nur, um zwei unterschiedliche Möglichkeiten darzustellen.

AUFBAU OFFENE FLÄCHE

Niveau: Ende Lernphase/Übergang zur Arbeitsphase (Orange)

Um dem Team den Einstieg in das Arbeiten von offenen Flächen zu erleichtern, gibt es ein paar Dinge, auf die du als Trainer achten kannst.

Aufgabe

— Was ist leichter, was ist schwerer? (im Beispiel ist es windstill)
— Trail 1 (weiße Spur) oder Trail 2 (hellblaue Spur)?
— Worin unterscheiden sich die beiden Trails? Guck dir auch ganz genau die Umgebung an! Wo fängt sich Geruch, wo zieht Geruch eher weg von der VP? Bei dem weißen Trail geht die VP links um den Baum, um sich dahinter zu verstecken, bei dem blauen Trail geht die VP rechts um den Baum.

Lösung:

Der weiße Trail ist einfacher.
— Durch den spitzen Winkel wird der Hund mehr zur Spur gezogen.
— Der Endpool wird durch zwei Hecken begrenzt (Ecke).

Bei dem blauen Trail
— verteilt sich der Geruch durch den Hügel/leichten Hang mehr auf der Fläche.
— Die VP sitzt offener, der Poolgeruch verteilt sich mehr.

Wichtig Das Versteck befindet sich am Rand, nicht in der Mitte der offenen Fläche. In der Mitte einer Fläche ist es schwerer, da sich der Geruch mehr nach außen hin verteilt (weg von der VP). Behalte diese wichtige Regel immer im Kopf! Wird die VP in der Mitte eines Platzes versteckt, ist es immer am schwersten für den Hund.

UMDREHEN TRAINIEREN („TURNS")

Das Suchteam beherrscht nun schon einfache One-Way-Trails. Dies wird den Hunden auf Dauer zu langweilig. Nun ist es an der Zeit, Schwierigkeiten einzubauen. Beispielsweise ein „Hin und Back". Hiermit trainieren wir vor allem das saubere Umdrehen. Der Hund lernt, dass die Spur nicht immer nur in eine Richtung führt. Weitere Möglichkeiten, das Umdrehen zu trainieren, sind die Spurdifferenzierung (mit einer zweiten Person) und die Unterscheidung ältere/ frischere Spur der VP.

01 Die VP biegt nicht gleich nach rechts ab, sondern geht erst noch ein Stück geradeaus, dreht dann um und geht anschließend erst in die Richtung des Trails weiter.

02 Wenn der Hund geradeaus weiterläuft, sollte der Trainer eingreifen. Wir befinden uns im Übergang zur Arbeitsphase und sind dabei, die Körpersprache des Hundes deutlich herauszuarbeiten, zu verstärken. Der Hundeführer geht noch 1 – 2 Leinenlängen mit und nimmt dann das Tempo raus (weiße Fläche). Bleibt stehen, schließt die Führhand und wartet, bis der Hund gedreht hat (pink). Er dreht sich mit dem Bauch zum Hund mit und schließt dann zügig auf. Hierbei wird die Leine nachgefasst.

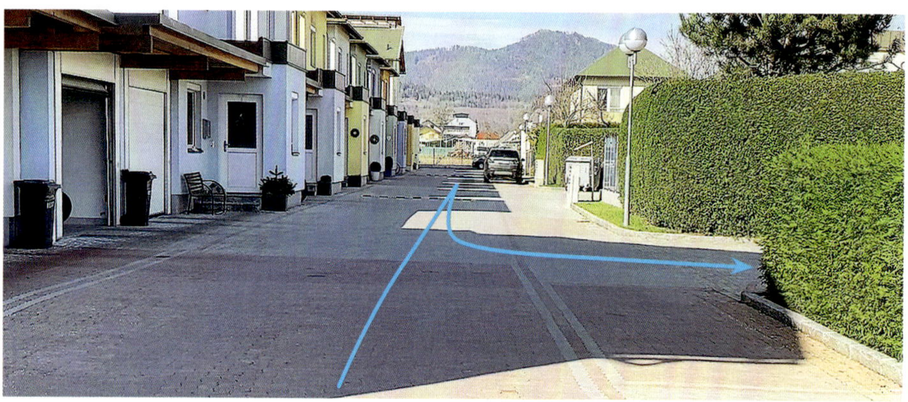

01

02

Beispiel: „Alt und Neu“ mit Jack

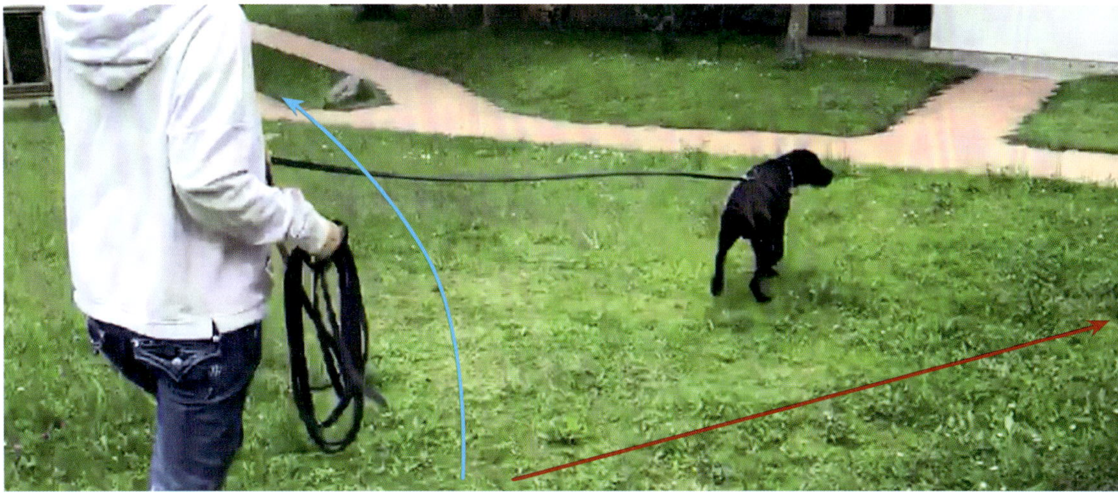

01

01 „Alt und Neu“ zu unterscheiden, kann den Gelassen / Ehrgeizigen und den Ehrgeizig / Gewissenhaften eher bremsen. Er muss an der Kreuzung einmal mehr nachdenken. Aber nicht zu viele Entscheidungen hintereinanderlegen, das fährt ihn eher hoch! Jack markiert hier rechts die ältere Spur (rot) der VP. Dort ging ca. 30 Minuten vorher der Trail für einen anderen Hund entlang. Blau ist die frischere Spur. Ich gebe Leine raus.

02 Jack dreht und entscheidet sich für die richtige Richtung. Wichtig: Ich drehe mich dabei immer mit zum Hund („Bauchnabel zum Hund“; gelb). Wir befinden uns hier noch in der Passiv-Zone der Kreuzung, deshalb ist die Leine locker. Der Hund hat genügend Raum, um die Kreuzung zu arbeiten. Nun treten wir gleich in die Aktiv-Zone über und ich fasse die Leine nach.

03 Der Hund tritt aus der Passiv-Zone aus und in die Aktiv-Zone über. Ich fasse die Leine nach und halte Kontakt zum Hund. Ich schließe zügig und gerade zum Hund auf (gelb: Bauchnabel-„Strahl“) .

02

03

TRAIL
from the
HEART
K9

DIE SPURDIFFERENZIERUNG

Entscheidend für das erfolgreiche Arbeiten der Spur ist, dass der Hund den Individualgeruch der Person (oder des Tieres), die er suchen soll, verfolgt – und nicht auf andere Spuren switcht. Das spart sehr viel Kraft und Zeit und ist ausschlaggebend für den Erfolg bzw. Fund in der Prüfung und im Einsatz.

DIE BEDEUTUNG DER SPURDIFFERENZIERUNG

Wir haben in den Anfängen die Erfahrung machen müssen, dass unsere Hunde im Training auch längere Strecken gut schafften. Im Einsatz hingegen ging ihnen manchmal bereits nach einem Kilometer die Puste aus oder sie waren irgendwie nicht mehr richtig auf der Spur. Woran kann das liegen? Der Unterschied im Einsatz ist, dass die Spur der vermissten Person oder des vermissten Tieres beim Eintreffen der Suchteams in der Regel bereits ein paar Stunden alt ist. In der Zwischenzeit sind weitere Personen über die Spur frisch drübergelaufen. Vor allem Personen, die mit der vermissten Person (dem vermissten Tier) im engen Kontakt stehen. Denn meistens suchen Angehörige oder das Pflegepersonal in den ersten Stunden zunächst selbst nach der vermissten Person. Beim Haustier ist es der Besitzer, der den Nahbereich absucht. Es existieren also sehr häufig (immer dann, wenn der Verschwindeort bekannt ist) zum einen frischere Spuren, die über den eigentlichen Trail gehen, und zum anderen verteilen diese zudem auch noch Geruch der vermissten Person oder des vermissten Haustieres, der an den Angehörigen oder Besitzern anhaftet. Der Hund wird, wenn er diese Situation aus den Trainings nicht kennt, immer aktiv die Verleitspuren ausschließen. Er träumt sich nicht einfach auf den Trail hinein und läuft „wie auf Schienen", sondern kommt ab, muss sich zurückarbeiten oder verliert unterwegs auch mal den Faden und vor allem auch den Flow.

VERLEITSPUREN EINBAUEN

Wir müssen diese Situation also im Training nachstellen und explizit trainieren, damit der Hund den Fokus entspannt auf dem Individualgeruch halten kann.
Hier kommt nun die Spurdifferenzierung ins Spiel. Du kannst im Training eine oder mehrere Differenzierungspersonen (oder auch Tiere) gezielt einbauen und weißt so genau, was der Hund mit der Verleitspur

einer weiteren Person macht. Eine Spurdifferenzierung zu legen bedeutet, dass eine zweite Person gleichzeitig oder frischer die Spur der VP kreuzt oder die beiden Personen ein Stück zusammen gehen, und sich dann trennen. Der Hund soll dabei lernen, auf dem Individualgeruch, der Spur einer bestimmten Person (oder eines Tieres) zu bleiben und sich nicht durch eine zweite frische Spur ablenken zu lassen. Die Spurdifferenzierung hat somit nichts mit der Unterscheidung von einer älteren und einer frischeren Spur zu tun! „Alt/Neu" zu unterscheiden, bezieht sich nämlich nur auf die Zeit (wann ist die VP wo gegangen), nicht auf die Unterscheidung des Individualgeruchs (wer ist wo gegangen).

TIPPS ZUR SPURDIFFERENZIERUNG

Nimmt der Flow ab, steigt generell auch die Reaktivität des Hundes mit der Umwelt. Das muss nicht nur visuelle oder auditive Ablenkung wie andere Hunde, Menschen oder Geräusche betreffen, sondern kann sich auch auf den Geruch (olfaktorische Ablenkung durch Verleitspuren) beziehen.
Wenn ein Hund ein Thema mit der Spurdifferenzierung hat, sollten unbedingt auch die Cores und die Turns gecheckt werden:

- Stimmt das Suchtempo?
- Ist er selbstbewusst in der Richtungsentscheidung?
- Dreht er zuverlässig um?

Die Spurdifferenzierung kannst du im Training wie andere eingebaute Schwierigkeiten sehen. Manche Suchhundetypen motiviert die Spurdifferenzierung. Es passiert unterwegs etwas auf dem Trail, wo er aufpassen muss.

WAS BEI DER SPURDIFFERENZIERUNG ZU BEACHTEN IST

- Der Geruch der Verleitperson darf nicht mit am Geruchsartikel sein! Der Hund trailt sonst mit Mischgeruch und ist im Konflikt. Wird er dann noch geführt, kann das zu Logikfehlern führen.
- Ausnahme: Die Differenzierungsperson ist zum Ausschließen am Start dabei und der kontaminierte GA ist Thema im Training. Dies sollte nur in den hohen Stufen und mit erfahrenen Trainern trainiert werden!
- Es gibt verschiedene Schwierigkeitsgrade.
- Die Differenzierung/Trainerspur darf nie der kürzere/direkte Weg in Richtung VP sein. Du kannst sonst nicht sicher sagen, ob der Hund über Witterung löst oder den Individualgeruch verlässt. Somit kannst du auch nichts korrigieren.
- Achtung in den Schwierigkeiten (Loop, kleines U etc.): Die Differenzierungsspur darf nicht die Lösung der Schwierigkeit sein, da der Hund das sonst verknüpfen könnte und genau das Falsche daraus lernt. Das Falsche wäre beispielsweise, dass die Trainerspur der einfachere Weg zur VP ist.

DER AMPEL-CHECK

Der Ampel-Check dient zur Risikoabwägung: Grün – Gelb – Rot

- Grün bedeutet: Das kann ich so legen.
- Gelb bedeutet: „Risiko", nur unter bestimmten Gegebenheiten so legen.
- Rot bedeutet: Das solltest du keinesfalls so legen!

Die Trailrichtung verläuft immer vom weißen Startpunkt zum schwarzen Endpunkt (VP).

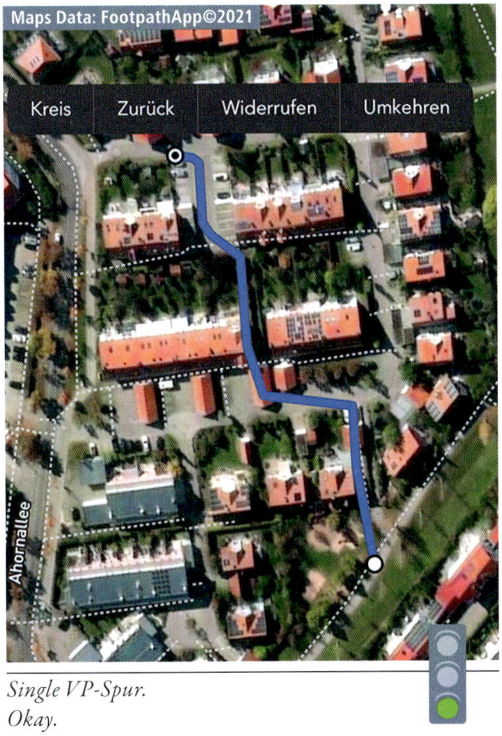

Single VP-Spur.
Okay.

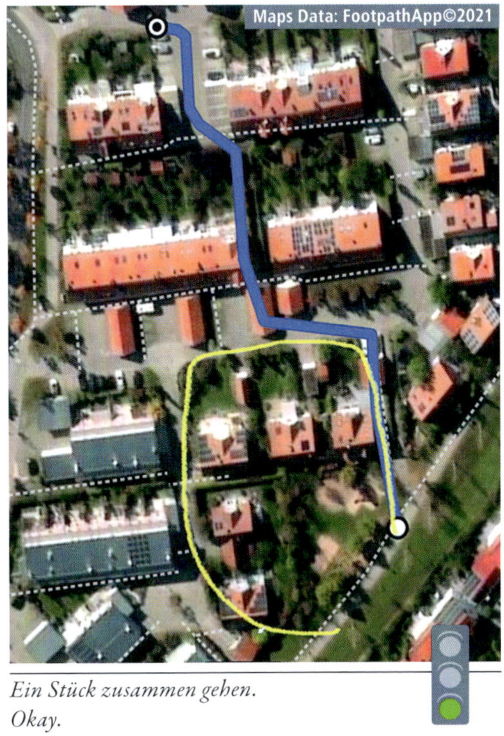

Ein Stück zusammen gehen.
Okay.

Splitting gleich nach Start.
Okay.

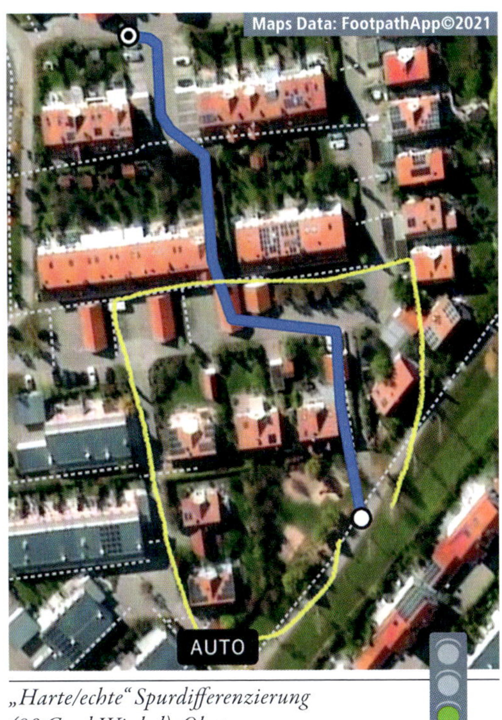

„Harte/echte" Spurdifferenzierung
(90 Grad Winkel). Okay.

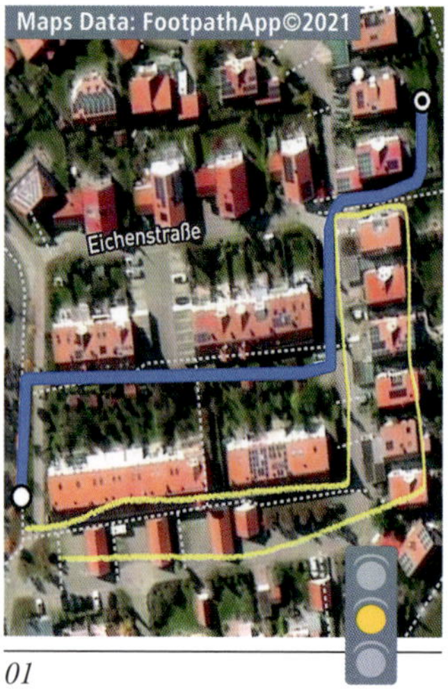

01

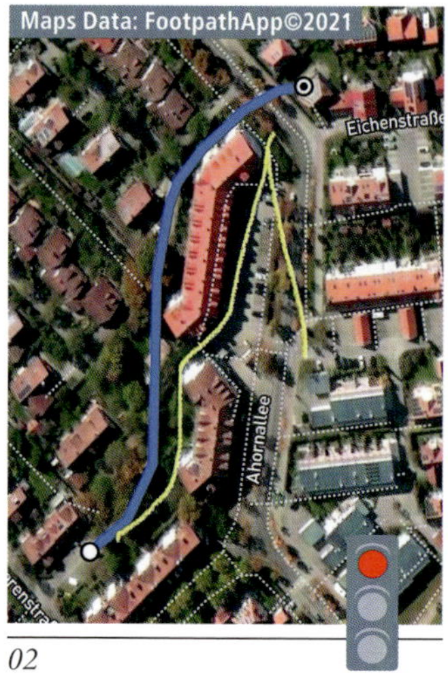

02

03

01 Parallel mit Gebäuden dazwischen.
Je nach Gegebenheit okay.

02 Winkel unter 45 Grad.
Nicht okay.

03 Parallel mit Gebäuden dazwischen.
So wie hier ist das nicht okay.
Der Winkel ist unter 45 Grad und die Differenzierung verbindet zur VP und ist der direktere Weg in den Endpool.

04 Die Differenzierung verbindet VP-Spur und die Differenzierung hat direkten Weg zur VP.
Nicht okay.

05 Die Differenzierung löst die Schwierigkeit (hier den Loop). Du kannst aber nicht sicher sagen, ob der Hund den Loop gelöst hat oder nur der Spurdifferenzierung gefolgt ist.
Nicht okay.

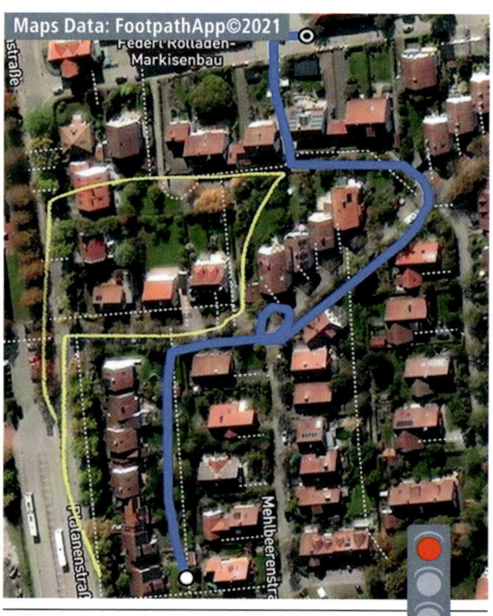

04

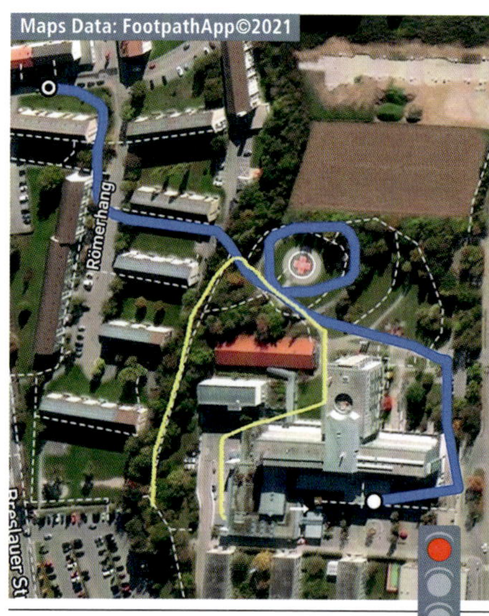

05

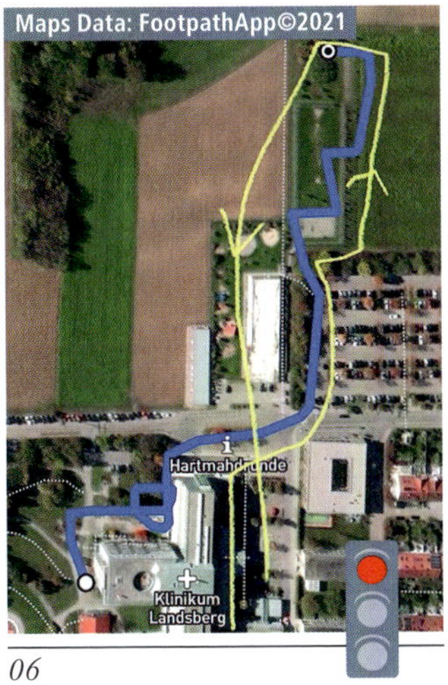

06

07

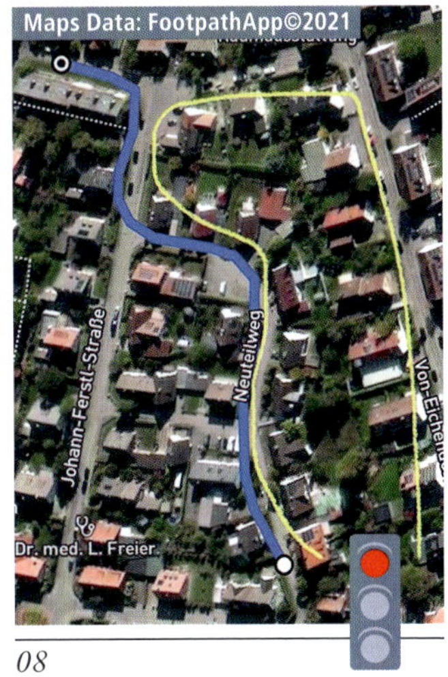

08

06 Der Rückweg der Differenzierung verbindet von der VP zurück nach vorne zum Trail. Der Hund könnte über den Rückweg des Trainers (ggf. auch mit frischerem Mischgeruch der VP) direkt zum Erfolg kommen! Nicht okay.

07 Die Differenzierung zum Endpool ist zu nah und durch die offene Fläche bekommt der Hund von dort Witterung.
Nicht okay.

08 Die Differenzierung geht zu viel (über 50 %) von der Gesamtastrecke mit, dadurch läuft der Hund zu lange mit Mischgeruch.
Nicht okay (vor allem, wenn bekannte Person die Differenzierung macht, beispielsweise der Trainer).

Ausnahme: Ich möchte das gezielt trainieren. Beispielsweise Gruppe = gelb und VP splittet gegen Ende weg.

„DIE SPURDIFFERENZIERUNGSUHR"

Um zu überprüfen, ob die Spurdifferenzierung richtig gelegt ist, stellst du dir zwei Uhrzeiger vor. Ein Zeiger zeigt in die Richtung des VP-Verstecks, der andere in die Richtung der Differenzierungsspur. Die Uhr wendest du in der Richtungsentscheidung an, in der die Spurdifferenzierung gelegt wurde. Der Winkel zwischen den beiden Zeigern muss mindestens 45 Grad betragen.
Wichtig: du ziehst den VP-Zeiger am Entscheidungspunkt in gerader Linie direkt zum Versteck der VP, da von dort der frischeste Geruch (Endpool) kommt.

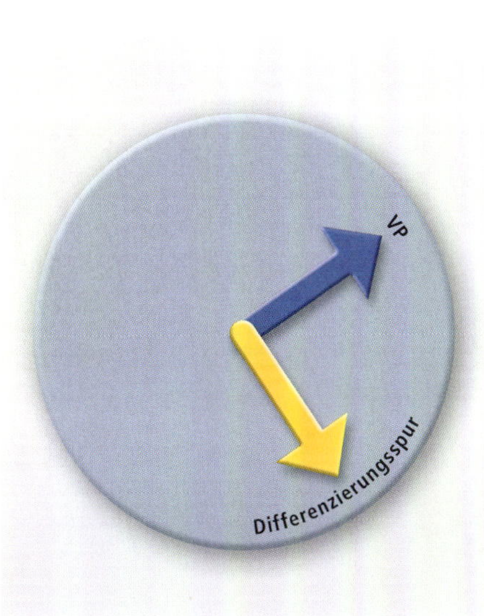

Durch die Zeiger erkennst du den Winkel.

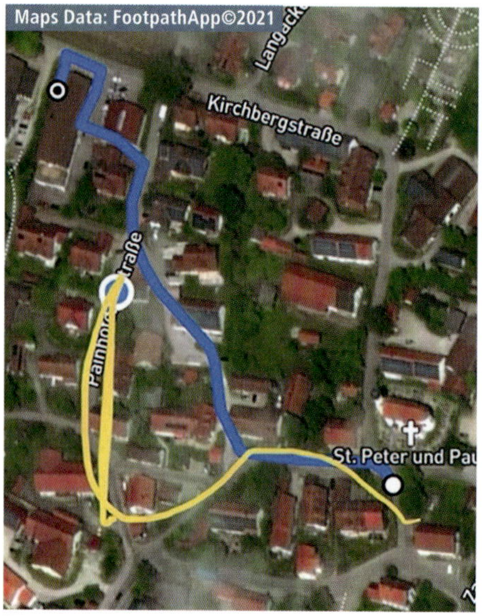

01

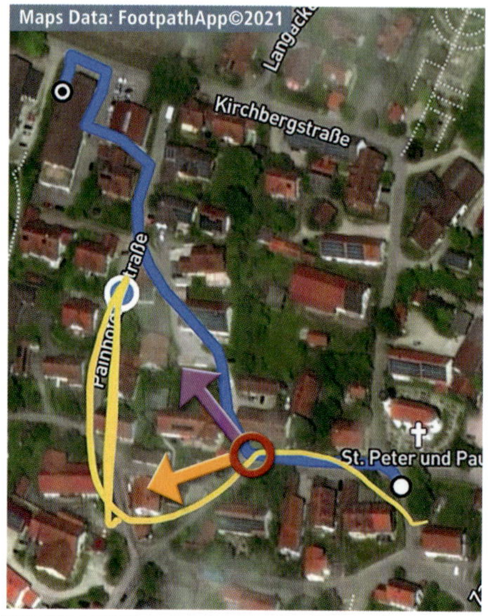

02

BEISPIEL „TOUCH & GO“

01 Wo und wie wird die Spurdifferenzierungsuhr angelegt?

02 Lila: Dieser Zeiger führt in der Verlängerung zur VP.
Orange: Differenzierung.
Du legst die Uhr an der Stelle an, wo sich die Spuren trennen.
Der VP-Zeiger muss immer in gerader direkter Linie zur VP verlängert werden, da von dort frischer Geruch/Witterung kommt. Die beiden Zeiger haben somit einen Winkel. Dieser sollte mindestens 45 Grad betragen. Sonst gehen die beiden Spuren zu nah beieinander in Richtung VP.

EINFACHES SPLITTING

Beispielhaftes einfaches Splitting in der Lernphase für Dackelmix „Haylie“

Nun wird es spannend:
— Bleibt der Hund auf dem Individualgeruch?
— Wie weit schaut er sich die Differenzierungsspur an?
— Dreht er eigenständig und zügig um?
— Beherrscht der Hundeführer das Timing in der Kreuzung und bleibt er neutral?

01 Der blaue Pfeil zeigt die VP-Spur (geradeaus), der gelbe Pfeil die Spur der Differenzierungsperson (nach links weisend).
Haylie reiht sich zunächst links ein.
Ich als Trainerin und Susi, die Hundeführerin, gehen neutral mit.

01

02 Haylie schließt die Differenzierungsspur (gelb) eigenständig aus und dreht zügig und deutlich (Turn). Die Hundeführerin bleibt neutral und mit dem Bauch zum Hund gedreht.

03 Haylie reiht sich jetzt richtig ein und arbeitet den Individualgeruch der VP (blau). Die Hundeführerin schließt zum Hund auf und fasst die Leine nach (Aktivzone).

02

03

Hier wurden die Regeln der Spurdifferenzierung eingehalten. Hätte der Hund nicht eigenständig gedreht, hätten wir ihn blocken können, da er aktiv die Spur der VP verlassen und sicher nicht in die Witterung gearbeitet hätte. Die VP sitzt hier in der Verlängerung rechts um die Ecke an der Hauswand.

DEN HUND BLOCKEN, TURNS RAUSARBEITEN

Den Hund blocken bedeutet, dass wir ihm erklären, was genau wir von ihm möchten. Wir arbeiten seine Körpersprache raus, um sie zu verdeutlichen und den Hund lesbar zu machen. Wir zeigen ihm, dass er auf dem Individualgeruch bleiben und die Spur nicht zu weit verlassen soll. Das machen wir in der Lern- und Arbeitsphase oder später auch, wenn der Hund durch Einsätze, Führfehler, das falsche Training oder aus sonstigen Gründen die Lesbarkeit verloren hat und sich die „falschen Spuren" zu weit anschaut. In diesem Beispiel hier wären wir dem Hund noch ein bis zwei Leinenlängen auf der Differenzierungsspur nachgegangen und hätten dann das Tempo rausgenommen.

Wie läuft das Blocken ab?

Der Hundeführer bleibt gerade stehen, die Führhand wird zur Faust geschlossen. Dem Hund wird keine Leine mehr gegeben und der Hundeführer geht ihm auch nicht weiter nach. Achtung: Nicht zu abrupt blocken! Der Hund bleibt stehen oder überlegt kurz und dreht dann um. Der Hundeführer dreht den Bauch zum Hund mit und weicht nicht nach hinten aus, sondern schließt gerade zum Hund auf. Die Leine wird nachgefasst, der Hundeführer geht zügig in die (neue richtige) Richtung mit. Wichtig sind hierbei der Kontext und das richtige Timing beim Führen, damit der Hund nur dreht, aber nicht die Führung abgibt. Wenn das Blocken richtig durchgeführt wird, versteht der Hund das sofort und bringt es auch in den richtigen Zusammenhang. Er wird deshalb nicht empfindlicher auf die Leine reagieren. Er wird die richtige Richtung auch halten, selbst wenn ich einmal einen Führfehler mache und er beispielsweise einen kleinen Ruck bekommt. Er wird dadurch eher stärker, weil er versteht, was wir von ihm möchten und wie er kommunizieren soll. Nach ein bis zwei Trainings wird er von sich aus deutlich und zügig aus der falschen Richtung rausdrehen.

01

02

BEISPIELHAFTES SCHWERERES SPLITTING MIT MEHREREN PERSONEN (ARBEITSPHASE) „WILLI“:

01 Es geht eine Dreiergruppe zusammen los. Die VP (blau) und eine zweite Person (rot) biegen nach rechts ab. Die 3. Person (gelb) läuft geradeaus weiter.

02 Im weiteren Verlauf des Trails trennen sich die beiden Personen. Die VP (blau) biegt nach rechts in ein Gebäude ab. Die zweite Person (rot) läuft geradeaus weiter. Willi hat nun zwei Spurdifferenzierungen mit unterschiedlichen Personen auf einem Trail gearbeitet.

„DER BLUMENTOPF“

03 Die Spurdifferenzierung läuft einen Kreis und kreuzt im 1. Drittel die Spur der VP.

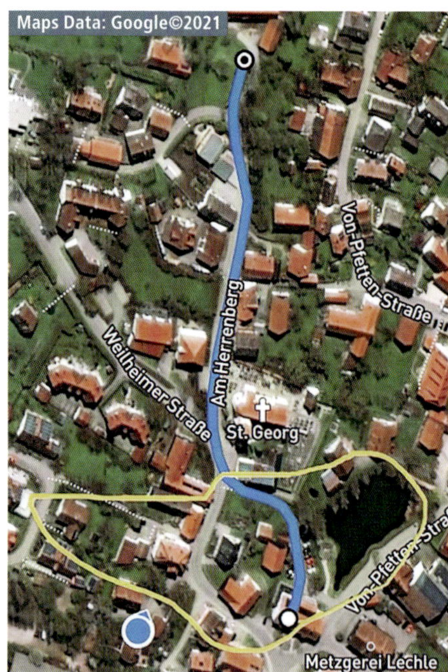

03

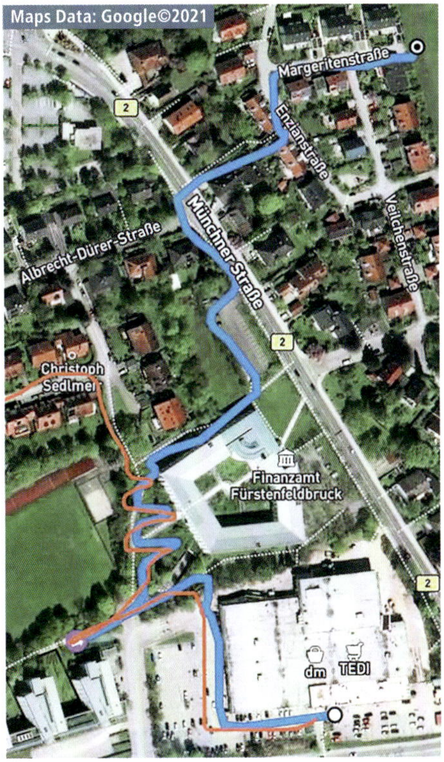

01

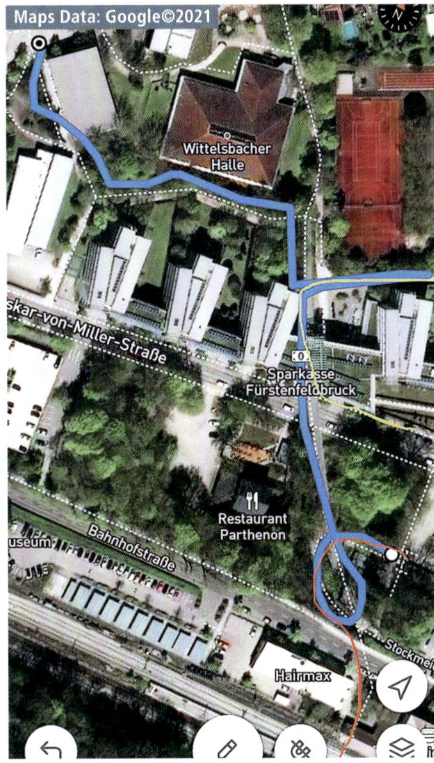

02

ENDE DER LERNPHASE

Die Spurdifferenzierung verstärkt die Schwierigkeiten. Ende der Arbeitsphase (Grün).

01 Verleitung und Schlangenlinien werden verstärkt.

02 Verleitung und Loop wird verstärkt.

03 So bitte nicht legen! Die Spurdifferenzierung (gelb) löst den Loop.

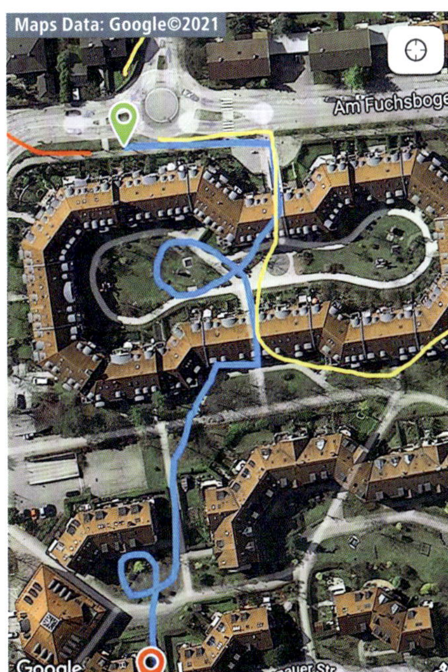

03

WILLKOMMEN IN DER ARBEITSPHASE

Bye bye, Lernphase, willkommen in der Arbeitsphase. Jetzt gibt es nicht mehr nur „Schwarz/Weiß" – Geruch Ja oder Nein. Ab der Arbeitsphase beginnt die geruchliche Feinarbeit in „Graustufen": Hier ist Geruch, aber hier auch. Was ist älter, frischer, wo kommt er her…?

WAS BISHER GESCHAH

Ein kurzer Überblick über den Trainingsaufbau vom Einsteiger zum Fortgeschrittenen. Wir nehmen hier Durchschnittswerte, die Zeiten können natürlich stark abweichen, je nach Eignung des Teams, Erfahrung des Trainers und Regelmäßigkeit der Trainings. In der Lernphase hatten wir es zunächst mit den Entdeckertrails (ca. 1.–3. Training), Aufbautrails (ca. 4.–8. Training) und leichten Lerntrails (ca. 9.–16. Training) zu tun. Das Team trailt nun ca. vier Monate regelmäßig einmal pro Woche. Das Trainingsniveau ist „Orange", das Team hat vielleicht schon die weiße Prüfung abgelegt.
In den weiteren Folgetrainings und dem Übergang in die Arbeitsphase hat der Hund bereits einige Schwierigkeiten kennengelernt. Die Unterscheidung von „alt und neu" (ältere Spuren liegen unter der frischesten Spur der VP), Spurdifferenzierung wie „Splitting" oder „Touch and Go", Stehpools, Schlangenlinien, Verleitung („Hin und Back"), Ranarbeiten ins Versteck und auch ein kleinerer Loop bereiten ihm keine Schwierigkeiten. Er hat Abriechvarianten und verschiedene Geruchsträger kennengelernt. Auch kleinere Plätze und offenere Kreuzungen kann das Team gut arbeiten (ca. 17.–24. Training, ein halbes Jahr).

Die Trails zur Förderung des SHT wurden passend gelegt, der Trainer weiß, was diesen Hund kickt und motiviert oder was ihn eher bremst. Die Cores sind alle frei. Die nun auf das Team zukommende Arbeitsphase stellt die wichtige Grundlage dar, in der der Hund Schritt für Schritt nahezu alle möglichen Inhalte eines Trails kennenlernt. Was kann ihn am Start erwarten, was ist unterwegs auf der Spur möglich, wie löst er das Ende? Hier wird das Team technisch bereits schon auf die letzte Phase, die Mentalphase, vorbereitet und bekommt das Handwerkszeug mit, die später gestellten Aufgaben ohne Hilfe eigenständig zu lösen.

Mit dem Start in die Arbeitsphase sollte das Suchhundeteam folgende Punkte gut beherrschen:

— Der Hund geht gut vom Start los und ist auf ca. 350 Meter One-Way-Trails für den HF gut lesbar.
— Das Team arbeitet kleinere Schwierigkeiten (Alt/Neu, Spurdifferenzierung etc.) flüssig und bleibt relativ nah an der Spur.
— Die Turns kommen zügig, der Hund dreht deutlich um.
— Die Cores sind frei. Der Hund arbeitet motiviert, selbstbewusst und konzentriert.
— Der Hundeführer hat eine gute neutrale Körpersprache, er beherrscht das Timing

und das Leinenhandling in der Kreuzung und kann seinen Hund gut lesen.
— Das Team ist im richtigen Suchtempo.
— Es gibt weder ein Thema am Start noch auf dem Trail noch am Ende beim Finden der VP.
— Das Team ist Orange durchgeprüft (A und B) und trailt mindestens seit einem halben Jahr.

IST DAS LEBEN DOCH KEIN PONYHOF?

Nun ist es an der Zeit, den Schwierigkeitsgrad zu steigern. Der Zeitpunkt darf nicht verpasst werden, da der Hund sonst in der Entwicklung und Motivation abflacht. Der Eintritt in die spannende tiefe Arbeitsphase beginnt. Lernen und Entwicklung finden außerhalb der Komfortzone statt. Doch das Team sollte nicht überfordert werden und nicht zu sehr in Stress geraten, denn sonst wird auch nichts gelernt. Aber zu gemütlich und gänzlich stressfrei darf es auf Dauer eben auch nicht sein ... Mit der Zeit erkennst du als Trainer, wann du beim Team vom Niveau her etwas anziehen kannst und wann ein Thema komplett durchgearbeitet ist.

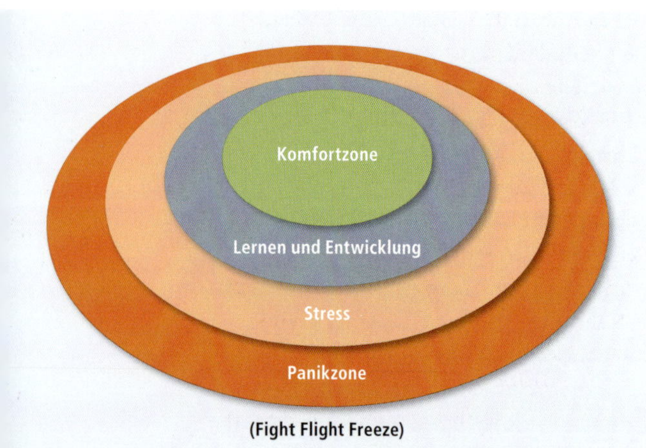

Lernen findet außerhalb der Komfortzone statt.

ABSPRUNG VERPASST?

Was kann passieren, wenn der Sprung in die Arbeitsphase verpasst wurde?

— Abflachen der Motivation des Hundes (Schnüffeln, Pinkeln, sehr langsam etc.) SHT Gelassen/Gewissenhaft ...
— Oder genau das Gegenteil, er wird zu schnell, macht sich fest und ist „Führerhart" (SHT Ehrgeizig)
— Er gibt die Führung ab, wenn das Team vom Trainer zu eng geführt wird. Das erkennt man manchmal nicht auf den ersten Blick. Der Hund sieht aus, als würde er trailen, dabei bewegt er sich nur nach der Körpersprache des Hundeführers oder des Trainers.
— Die Lesbarkeit nimmt ab, da der Hund nicht seine eigene Suchtechnik entwickeln kann. Er deutet die richtige Richtung nur an, dreht dann aber raus. Meist ist da der Hundeführer zu langsam beim Aufschließen oder geht nicht gerade zum Hund, sondern seitlich).
— Da sich der Hund langweilt, wird er ablenkbarer durch mangelnde Motivation und Konzentration. Hinzu kommt häufig noch das falsche Suchtempo. Cores! Kein Flow.

DIE 3-PHASEN-PYRAMIDE

Der Abstand in der Illustration oben links symbolisiert, wie eng der Trainer (blau) das Team führt und wie viel Raum er dem Team beim Arbeiten lässt.

Lernphase Ganz oben ist die Lernphase. Das Team wird eng geführt, der Hundeführer ist nah beim Hund.

Arbeitsphase In der Mitte ist die Arbeitsphase. Der Trainer nimmt auch mal Abstand und gibt dem Team mehr Raum zum Arbeiten. Er lässt das Team stellenweise auch einmal ungeführt. Die Eigenständigkeit wird gefördert. Der Hundeführer gibt auch seinem Hund mehr Raum zum Arbeiten, lässt mehr Leine raus. Der Hund bekommt diesen

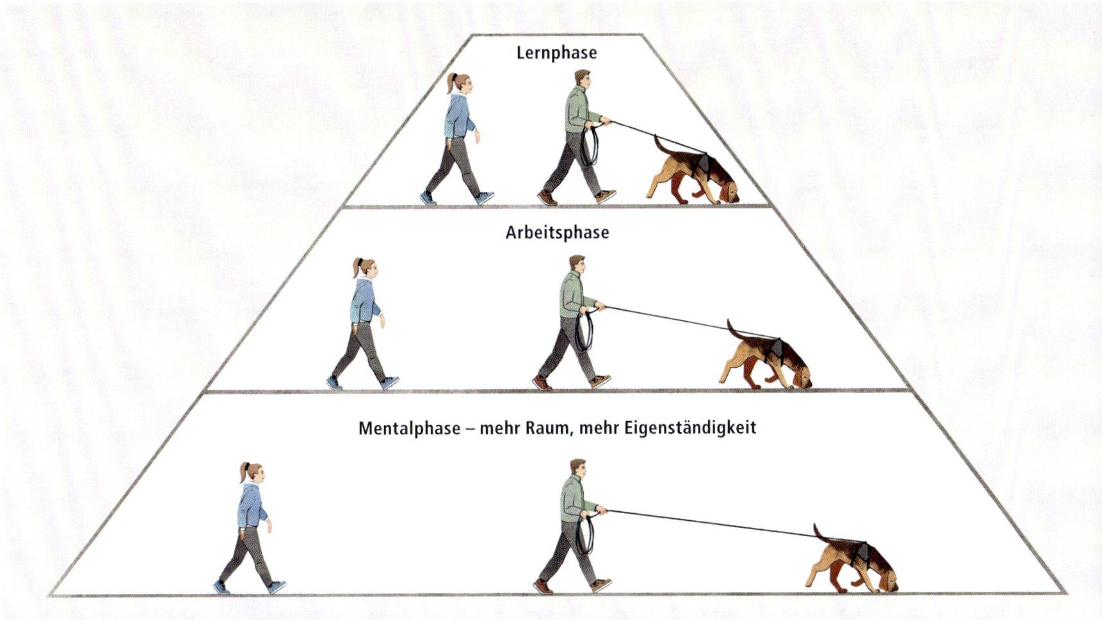

Zu Beginn ist man näher am Hund (HF) oder Team (Trainer) dran. Später braucht das Team mehr Raum zum Arbeiten. Das fördert die Eigenständigkeit.

Raum vor allem auch, um die Schwierigkeiten oder offenen Flächen zu arbeiten.

Mentalphase Ganz unten ist die Mentalphase. Der Trainer lässt das Team, wenn alles passt, auch häufig ungeführt und alleine arbeiten. Hund und Hundeführer sind selbstbewusst beim Lösen und mental stark. Aber auch in der Mentalphase kann mal ein Core betroffen sein oder sich ein Problem zeigen. In der Mentalphase zu sein bedeutet nicht, dass das Team ab jetzt immer alles alleine macht. Sobald Themen aufkommen oder ein Core betroffen ist, wird daran gearbeitet. Wird dem Hund hingegen zu früh zu viel Raum gegeben, kann ihn das verunsichern! Denn den Raum muss das Team erst tatsächlich händeln können. Auch der Hundeführer muss mit dem Einholen der Leine und dem Timing in der Kreuzung klarkommen. Da der Abstand zum Hund in der Kreuzung größer wird, tritt der Hund früher aus der Passivzone heraus und der Hundeführer muss rechtzeitig nachfassen.

TIMING IN DER AKTIV-PASSIV-ZONE EINER KREUZUNG

Der Hundeführer hat bereits einige Zeit vor der Kreuzung die Leine aufgenommen und steht im guten Kontakt zum Hund. Je nach Suchhundetyp und Motivation bewirkt das einen Spannungsaufbau beim Hund. Seine Körperspannung steigt, er zieht mehr an. Der Hund reiht sich in der Regel vor der Kreuzung bereits auf der richtigen Seite ein. Wenn der Hund (!) aus der Aktiv-Zone (grün) in die Passiv-Zone (rot) eintritt, gibt der Hundeführer am „Point of Release“ (orange Linie) deutlich Leine heraus. Der Hund verspürt nun einen deutlichen Freiraum (wie ein „freier Fall“) und wird aus der Spannung heraus – zack – deutlich abbiegen. Nun spielt das Timing weiterhin eine wichtige Rolle. Wenn der Hund beim (hier Links-)Abbiegen aus der Passiv-Zone (rot) wieder in die Aktiv-Zone (grün) übertritt, fasst der Hundeführer die Leine wieder nach, nimmt Kontakt zum Hund auf

und geht zügig in die (neue) Richtung mit. Die Aktiv-Zone kannst du dir wie einen Ring vorstellen, der die innen liegende Passiv-Zone umschließt.
Aktiv und passiv bezieht sich auf den Hundeführer. Befindet sich der Hund in den Aktiv-Zonen (grün), fasst der Hundeführer aktiv Leine nach. In der Passiv-Zone gibt er dem Hund Raum und verhält sich neutral, gibt keine (gedachte) Richtung vor. Sollte der Hund die Kreuzung ausarbeiten müssen und nicht gleich abbiegen, weil beispielsweise alte Spuren darunter liegen oder eine Spurdifferenzierung, lässt der Hundeführer ihm genug Zeit und Raum, bis er sich entschieden hat. Wenn nun in der Arbeitsphase die Leine insgesamt mehr ausgefahren ist, befindet sich der Hund weiter weg vom Hundeführer (siehe 3-Phasen-Pyramide). Somit tritt der Hund für den Hundeführer früher als in der Lernphase in die Passiv-Zone ein (da er selbst noch weiter hinten ist). Dadurch kommt es bei der Umstellung manchmal zu Timing-Problemen in der Kreuzung. Vor allem in der zweiten Hälfte, beim Austritt aus der Kreuzung, wird zu spät nachgefasst.

TRAILS FÜR FORTGESCHRITTENE

Die Trailkategorien, mit denen das fortgeschrittene Team ab jetzt zu tun haben wird, sind:

— Lerntrails mit gehobenen Schwierigkeiten wie „P“, „U“ etc. ... (auch mal in Reihe geschaltet).
— Motivationstrails und Trails, die auf den Suchhundetypen einzahlen und die Cores freihalten.
— Ausdauertrails (Länge und/oder Problemlösung, Steigerung der Suchkondition ...)
— Auch mal weitere ungeführte Strecken oder Trails, die das Team alleine lösen soll. Die Eigenständigkeit wird weiter gefördert.

Aktiv-Zone (grün) und Passiv-Zone (rot) einer Kreuzung farblich dargestellt.

THEMENSCHWERPUNKTE IN DER ARBEITSPHASE FÜR DEN HUND

Es ist wichtig, dass das Team zunächst einfache Schwierigkeiten wie „P" (und Varianten davon, z. B. Loop etc.) kennenlernt. Wenn es das sicher lösen kann, können wir den Schwierigkeitsgrad langsam steigern.

— **Geruch:** Schwierigkeiten wie großes „P", kleines „U", Spur vs. Witterung, längere Geh- und Stehpools, Schranke, 3D, Kontamination und Mischgeruch, Minimalgeruch. „Wann war was, wo und wer ist es genau?"
— **Konzentration und Genauigkeit fördern:** Zeitsprünge, Zeitketten, atypische Abgänge, Abgang finden am Start, Poolsituationen, schwerere Verstecke und Endpoolarbeit, Spurdifferenzierung mit Schwierigkeiten u. a.
— **Lesbarkeit/Körpersprache:** deutliches Umdrehen/Turns und Zurückarbeiten, Parallel, Endpool, Dranbleiben, richtiges Suchtempo.
— **Mental:** Suchausdauer steigern, ruhige Problemlösung, Motivation, Confidence, Eigenständigkeit fördern (ungeführte Strecken), Frustrationstoleranz.
— **Umgebung:** Ablenkung erhöhen, Area-Wechsel (auch Indoor, Tiefgarage etc.), offene Flächen und Plätze (auch mal 3D) arbeiten, Hanglage, Wasser etc.

Trailturbulenzen

Da die Trails anspruchsvoller werden, bekommst du als Hundeführer die sogenannten „Trailturbulenzen" zu spüren. Es ruckelt und hakt an manchen Stellen, fühlt sich ggf. komisch an. Das äußert sich beispielsweise dadurch, dass du dich vielleicht fragst: „Warum ist er denn nicht einfach gleich in die richtige Richtung abgebogen?" Oder etwa feststellst: „Heute konnte ich ihn irgendwie nicht richtig lesen." Die Trails sind vom Geruch her nicht mehr „schwarz-weiß", sondern in „Graustufen". Der Hund denkt sich vielleicht: „Ja, hier ist Geruch von der VP, aaaaber ... dort drüben eben auch!" Die Spur „dort drüben" ist vielleicht etwas älter oder es kommt ihm Geruch entgegen wie bei einem großen „P" (Richtung und Zeit) oder es ist noch etwas weiteres, das ihn interessiert, wie die Spurdifferenzierung einer Verleitperson. Der Hund läuft oft nicht mehr so geradlinig und biegt in der Kreuzung einfach ab, sondern er muss auch Richtungen ausschließen. Ebenso wird die Umgebung anspruchsvoller. Er soll einen offenen Platz arbeiten, auf dem sich der Geruch weiter verteilt als in einer engen Gasse, oder er bekommt es mit mehr Ablenkung zu tun, weil die Trails beispielsweise auch einmal durchs Stadtgebiet führen. Hierbei ist es für Hund und Hundeführer zunächst oft gar nicht so leicht, die Konzentration aufrechtzuerhalten. Das wird sich mit dem richtigen Aufbau jedoch schnell ändern und das Trailen geht mit dem Eintritt in die Arbeitsphase erst so richtig los!

KEY-FACTS IN DER ARBEITSPHASE FÜR DICH ALS HUNDEFÜHRER

— Dem Hund genügend Raum und Leine geben zum Ausarbeiten der Kreuzungen, Flächen und Schwierigkeiten.
— Das Leinenhandling ist in der Arbeitsphase am variabelsten und dynamischsten. Es stellt an den Hundeführer den höchsten Anspruch der drei Phasen, denn hier wird die Lesbarkeit und die Körpersprache des Hundes gefestigt. Das genaue Timing und das deutliche Einholen/Verkürzen und Rausgeben/Verlängern der Leine spielt eine große Rolle. Hältst du die Leine zu kurz, kann dein Hund nicht gut drehen und auch Schwierigkeiten nicht frei lösen. Er wird dann – je nach Suchhundetyp – die Führung abgeben (gerne Kombinierer) oder hektisch werden und gegen dich arbeiten (Ehrgeizig).
— Habe Geduld! Dein Hund braucht jetzt oft mehr Zeit, um etwas auszuarbeiten.

Mit Humor: Spaß bei der Arbeit macht …

… selbstbewusst und resilient!

- Trainiere deine mentale Stärke, um cool zu bleiben, wenn es mal schwierig wird.
- Denke an ein gutes Timing in den Richtungsentscheidungen.
- Vermeide möglichst zu viele Führfehler. Dein Hund braucht mehr Kapazität für die Arbeit und kann weniger ausgleichen als in der einfacheren Lernphase.
- Tempo und Leinenlänge variieren stärker als in der Lernphase (je nach SHT).
- Ihr müsst als Team auch streckenweise mehr alleine lösen. Das Team wird stellenweise nicht mehr geführt (mentales Training). Außer, es tritt ein Thema auf oder ein Core ist betroffen.

THEMENSCHWERPUNKTE FÜR DICH ALS TRAINER

(Trainerstufe Advanced; ATT):

- Du gibst dem Team mehr Zeit und Raum zum Ausarbeiten und weißt genau, wann du es enger führst und wann du es arbeiten lässt: Führen, aber richtig.
- Du forderst das Team auch mental und machst es stark für neue Aufgaben, aber du überforderst es dabei nicht.
- Es hat sich für viele bewährt, bereits im Vorfeld die geplanten Trails durchzugehen, um genau zu sehen, wo sich die neuralgischen Punkte befinden. Was kann dort passieren, wie kann der Hund laufen, wann greifst du ein und wann lässt du es laufen.
- Du gehst aktiv in die Themen bzw. Probleme des Teams hinein und vermeidest sie nicht (Troubleshooting).
- Du kannst das Team genau analysieren und die anstehenden Themen priorisieren. Du legst dementsprechend Trails „auf den Punkt“, das exakte Timing beim Führen entscheidet über die Entwicklung der Teams. Du bildest dich laufend fort und holst dir ggf. Unterstützung.

GLEICHER TRAIL, VERSCHIEDENE SCHWIERIGKEITEN

Hier ein Beispiel, wie der gleiche Trail umgewandelt wird von Orange (Lernphase/Übergang Arbeitsphase) zu Grün (Arbeitsphase).
Orange: ca. 300 Meter One-Way gelegt ohne Schwierigkeiten.
Grün: Wir legen den Startpunkt weiter nach vorne und nehmen eine größere Kreuzung dazu. Wir bauen einen großen Loop nach links ein, der von einer 2. Person als Spurdifferenzierung verstärkt wird (gelb). Wir legen

einen großen Gehpool, darunter liegt eine ältere Spur (ca. 30 Min. Zeitunterschied) von der VP (rot), die in eine andere Richtung über eine Brücke wegführt und den Hund ggf. Richtung Wasser/Bach zieht. Wir verändern das Ende und setzen die VP in die Nähe eines Weihers (Schwierigkeit Wasser, der Geruch verteilt sich). Die Traillänge ist ca. 350 Meter (wir messen die Schwierigkeiten nicht mit; für Grün ist das eher kurz). Bei allen oben angesprochenen Veränderungen gilt: Nicht alles auf einmal umstellen! Die Übergänge zwischen den verschiedenen Phasen dienen dazu, Stück für Stück die einzelnen Themen einzubauen, um so das Suchhundeteam behutsam aufzubauen.

ÜBERGANG GESTALTEN

Grundregeln für Trainer, um den Übergang in die Arbeitsphase möglichst easy zu gestalten:

— Je höher die Ablenkung, desto kürzer und einfacher der Trail und desto näher bist du beim Team, gibst Sicherheit und bestätigst die richtige Richtung zeitnah.
— Je mehr Schwierigkeiten enthalten sind, desto geringer sollte die Ablenkung sein.
— Bei jedem Trail ein Schwerpunktthema setzen! Beispiele hierfür sind: Problemlösung in Reihe, Ranarbeiten, Endpool, erhöhte Ablenkung, Eigenständigkeit etc. Wird eine Schwierigkeit erhöht oder neu erarbeitet, bleibst du zunächst näher

Orange (Prüfung Chase)

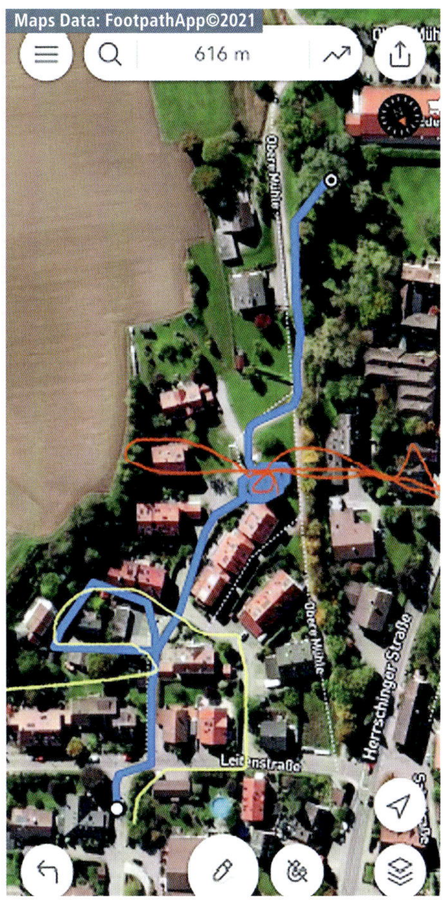

Der gleiche Trail umgewandelt zu Grün.

am Team dran. Wenn dann alles passt und das Team sicher und selbstbewusst arbeitet, kannst du es auch einmal richtig arbeiten lassen.
— Achte immer auf die Cores – wie sicher und souverän löst das Team den Trail insgesamt? Merkst du, dass ein Core nicht frei ist, justierst du sofort nach.

Ein Beispiel Ihr habt in den letzten beiden Trainings „P"-Varianten trainiert. Dadurch musste der Hund in der Richtungsentscheidung mehr arbeiten als bei einer One-Way-Spur ohne Schwierigkeit. Er ist auch nicht gleich in die frischeste Richtung abgebogen, sondern hat erst Richtung und Zeit sortiert. Das Team hat „Ps" bereits schon kennengelernt, diesmal lässt du es etwas ungeführter arbeiten und hältst dich ein wenig zurück. Dadurch kann der Hundeführer seinen Hund nicht so gut lesen wie sonst. Um die Lesbarkeit des Hundes und das Selbstbewusstsein des Teams beim Lösen hochzuhalten, gehst du im nächsten Training auf diese Cores ein, indem du alles mit dem Hundeführer besprichst und beispielsweise wieder enger führst.

— Die Trails bauen aufeinander auf. Es ist nicht sinnvoll, jeden Trail komplex zu gestalten mit vielen Schwierigkeiten, Ablenkung und Abgängen. Wichtig ist darauf einzugehen, wie der letzte Trail gelaufen ist. Hat der Hund sich beispielsweise beim Ausarbeiten des „Ps" oder des Endpools schwergetan? Dann wird der Folgetrail wieder One-Way gelegt und der Endpool leichter gestaltet. Themen in den nächsten Trainings behältst du jedoch im Auge und arbeitet sie durch!
— Die Motivation und Confidence zusammen mit dem richtigen Suchtempo sind entscheidend für die Lesbarkeit des Hundes und können durch die richtige Abfolge der Trails grundlegend beeinflusst werden.

SPUR VS. WITTERUNG

Beispiel Spur vs. Witterung (siehe Foto unten):

Die VP geht ein Stück über die Wiese und hält sich dann rechts. Sie biegt hinter der umzäunten Hecke auf die Straße nach links

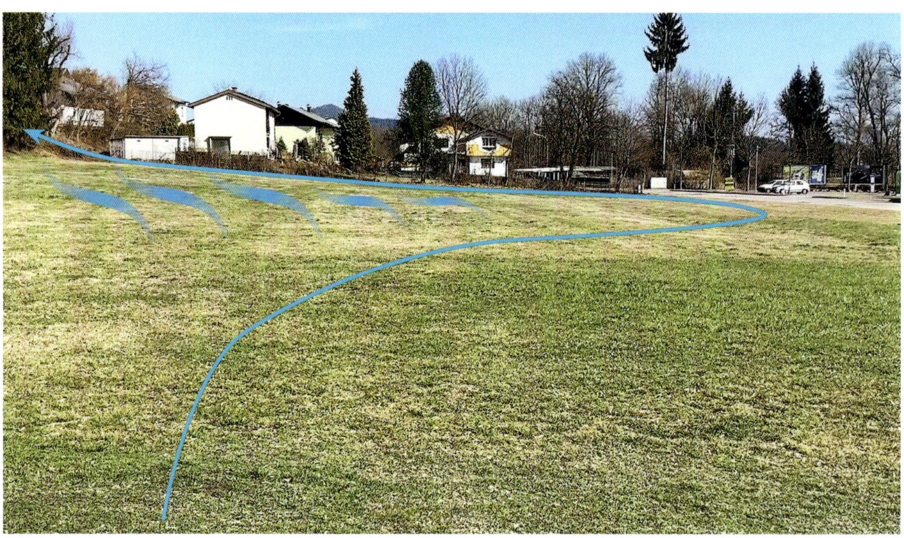

Spitzer Winkel (leicht).

3D-Versteck (schwer).

ab und läuft somit einen spitzen Winkel. Das Versteck ist noch ein kurzes Stück weiter die Straße hoch, auf der linken Seite hinter einem Baum. Der Hund bekommt somit auf der Wiese frischeren Geruch von vorne und links. Da die Wiese eingezäunt ist und er nicht den direkten Weg (geradeaus oder links) nehmen kann, muss er in diesem Beispiel der Spur folgen und den Winkel auslaufen. Einen ehrgeizigen Typ kann das eher hochfahren und „irr“ machen. Einen Gelassenen kickt dieses Spiel mit der Witterung. Ziel ist es, den Hund daran zu gewöhnen, dass auch frischer Geruch über die Spur fällt und die Richtung drehen kann (Drehtrails). Ohne den Zaun könnte der Hund natürlich auch gleich den direkten Weg nehmen (einfacher) und müsste sich um das Hindernis nicht erst drumherum suchen. Für die Vorbereitung auf spätere Einsätze ist es allerdings wichtig, dass die Hunde auch lernen, sich um etwas herumzuarbeiten. Hier ist es oft nicht möglich, den direkten Weg zu gehen, vor allem in der Tiersuche, denn vermisste Katzen springen über Gartenzäune etc.

Beispiel Spur vs. Witterung, (siehe Foto oben)

Die VP versteckt sich auf einem erhöhten Übergang zum Haus. Die Spur führt unten entlang und dann über den Hang nach oben. Der frischere Geruch der VP fängt sich unterhalb der „Brücke“, direkt auf der Spur. Die VP bleibt eine Weile in der Mitte des Übergangs stehen und geht dann in den Hauseingang, damit sie nicht zu früh vom Hundeführer entdeckt wird. Der Hund muss sich über Witterung nach oben an die VP ranarbeiten und Erfahrung mit dem Spiel von Räumlichkeit und 3D sammeln.

DAS „TORTENPRINZIP“

Viele Hundeführer fühlen sich bei der Arbeit eines offenen Platzes unwohl, da die Anhaltspunkte zur Orientierung fehlen. Wann soll ich die Leine rausgeben und wann wieder einholen? Es ist hier keine Aktiv-Passiv-Zone erkennbar. Somit wird der Platz häufig irgendwie gearbeitet und der Hund pendelt mehr oder weniger umher, eine Richtung ist oft

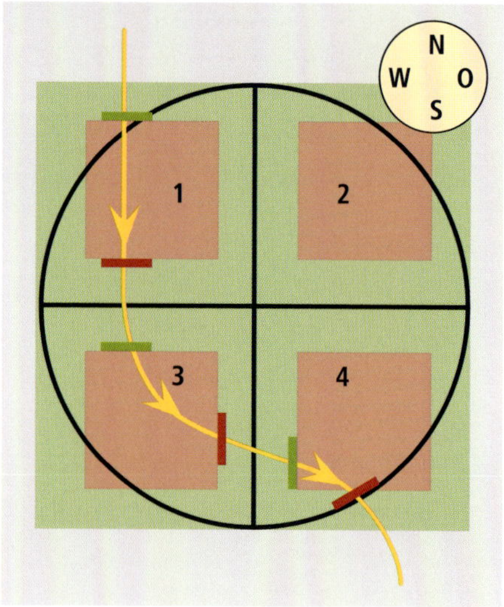

01

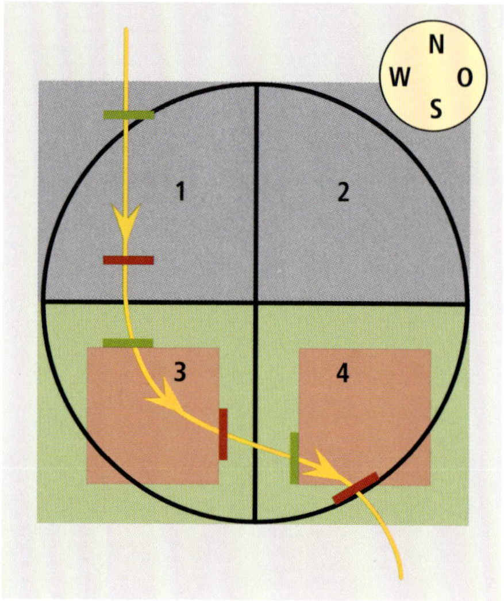

02

lange Zeit nicht klar zu sehen, das Team „schwimmt". Mit einem einfachen Trick schaffst du es, eine Orientierung zu behalten! Stelle dir den Platz als eine „große runde Torte" vor und teile diese in vier Sektoren („Kuchenstücke") ein. Jetzt stellst du dir jedes einzelne Kuchenstück als eine eigene Kreuzung mit einer Aktiv-Passiv-Zone vor, die du wie gewohnt arbeiten kannst. Somit weißt du genau, wann du was mit der Leine machen musst und wo du dich befindest. Du behältst den Überblick und die Orientierung und kannst somit auch deinem Hund gut zuarbeiten! Die Arbeit einer offenen Fläche oder eines großen Platzes wird mit etwas Training somit für dich zum Kinderspiel.

ÜBUNG IM KOPF – TRAINIERE DAS TORTENPRINZIP MENTAL

01 Die Spur verläuft von Norden nach Süd-Ost am Rand eines offenen Platzes entlang, es ist windstill. Der Hund läuft ungefähr so, wie die Spur verläuft (gelb). Um dir die Arbeit des Platzes zu vereinfachen, teilst du dir die offene Fläche in vier Sektoren ein. Somit hast du einige Anhaltspunkte und verkleinerst die unübersichtliche große Fläche in vier kleinere Kreuzungen. Nun erfolgt die Einteilung in die Aktiv-Passiv-Zonen, damit du dein Leinenhandling besser im Griff hast. Die Spur verläuft durch die Sektoren 1, 3 und 4. Ungefähr auf der Höhe der grünen Balken gibst du deutlich Leine raus, bei den roten Balken fasst du sie wieder nach, damit dein Hund die Richtung beibehält und nicht um dich herumkreiselt.

02 Nachdem du den ersten Sektor erfolgreich durchquert hast und dein Hund weiter geradeaus nach unten zu Sektor 3 zieht, kannst du die beiden Sektoren 1 und 2 gedanklich erstmal abhaken. Schnell näherst du dich mit demselben Prinzip („Kreuzungsarbeit" in Sektor 3) dem Ausgang des großen Platzes und hast diesen erfolgreich überquert.

AUFGABE ZUM EINZEICHNEN:

03 Wo befinden sich die Aktiv-Passiv-Zonen, wo wird (ungefähr) Leine rausgegeben und wo nachgefasst? Der SHT ist gelassen-gewissenhaft, aber gut motiviert. Teile den Platz zunächst in vier in Sektoren ein.

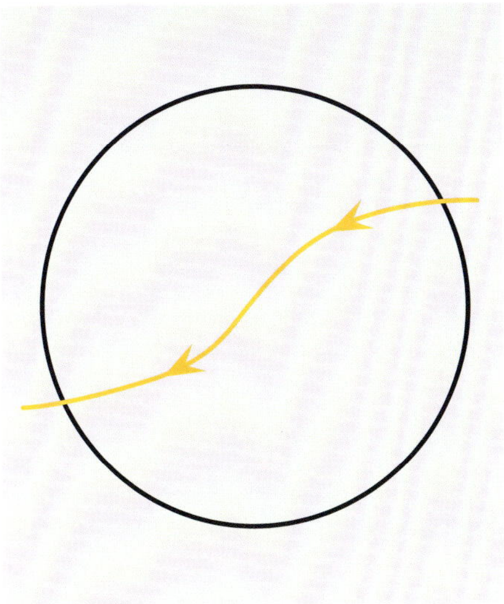

03

ALLGEMEINE TIPPS ZUM FÜHREN

Zeigt der Hund auf dem Platz Endpoolverhalten, gibst du ihm genügend Leine, damit er sich gut an die VP ranarbeiten kann. Hältst du ihn hier zu kurz, wird er sich schwertun und auch keine weichen Drehbewegungen beim Eingrenzen zeigen können, sondern sich wahrscheinlich ein Stück aus dem Endpool entfernen.

Wichtig: Beziehe immer die Umgebung mit ein! Liegt der Platz begrenzt und abschüssig, wie auf dem Foto unten, kannst du mit der Aktiv-Passiv-Zone variieren und dich den Gegebenheiten anpassen.

01 Der Hund ist in diesem Beispiel um die Ecke abgebogen nach links (1) und zieht an, weil der Geruch von der Hauswand links begrenzt wird und durch die abschüssige Lage nach unten fällt. Der Hundeführer hatte ihm vor der Hausecke Leine gegeben und fasst nun nach dem Abbiegen nach (grüne Zone) und lässt sich vom Hund nach unten mitziehen. Kurz bevor die Hauswand zu Ende ist, und es auf den offenen Bereich rausgeht, gibt der HF Leine raus in die rote Passiv-Zone (2). Der Hund hat nun genügend Raum, um die Fläche zu arbeiten. Je nach Suchhundetyp wird er die Nase hochnehmen (Gelassen, Kombinierer) und nach rechts Richtung Hauswand zur Spur rüberziehen. Je nach Windverhältnissen, der Platzierung der VP und eben dem Suchhundetyp (Gewissenhaft, Ehrgeizig) kann es sein, dass er sich weiter links am Rand hält. Wenn er eine Richtung gezeigt hat, fasst der HF ungefähr bei Grün (3) wieder nach (Aktivzone).

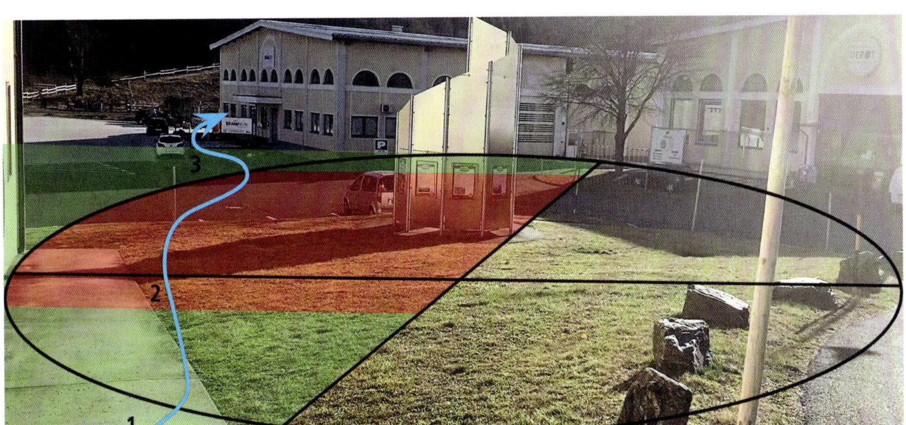

01

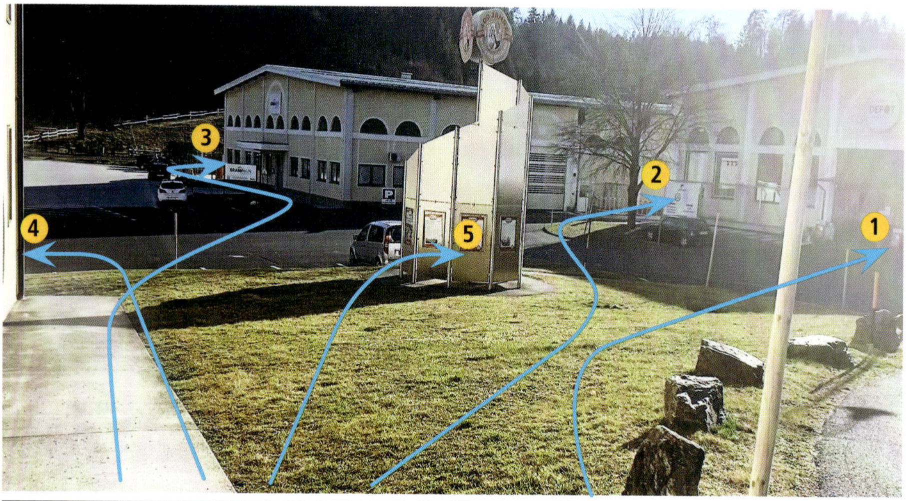

Verschiedene Versteckmöglichkeiten bringen unterschiedliche Schwierigkeitsgrade für den Hund mit sich.

AUFGABE

Je nachdem, wie die Spur gelegt ist und wo die VP versteckt wurde, ist das Arbeiten der Fläche für den Hund leichter oder schwerer. Welcher Trail mit welchem Versteck ist leicht, welcher schwerer? Schreibe es in dein Notizbuch oder auf ein Blatt Papier. Fange mit dem leichtesten an und steigere die Reihenfolge nach dem Schwierigkeitsgrad.

1. Die VP steht im Eingang des Geschäfts (nicht sichtbar).
2. Die VP geht noch ein Stück den Weg nach hinten und steht ca. 5 Meter weiter an der Hauswand rechtsseitig.
3. Die VP biegt an der Hausecke nach rechts ab und steht dort ca. 10 Meter weiter an der Wand.
4. Die VP biegt gleich links an der Hausecke ab, geht noch ca. 5 Meter an der Hauswand entlang und sitzt dort hinter einem Container.
5. Die VP geht in das Rondell in der Mitte des Platzes.

Lösung:

Schwierigkeitsgrad der Trails von leicht nach schwer: 3, 4, 2, 1, 5

Erklärung:

Zu 3: Am leichtesten. Da der Platz abschüssig liegt, fällt der Geruch nach unten. Der Hund wird somit nach unten gezogen, wo sich bei Beispiel 3 auch die Spur befindet. Der Geruch fängt sich bei offenen Plätzen mehr an den Rändern/Hauswänden. Die Spur führt hier an der rechten Hauswand entlang und der Geruch hält sich dort. Die VP steht einige Meter weiter um die Ecke an der Hauswand, d. h. es strömt wenig Geruch nach vorne auf die offene Fläche hinaus, der Hund wird sehr wahrscheinlich der Spur folgen und einfach abbiegen.

Zu 4: Auch hier fällt der Geruch nach unten, so wie die Spur verläuft. Der Hund muss sich hier aber dann von unten über die offene Fläche erst wieder ein Stück zurückarbeiten. Die VP sitzt auch näher an der offenen Fläche als bei 3, somit zieht frischer Geruch auf den offenen Platz ins Gegenüber.

Zu 2: Der Geruch fällt nach unten und fängt sich an der unteren Hauswand. Von dort muss sich der Hund lösen, um der Spur nach rechts zu folgen.

Zu 1: Der Geruch fällt runter auf die Mitte des Platzes. Der Hund muss sich von dort wieder nach oben zurückarbeiten. Frischer

Geruch überlappt die Spur, da die VP die ganze Zeit über am Eingang steht.
Zu 5: Frischer Geruch breitet sich über den gesamten Platz aus und fällt vor allem auch nach unten und fängt sich dort. Der Hund hat so gut wie keine Möglichkeit, sich an der Spur zu orientieren und muss sich über Witterung an die VP in der Mitte des Platzes ranarbeiten. Schwer!

DAS „TORTENPRINZIP" IM EINSATZ

Du kannst das Tortenprinzip auch im Einsatz anwenden, um dir einen groben Überblick über das Gebiet oder die Stadt zu verschaffen und dich nicht zu verzetteln. Es geht ja oft darum, dass die Trailer richtungsweisend arbeiten oder Bewegungsmuster der VP aufzeigen, wenn beispielsweise ein Direktfund aus verschiedenen Gründen nicht möglich ist.
Lassen wir die Aktiv-Passiv-Zonen und das Leinenhandling mal außer Acht und springen kurz rüber in die Mentalphase. Wir laufen einen Blindtrail, beispielsweise bei einer Einsatzübung oder in einem realen Einsatz. Die Hunde haben vom Start weg bereits einige Kilometer gearbeitet und behalten grob eine Himmelsrichtung bei, laufen also keinen

Offene Flächen müssen trainiert werden.

Kreis und kein großes „U". Hier kann es von Vorteil sein, sich die Tracks auf einer größeren Umgebungskarte anzusehen.
Im Beispiel verläuft der Trail von (Nord-) West nach (Süd-)Ost. Die Sektoren 1 und 3 können zunächst vernachlässigt werden. Die Hunde laufen ziemlich eindeutig in eine Richtung und zeigen kein Endpoolverhalten, sondern wollen weiterarbeiten. Die Sektoren 2 und 4 sind somit momentan in unserer Einsatztaktik am relevantesten.

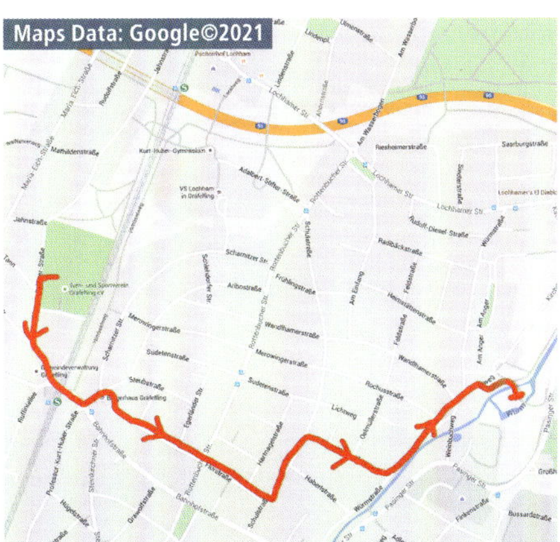

Das Tortenprinzip kann auch im Einsatz angewendet werden, um den Überblick zu behalten.

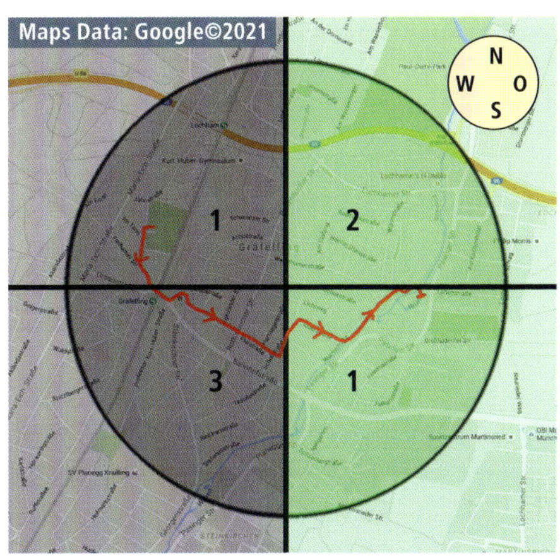

Dadurch kannst du für die Einsatztaktik bestimmte Sektoren ausschließen.

„Knödel" ist auf der Jagd nach der frischesten Spur.

Den eingebauten „Zeitsprung"…

… meistert er mit Bravour.

Zum Schluss noch ein Versteck mit Ranarbeiten …

… und dann die verdiente Belohnung.

ZEITREISE – WIE DU DIE ZEIT KONTROLLIERST

Beim Sporttrailen und in der Rettung spielt das Thema Zeit eine große Rolle. Der Hund soll die ältere Spur links liegen lassen und immer dem frischesten Geruch nachgehen, um möglichst schnell zum Ziel zu kommen.

Forensikhunde arbeiten mit Zeiten auf dem Trail nochmal anders. Das ist ein eigenes komplexes Thema. Wenn dich das interessiert, kannst du darüber mehr in unserem Buch „Spurensuche – K9 Mantrailer im Einsatz" (Kosmos Verlag, 2014) nachlesen.

SPUREN, ZEITEN UND RICHTUNGEN SORTIEREN

In unseren folgenden Beispielen und Übungen geht es vor allem darum, wie du es dem Hund beibringen kannst, Spuren, Zeiten und Richtungen zu sortieren. Der richtige Aufbau im Training ist wichtig. Der Trainer muss sich immer bewusst sein, wo ältere Spuren der VP liegen und in welche Richtung diese gehen. Die meisten Ausbildungsfehler passieren dadurch, dass ältere Spuren, die unter dem Trail oder in dessen Nähe liegen, einfach nicht berücksichtigt werden und die Arbeit des Hundes in der Analyse infolgedessen nicht richtig eingeschätzt wird. Manchmal werden so Logikfehler eingebaut, das Team nicht richtig geführt und der Hund verknüpft nicht das, was wir eigentlich wollen. Wenn das dann oftmals auch noch unentdeckt bleibt, sind auftretende Probleme nur eine Frage der Zeit. Dem kannst du vorbeugen! Indem du „Spiele mit der Zeit" ganz bewusst in deine Trainings mit fortgeschrittenen Teams einbaust, werden sie sich auch in den Prüfungen und Einsätzen deutlich leichter tun.

ALT/NEU

1. Alt/Neu (linear)

Niveau Lernphase: Orange

Der Hund unterscheidet hier einen zeitlichen Unterschied von zwei Spuren, die die vermisste Person (hier im Training) gelaufen ist.

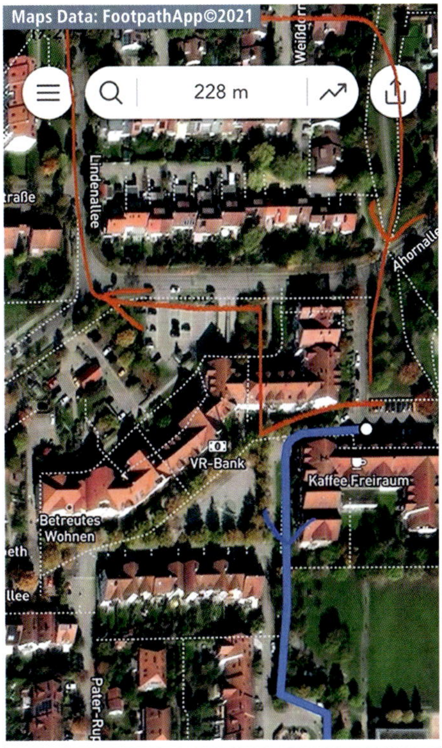

Rot: Ältere Spur (ca. 45 Minuten alt).
Blau: Frische/letzte Spur der VP und der zu laufende Trail (ca. 10 Min. alt).
Der Trail ist zeitlich kongruent. Start ist bei dem weißen Punkt.

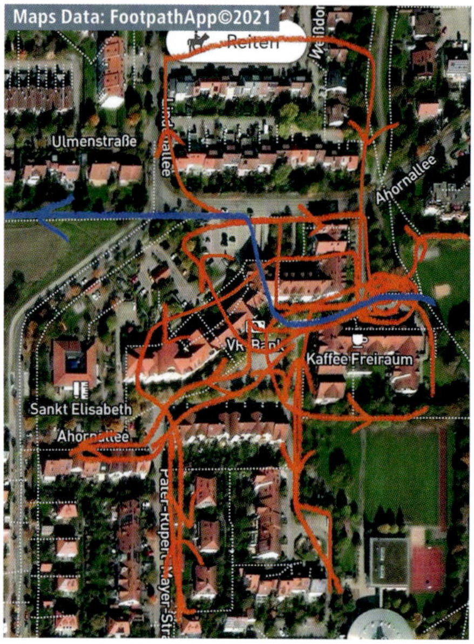

01

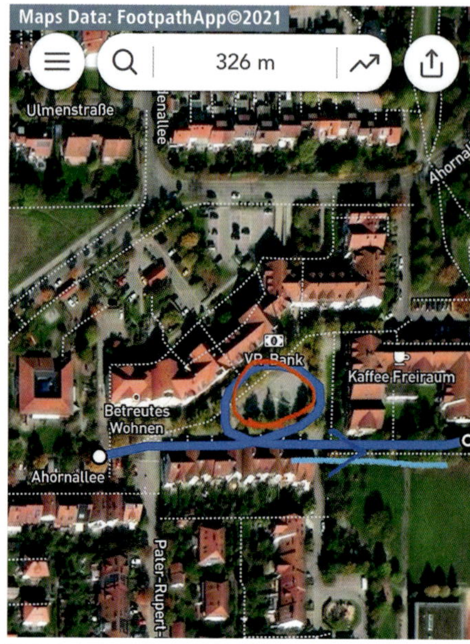

02

2. Alt/Neu auf zwei Ebenen, Niveau: Übergang Arbeitsphase
Hier wird eine frische Spur über eine Fläche von älteren Spuren drübergelegt.

01 Rot: Ältere Spuren und unterschiedliche Richtungen aus einem vorherigen Training zwei Tage zuvor. Die VP ist einige Trails mitgelaufen und war auch VP. Dadurch entsteht eine ältere Geruchsfläche (1. Ebene; z. B. 48 Stunden alt).
Blau: Frische Spur der VP am heutigen Tag des Trainings (ca. 20 Minuten alt; 2. Ebene).
Der zu laufende Trail ist zeitlich kongruent und wird quasi über die alte Geruchsfläche drübergelegt.

DER „LOOP"

3. Der Loop, Niveau: Übergang Arbeitsphase

02 Der Loop ist die Vorbereitung auf Zeitketten. Wenn der Hund gleich dem frischesten Geruch nachgeht und den Loop nicht ausläuft, müsste er hier am Schnittpunkt geradeaus (türkis) weiterlaufen. Der zu laufende Trail ist in der Ideallinie zeitlich nicht kongruent. Der Hund lässt dann die Zeit, die die VP benötigt hat, um den Loop zu laufen, aus.

03 Loop um ein Haus
Hier im Beispiel ist die Lösung des Loops (Ideallinie) für den Hund vereinfacht durch die Verstärkung der Richtung mit einem Stehpool. Achtung! Stehpool erst einige Meter nach dem Loop legen, sonst

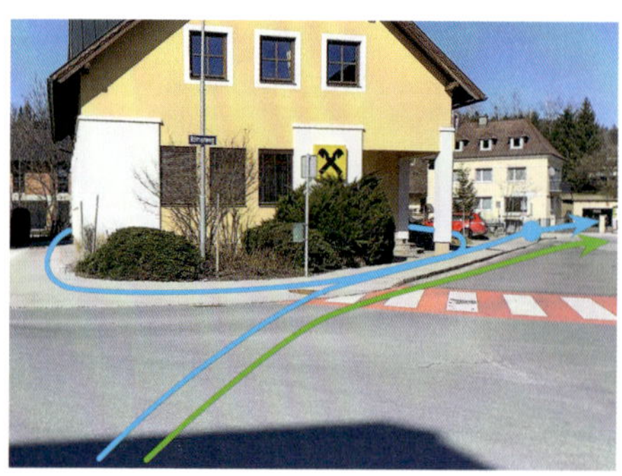

03

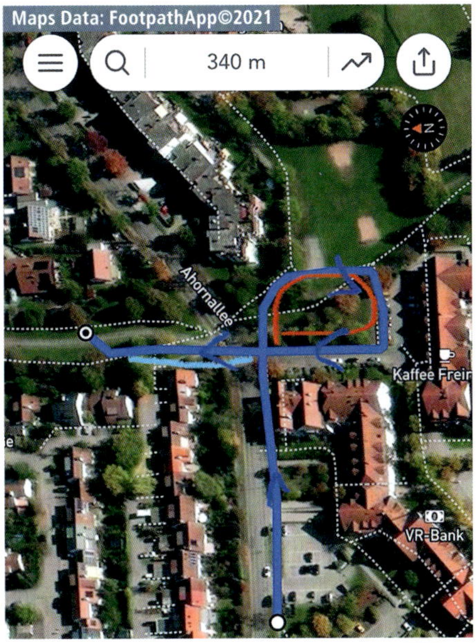

04

verstärkst du den Geruch im Loop und es zieht noch mehr Geruch in die Kreuzung (= schwerer, statt leichter). Der Loop ist eine Variante des „Ps" (siehe unten). Der Unterschied ist, dass die VP die ursprüngliche Richtung (geradeaus) beibehält. Somit hat der Hund nicht Richtung und Zeit zu sortieren. Grün: Idealweg und Lösung.

DAS „KLASSISCHE P"

4. Das klassische P, Niveau: Arbeitsphase

Das klassische P (Winkel von ca. 90 Grad am Schnittpunkt) ist die Vorbereitung zum Zeitsprung (siehe Seite 176). Der Unterschied des Zeitsprungs zur Zeitkette (siehe Seite 175) liegt darin, dass hier in der Ideallinie auch noch die Richtung gewechselt wird.

04 Das klassische P
Im Kartenbeispiel: Der zu laufende Trail ist in der Ideallinie (Start beim weißen Punkt, dann nach links türkis abbiegen) zeitlich nicht kongruent. Die VP ist vor 30 Minuten losgelaufen. Sie läuft ca. 3 Minuten bis zur P-Schleife. Dann benötigt sie 2 Minuten, um die Schlaufe des Ps zu gehen. Es sind im Beispiel am Schnittpunkt ca. 3 Minuten Zeitunterschied. Durch den Richtungswechsel nach links (nicht wie bei der Kette geradeaus weiter) ist es ein Zeitsprung von 27 auf 24 Minuten alt.

05 Das klassische P (mit einem rechten Winkel im Schneidepunkt) um ein Haus. Der Trail ging bereits ca. 200 Meter durch den Ort. Nun kommt das Team auf diese Kreuzung zu. Die VP ist nicht einfach nur nach rechts abgebogen, sondern hat vorher um das Haus noch ein „P" gelegt, indem sie einmal herum gegangen ist (blau). Danach ist sie über den Zebrastreifen gelaufen und in die nächste Straße (hier rechts vom Bild) gegangen, dort noch ca. 80 Meter weiter und in ein (einfaches) Versteck. Der Hund wird somit das P nicht nur über Witterung lösen, sondern hat danach nochmal 80 Meter Spur zu arbeiten. Für den Lerneffekt ist es anfangs gut, die VP nicht zu weit von der Schwierigkeit entfernt zu verstecken. Der Hund löst die Schwierigkeit, trailt danach noch ein Stück weiter, kommt bei der VP an und wird belohnt. Grün ist die Ideallinie, wenn der Hund das P einfach auslassen

05

würde und direkt dem frischesten Geruch nachgeht. Je nach Suchhundetyp und Erfahrung und auch nach den Gegebenheiten vor Ort, wird der Hund das P auslaufen oder den direkten Weg nehmen und es einfach „links liegen lassen". Beides ist in Ordnung.

Merke Ein kleines klassisches P, so wie hier um ein Gebäude herum, ist die einfache Form eines Zeitsprungs.

AUFGABE

01 Zeichne die Ideallinie ein, die der Hund trailen würde, wenn er die Schleife des Ps oder Loops auslässt und direkt dem frischesten Geruch nachgeht.

DER „STOTTERTRAIL"

5. Der Stottertrail, Niveau: Arbeitsphase

Der Stottertrail ist die Simulation einer „verwirrten Rolator-VP". Manche vermissten Personen (beispielsweise mit Demenz) gehen ihren Weg nicht durchgängig weiter, sondern verharren an einer Stelle, laufen wieder ein Stück zurück oder wechseln mehrfach die Straßenseite. Dadurch kommt es zu Zeitunregelmäßigkeiten und Geruchsansammlungen an verschiedenen Stellen auf dem Trail. Der Hund soll dies im Training bereits kennenlernen.

02 Kartenbeispiel eines Stottertrails. Geruchsansammlung, Richtung und Zeit – alles durcheinander …

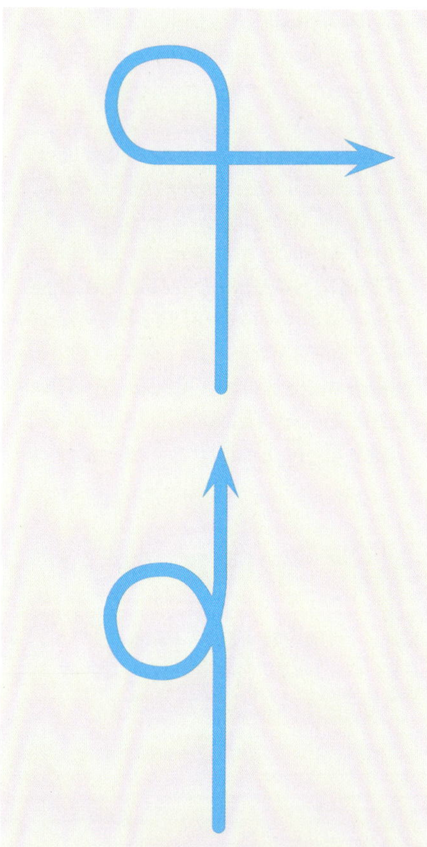

01

02

„ALTE CLUSTER"

6. Alte Cluster, Niveau: Übergang Mentalphase, Zeitunterschied zwischen 30 Minuten und 6 Stunden.

Jetzt widmen wir uns Zeitfeldern, die für die Hunde häufig sehr anziehend wirken können, quasi „klebrig". Cluster sind eine großflächige Ansammlung von Geruch. Wie ein riesiger Pool, aber eben flächig. Manchen Hunden fällt es schwer, sich daraus wieder zu lösen, wenn sie einmal „hineingeraten" sind. Sie bleiben darin hängen wie eine Fliege in einem Spinnennetz. Vor allem dann, wenn der Trail insgesamt länger und schwerer ist, geht ihnen hier dann oftmals die Puste aus. Der Trail führt in der Nähe der alten Cluster vorbei und verläuft nicht direkt darüber.

03 Kartenbeispiel: Alte Cluster
Rot: Alte Cluster.
Blau: Trail, der in der Nähe der Cluster vorbeiführt. Wenn man es schwerer machen möchte, kann man zu den Clustern noch Verleitungen legen und diese anteasen.

DIE ZEITKETTE

7. Zeitkette, Niveau: Arbeitsphase

04 Hier eine einfache Zeitkette mit Indoorunterbrechung.
Blau: Die VP geht in ein Autohaus und bleibt dort 20 Minuten.
Lila: Dieselbe VP geht wieder raus und läuft die Spur weiter.

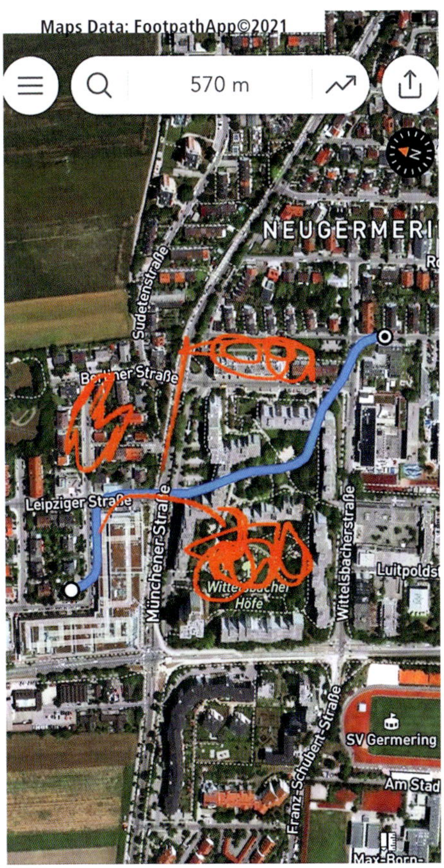

03

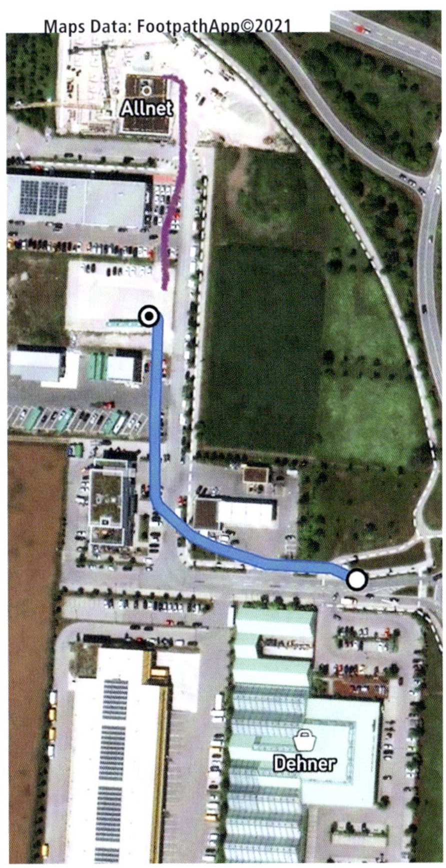

04

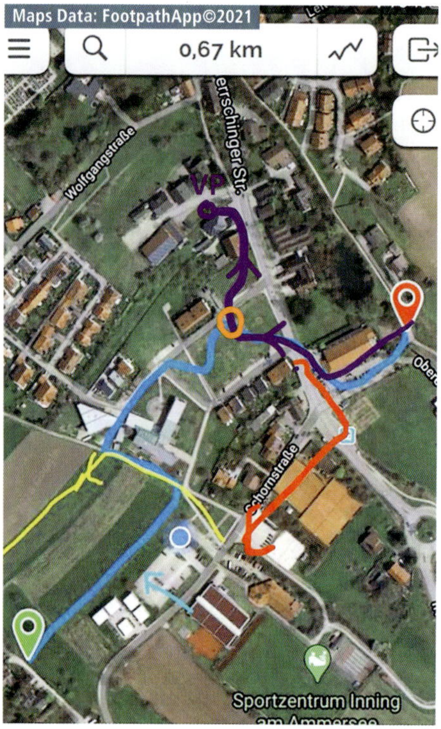

01

03

DER ZEITSPRUNG

8. Zeitsprung, Niveau: Arbeitsphase/Übergang Mentalphase

01 Kartenbeispiel: Zeitsprung
Rot: Älteste VP-Autospur bis zum Parkplatz
Blau: Alte VP-Spur (1 Stunde alt)
Lila: Frischeste VP-Spur (15 Minuten alt) – bei Start des Hundes
Gelb: Spurdifferenzierung einer weiteren Person. Diese ist ca. 10 Minuten vor Start des Hundes über die blaue Spur gelaufen.

02

02 Der Zeitsprung (blau: ältere Spur, lila: frischere Spur) aus der (Geruchs-)„Sicht" des Hundes.

KOMBI ZEITKETTE UND -SPRUNG

9. Zeitkette und Zeitsprung in Kombination, Niveau: Übergang Mentalphase

Zeitkette und -sprung lassen sich auch gut kombinieren. Bitte erst mit einem Team trainieren, das beides im Einzelnen bereits gut beherrscht und die Arbeitsphase abgeschlossen hat (Grün durchgeprüft). Sonst kann es schnell zur Überforderung des Hundes kommen.

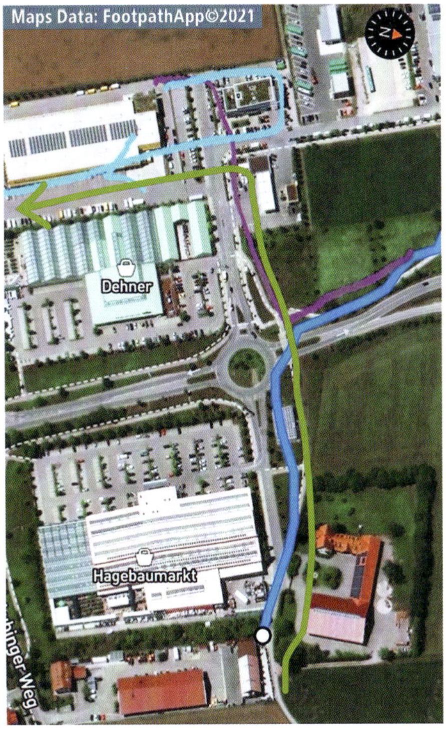

04

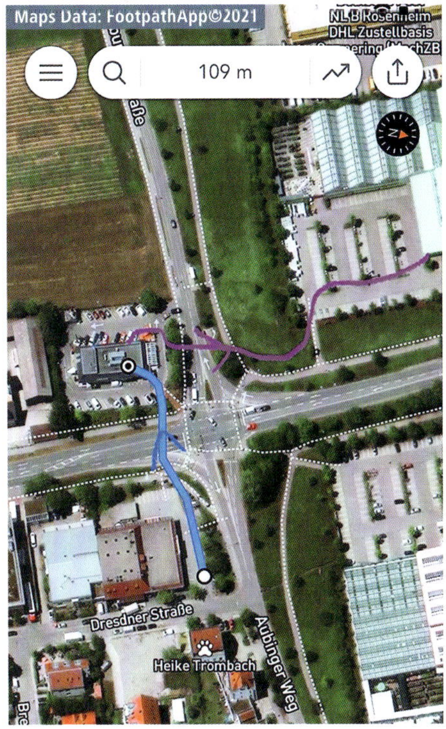

05

03 Kombination Zeitkette und -sprung
Blau: VP geht nach rechts spazieren, kommt den Weg nach 1 Stunde wieder zurück und biegt dann nach oben ab (lila)
Türkis: Dieselbe VP läuft von der Post (Gebäude auf der linken Seite) zum Autohaus (Gebäude auf der rechten Seite) und danach wieder in die andere Richtung (hier nach links an der Post vorbei) weiter.

04 Frage: Wie würde nun die Ideallinie aussehen, wenn der Hund immer der frischesten Spur folgt?
Lösung: grün

Wichtig Im Training beim Führen den Hund nicht auf die Ideallinie zwingen! Je nach Suchhundetyp und Erfahrung des Teams, darf er sich die älteren Spuren ein ganzes Stück weit angucken. Der Hundeführer sollte im Training erkennen, wann der Hund sich auf der älteren Spur befindet oder wenn er beim Sortieren der Richtung in die falsche Richtung (Back) läuft.
Der Hund soll lernen, Zeit und Richtung zu sortieren, die ältere Spur zügig abzuhaken und aus der falschen Richtung zu drehen oder sich auf die frischere hinzuarbeiten.

ZEITSPRUNG MIT UNTERBRECHUNG

10. Zeitsprung mit Unterbrechung – Indoor (ZmU-I), Niveau: Übergang Mentalphase

05 Zeitsprung mit Indoor Unterbrechung
Blau: Die VP geht zum Fastfoodrestaurant und vorne in das Gebäude hinein. Sie bleibt dort eine Stunde zum Essen. Danach geht sie zum Hinterausgang hinaus und weiter nach rechts über die Straße (lila).

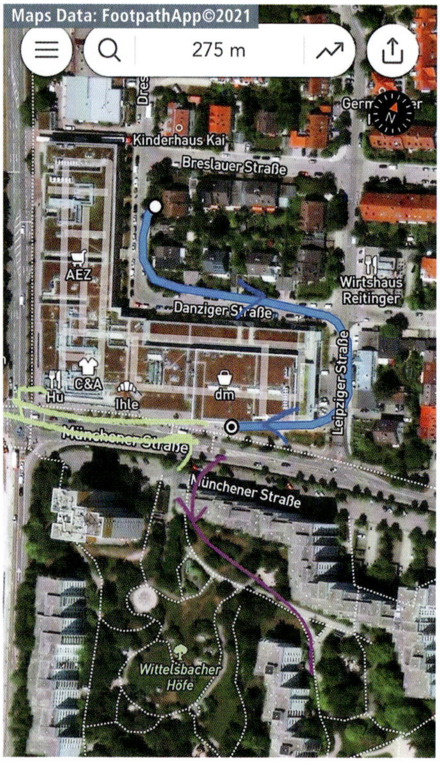

01

02

ZEITSPRUNG MIT UNTER-BRECHUNG – NEGATIV

11. Zeitsprung mit Unterbrechung – Negativ (ZmU-N), Niveau: Mentalphase

01 Zeitsprung mit Unterbrechung Negativ
Blau: Die VP geht von zu Hause aus zur Bank, hebt Geld ab und wird dort von einem Bekannten mit dem Auto (grün: Autospur) abgeholt.
Lila: Die VP wird nach 3 Stunden dort wieder abgesetzt und läuft nicht nach Hause, sondern weiter zu einem Bekannten.

Dies bitte nur mit Hunden trainieren, die bereits Zeitsprung mit Unterbrechung (Indoor) kennen und Negativs. Wichtig: Mentalphasentraining! Blau geprüft (mit Checkliste abgearbeitet) oder höher (Einsatzfähigkeit Mensch/Tier).

DAS FRISCHE „GRAVITATIONS-FELD"

12. Das frische Gravitationsfeld, Niveau: Mentalphase

Das frische Gravitationsfeld ist besonders „tricky and sticky". Es zieht den Hund oft schon aus der Entfernung an und es fällt ihm schwer, sich dann daraus wieder zu lösen. Warum sollte ich das trainieren? Es kann (untrainiert) auch mal mit einem Negativ verwechselt werden, da das Suchverhalten sich ähnlich äußert.

02 Ein Beispiel-Szenario: das frische Gravitationsfeld.
Rot: Der Besitzer parkt bei P und geht mit seinem Hund eine halbe Stunde lang am frühen Abend spazieren. Auf dem Rückweg zum Auto jagt der Hund in der Dämmerung einer Katze hinterher

(blau). Am Ende von Blau bleibt er mit der Schleppleine im Gebüsch hängen (gelb). Nach einigen Stunden schafft er es, sich zu befreien und läuft zurück zum Parkplatz (lila). Es ist bereits nachts und der Besitzer ist nicht mehr vor Ort, der Hund läuft panisch umher und wieder vom Parkplatz weg (türkis).

Da es keine Sichtung gab und der Hund mit Schleppleine entlaufen ist, wird ein Suchhund am Entlaufort (EO) angesetzt. Er bekommt von rechts die ganze Zeit schon frische Witterung (lila frischerer Geruch am Parkplatz). Der Suchhund biegt am Zeitsprung (lila) richtig auf die frischere Spur ab und kommt nun auf den Parkplatz mit dem Geruchspool des panisch umherlaufenden Hundes, der seinen Besitzer sucht (= das frischere Gravitationsfeld, das den Hund anzieht und nicht mehr loslässt). Der Suchhund kann sich vom Baumarkt-Parkplatz aus dem Pool nicht mehr lösen. Für ihn ist dieser Geruch so stark, da er frischer als am Ansatzpunkt und ein großer Geruchspool ist. Er schafft den Abgang zu Türkis hieraus nicht mehr. Der Zeitunterschied ist hier auch recht gering. Da der Suchhund Poolverhalten eines frischeren Geruchs zeigt, der Hund keine weitere Spur davon wegnimmt und wir uns auf einem Parkplatz befinden, denkt das Suchteam vielleicht, es handelt sich um ein Negativ. Die Möglichkeit besteht, dass der Hund zum Parkplatz zurückgelaufen ist, der Besitzer bereits weg war und der Hund von einer anderen Person aufgegriffen und mit dem Auto weggebracht worden ist.

AUS DER FORENSIK

Exkurs: Forensik. Mentalphase

03 Wie auf der Illustration unten erkennbar, kommt es bei der Arbeit von Straftaten häufig vor, dass die Zeit des Trails nicht mehr chronologisch verläuft (von alt nach frisch – wie bei der Vermissung). Nicht jeder Hund ist für das Trailen im Bereich der Forensik geeignet.

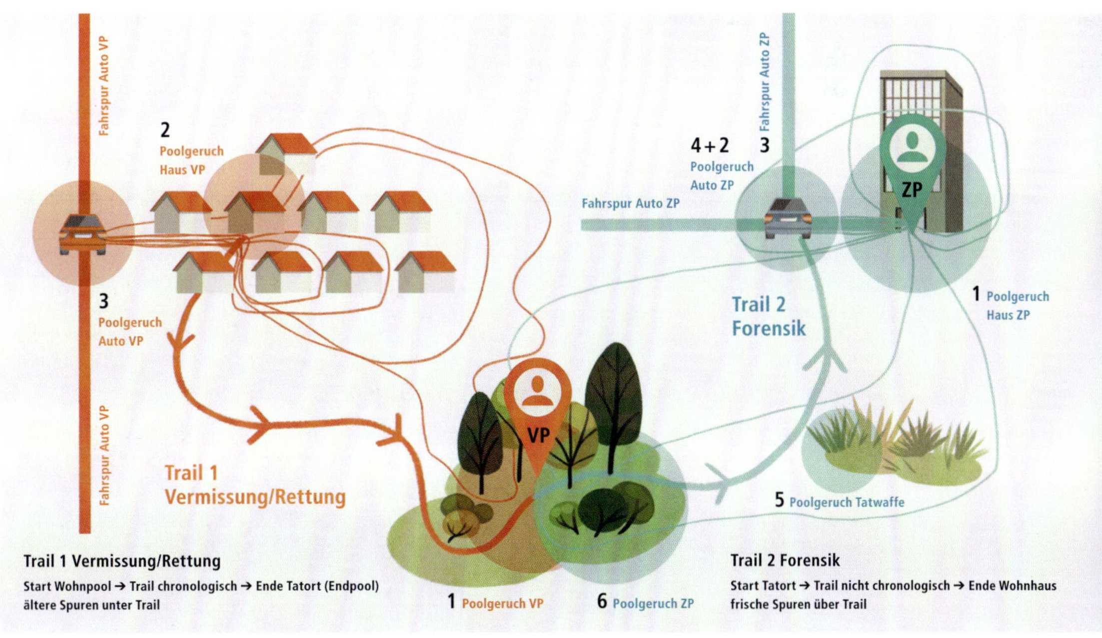

03

01

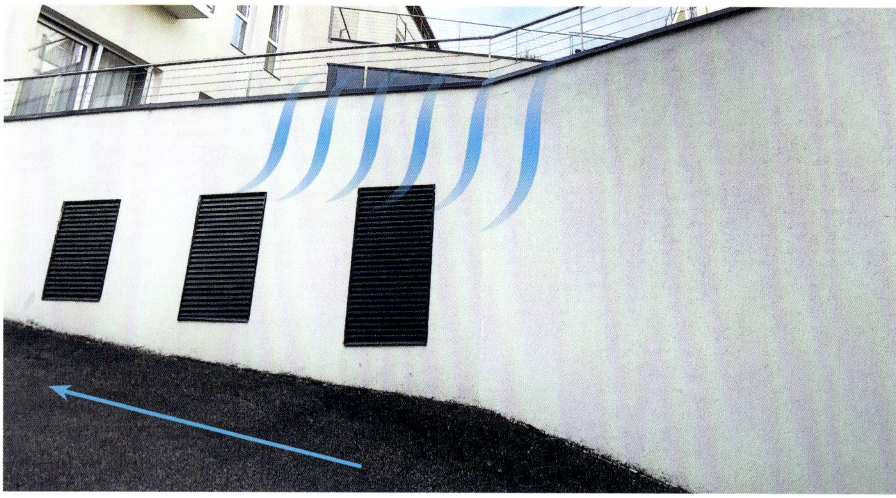

02

03

3D-TRAINING

Die Arbeitsphase wird auch dadurch spannend, weil das Team nun die Grundlagen hat, um in schwierigerem Gelände zu trailen. Vor allem beim Übergang in die Mentalphase kommen abwechslungsreiche Area-Wechsel ins Spiel. Die offenen Flächen und 3D-Trails werden nun auch durch Indoor, Wasser, Wald, Hanglage und die thermischen Gegebenheiten ergänzt.

AUFBAU 3D

FÜR EINSTEIGER

3D spielt immer mit Raum und Zeit, da der Hund sich räumlich verstärkt nach oben und unten orientieren muss und oft frische Witterung die (ältere) Spur überlagert.

01 Hier ein Beispiel: Wir starten den Hund auf unserer „Startrampe" einer Tiefgarage.

02 Die VP geht dann spiralförmig nach oben. Wenn der Hund die Rampe nach oben trailt, ist die Spur, die nach oben führt, für ihn bereits ein wenig älter, als der Geruch, den er unten auf der Startrampe hatte, da beim Traillegen frischer Geruch der VP von oben hinuntergefallen ist.
Tipp: Das kickt den Gelassenen, den Kombinierer und den kreativen Lösungstypen.

3D FÜR FORTGESCHRITTENE

03 Frischer Geruch fällt von oben runter und fängt sich unten in der Senke und an den Hauswänden. Je nach Temperatur und Wind steigt der Geruch auch wieder nach oben auf und bildet eine Art Schicht oder Ebene. Gerne verwirbelt er sich zwischen den Schatten- und Sonnenflächen (Dach). Es entsteht eine Art „Geruchskessel", der Richtung, Raum und Zeit durcheinanderbringt und aus dem der Hund den Ausgang nach oben finden muss. Je mehr Erfahrung das Team hat, desto leichter fällt ihnen die Lösung.

THERMIK IN 3D UND HANGLAGE

Nicht nur hohe Berge in den Alpen, auch kleine Hügel in Parks oder Arena-ähnliche Anlagen können unsere Hunde herausfordern. Grund ist die Thermik. Diese verhält sich morgens und abends unterschiedlich. Morgens und tagsüber erwärmt sich die Luft und steigt nach oben auf. Durch Winde kann es dann auf den Bergkuppen geruchliche Abrisse geben.
Abends/nachts kühlt die Luft ab und fällt talabwärts. Damit gibt es möglicherweise unten im Tal einen Pool über Nacht.
Nachfolgend zeigen wir wichtige Beispiele für Teams, die in den Bergen leben, dort trainieren und auch Einsätze gehen.

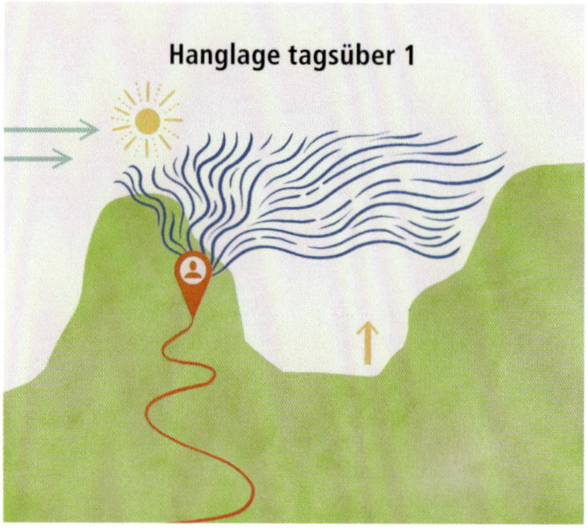

01

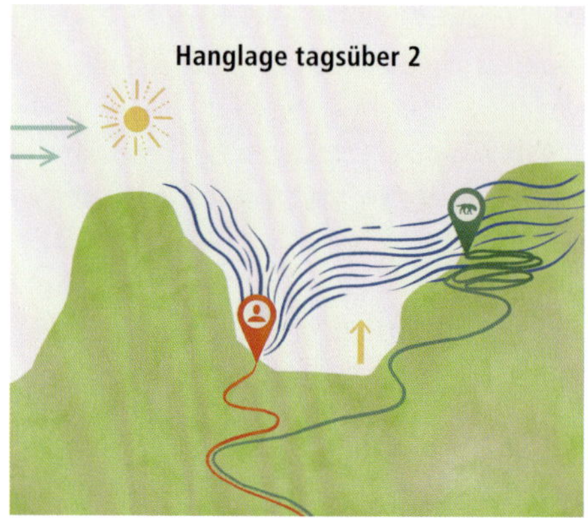

02

01 Die rote Linie zeigt den Weg der vermissten Person aus dem Tal nach oben auf den Berg. Dort ist sie verunfallt. Der Geruchspool breitet sich aus, durch die Thermik steigt der Geruch nach oben auf. Der Wind drückt den Geruch rüber auf die andere Seite des Berghanges.

02 Es bildet sich am Gegenhang eine Geruchsschicht (hellblau). Dies kann dazu führen, dass der Hund am Gegenhang aufreibt (siehe Seite 183). Bei der Suche ist aber auch ausschlaggebend, ob sich die Person oben auf dem Berg oder in einer Senke befindet, ob gegenüberliegend ebenfalls ein Berg ist und in welchem Abstand sich diese voneinander befinden. Wichtig ist auch, ob die gesuchte Person noch lebt oder bereits verstorben ist und wie lange sie sich dort bereits befindet.

03 All diese Faktoren müssen einkalkuliert werden. Von oben betrachtet bildet sich eine Art „Witterungs-Kegel". Je nach Gegebenheiten kann dieser enorm groß sein und sich über die Spur ausbreiten und sie mit frischem Geruch überlagern und somit fast ausradieren.

Nachts sinkt die Luft mit dem Geruch nach unten.

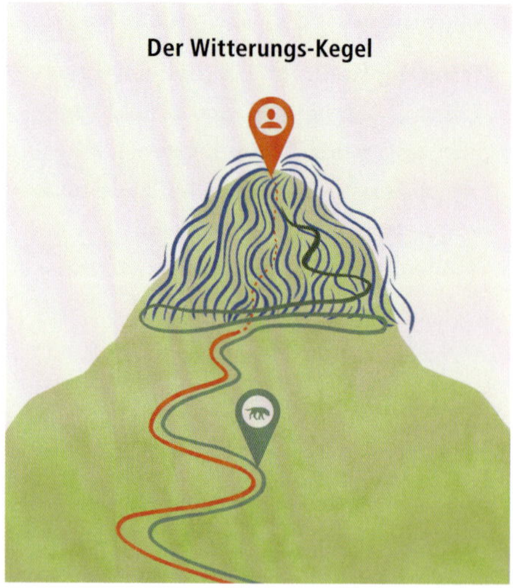

03

DER GEGENHANG

Nicht selten passiert es, dass sich Geruch vor allem am Gegenhang fängt und sich der Suchhund im Gegenüber der VP aufreibt. Vor allem am Berg mit vielen Höhenmetern geht da irgendwann leicht die Kraft aus. Auch fällt der Geruch über Steilkanten mehrere hundert Höhenmeter hinab und hält sich auf den noch von der Sonne erwärmten offenen Wiesenflächen am Fuße des Berges, der mit der Hangseite im Schatten liegt. Wir geben dir hier einige mögliche Trainingsbeispiele an die Hand, um den Suchhund an Hanglagen, Berge und Täler heranzuführen.

04 Von oben nach unten suchen mit und ohne Verleitungen. Hier eignen sich besonders spitze Winkel und das Setzen von Pools.

05 Von unten nach oben suchen mit und ohne Verleitungen. Auch wieder mithilfe von spitzen Winkeln und Pools als Schwierigkeiten.

06 Verleitung auf Gegenhang legen und Pool auf Gegenhang legen. Der Hund muss sicher umdrehen.

SUCHEN IN HANGLAGEN: HUNDETYP

Es gibt Hunde, die sich mit Hanglagen von Natur aus leichter tun, die Nase hochnehmen und sich über Witterung problemlos und schnell ranarbeiten. Hierzu zählen vor allem die Kombinierer. Suchhundetypen mit einem hohen Anteil an Gewissenhaftigkeit haben es schwerer und kämpfen mit dem herunterfallenden oder aufsteigenden Geruch. Wenn du den Hund aber gut einschätzen kannst, kannst du dieses Thema gezielt trainieren. Hunde lernen durchaus, wie sie diese Aufgabe lösen können.

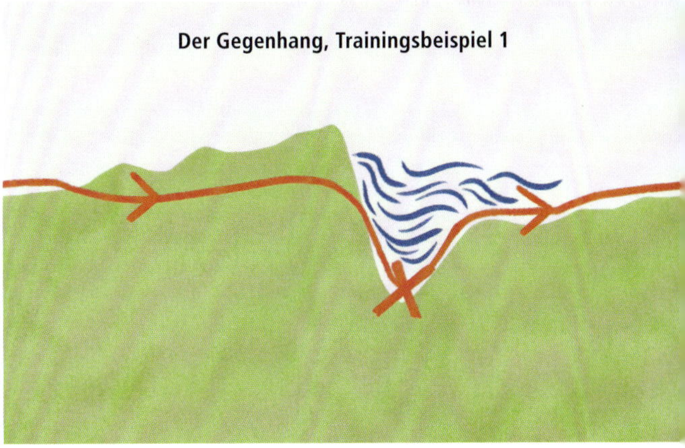

04

05

06

Im Einsatz: Wind, Wasser und Thermik …

… sind auf Brücken eine Herausforderung.

01

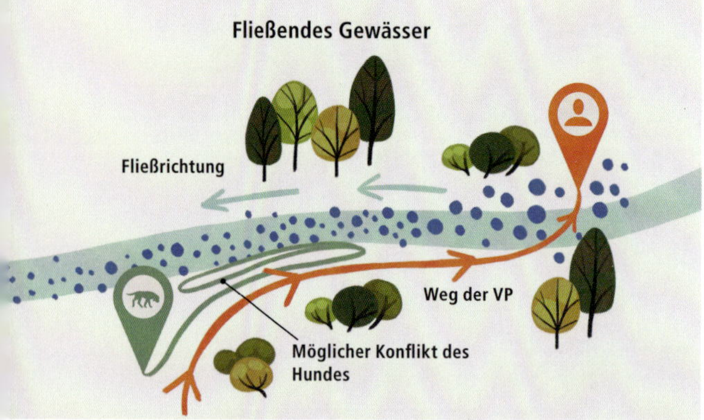

02

THERMIK IN GEWÄSSERNÄHE

01 Wasser zieht Geruch magisch an. Der Geruch wabert in Richtung Wasser. Das kannst du beispielsweise mal mit einer kleinen Feder testen: Lass sie in der Nähe des Uferrandes eines Sees aus deiner Hand gleiten und beobachte, was passiert. Sie wird sehr wahrscheinlich langsam in Richtung Wasser wandern und irgendwann im Wasser landen. Die das Wasser umgebende Thermik ist faszinierend. Leichte Temperaturunterschiede, ein leichtes Lüftchen, kaum spürbar, ziehen Geruch an. Er fängt sich ebenso gerne in der Uferböschung und setzt sich dort fest.

02 Fließendes Gewässer zieht den Geruch nicht nur an, es nimmt ihn auch flussabwärts mit. Je nachdem, in welche Richtung die Person gelaufen ist, kann damit dem Suchhund der frischere Geruch entgegenkommen und ihm die Suche erschweren. Gerade flussaufwärts zu suchen muss trainiert werden, damit der Hund diese Erfahrung gemacht hat und der Hundeführer das Verhalten des Hundes richtig interpretieren kann. Flussabwärts ist es weniger

Geruch verteilt und fängt sich zwischen den Hochhäusern. Die Stadt hat eine eigene Thermik.

schwierig, aber auch hier wird der Suchhund immer wieder zum Wasser tendieren und darf den möglichen tatsächlichen Einstieg der VP ins Wasser oder die Brücke über das Wasser im Laufflüss nicht verpassen.

THERMIK IN URBANEM GEBIET

Der Geruch verhält sich je nach Gebiet und den Gegebenheiten der Umgebung sehr unterschiedlich. Leicht zu unterscheiden sind offensichtliche Gegensätze wie Wald zu Stadt oder Indoor. Allerdings gibt es auch innerhalb der Stadtgebiete große Unterschiede. Je nach Region und Stadtteil oder Wohn- oder Gewerbegebiet, kann ein Trail leichter oder anspruchsvoller für das Team werden.

REIHENHAUSSIEDLUNG

Die klassische Reihenhaussiedlung bietet viele Durchgänge, Eingänge und hintereinander liegende Entscheidungen, sodass die Trails sehr variabel gelegt werden können. Die Herausforderung liegt hier insbesondere darin, dass auf einem relativ engen Raum durch viele menschliche und tierische Gerüche eine gewisse Grundkontamination aus älteren und frischeren (Verleit-)Gerüchen entsteht. Durch geöffnete Haustüren strömt beispielsweise ablenkender Geruch von innen nach außen auf die Spur und Personen laufen zudem frisch darüber. Somit existiert für den Hund eine Art olfaktorische Dauerablenkung. Du kannst dir das wie ein ständiges Rauschen am Telefon im Hintergrund vorstellen, während du dich auf das Gespräch mit einem Arbeitskollegen konzentrieren willst. Je mehr du das gewohnt bist, desto besser kannst du es ausblenden.

Herausforderung Durch die zahlreichen Entscheidungsmöglichkeiten können Mensch und Hund hier zu Beginn leicht verunsichern, wenn ihnen die Sicherheit vom Trainer fehlt oder der Trail zu lang ist. Viele, kurz aufeinander folgende Richtungswechsel können bei manchen Teams zu Stress führen. Je nach Typ kann der Hund hochfahren und seine Suche hektisch werden lassen. Ist er mit der Situation überfordert, kann sich das in Kreiseln, Fiepen, längerem Stehen sowie einer sich steigernden Rückorientierung zum Hundeführer äußern. Auch der Hundeführer muss erst lernen, in diesem Gebiet den Überblick zu behalten.

Durch die Ablenkung kann auch häufig nur wenig Leine gegeben werden und der Hund muss an manchen Stellen eingebremst und zurückgehalten werden. Hier heißt es für den Hundeführer „gelassen bleiben", mit dem peripheren Blick den Überblick behalten und den Hund vorausschauend führen.

RUHIGES WOHNGEBIET/DORF

Das Gute in einem ruhigen Dorf oder an einem verkehrsberuhigten Wohngebiet sind der geringere Autoverkehr und die oftmals guten Versteckmöglichkeiten. Die Straßenzüge bieten auch wieder viele Entscheidungen, im Wechsel mit eher offenen, nicht eingezäunten Bereichen und kleineren Dorfplätzen.
Herausforderung Sie besteht darin, dass die Gärten und Höfe häufig einiges an Ablenkung bieten. Spielende Kinder und Grillfeste im Sommer, umherhoppelnde Zwergkaninchen, Pferdekoppeln, Hofhunde und Katzen, Misthaufen oder laute Traktoren. Da hier mehr Raum zwischen den einzelnen Häusern ist, gibt es weniger geruchliche Bewegung auf engem Raum als im Stadtgebiet. Diese Gebiete eignen sich gut, um Leinenhandling und das Timing in der Kreuzung zu lernen. Der Hund kann an längerer Leine gearbeitet werden, da hier oft weniger Verkehr herrscht.

MISCHGEBIETE

Mischgebiete bestehen aus Mehrfamilien-Häuserblöcken, Schulgelände, Altenheimen und/oder Krankenhäusern.
Zwischen Mehrfamilienhäusern ist ein entspanntes Training möglich, das viel Raum zum Trainieren von Kreuzungsarbeit, Timing, Turnen und Ranarbeiten bietet. Es ist in vielen Fällen verkehrsberuhigt und bietet häufig Untergrundwechsel (Wiese zu Gehwegen etc.) und kleinere offene Flächen. Tiefgarageneinfahrten, Kellerabgänge, Fahrradhäuschen oder Müllhäuser geben eine Vielzahl an Versteck- und Trail-Möglichkeiten.
Herausforderung Geruchlich herausfordernd kann hier der Kamineffekt zwischen den Häusern und die hohe Grundkontamination sein. Der Geruch kann sich in den zahlreichen Hausecken und Eingängen fangen, der Hund muss lernen, sich davon zu lösen. Er muss hier genau arbeiten: Wo kommt der Geruch her, wo geht er hin? Dieses Gebiet eignet sich gut für Konzentrationsübungen („Wo ist es genau?") und Dreh-Trails um große Gebäude und Flächen.

INNENSTADT

Die Innenstadt kann durch die hohe Ablenkung auf allen Sinneskanälen häufig desensibilisierend („Flooding") und infolgedessen motivierend wirken. Hier gibt es aufgrund der zahlreichen großen Gebäude viele Sonne-Schatten-Spiele mit Temperaturunterschieden, welche den Geruch entsprechend auf- bzw. wieder absteigen lassen. An größeren Straßen mit viel Verkehr herrschen Geruchsabrisse oder es werden Teile der Spur verzerrt und ein Stück weit von den Autos mitgenommen. Dadurch existieren viele Verwirbelungen, die Richtung ist manchmal nicht sofort klar für den Hund. An großen Kreuzungen breitet sich der Geruch aus wie auf einem Platz. Das Team kann nicht einfach durchtrailen, sondern muss an einigen Stellen stoppen und warten (Verkehr, Ampeln etc.). In vielen Städten gibt es U-Bahn-Abgänge und unterirdische Belüftungssysteme, die den Geruch verschlucken oder in die Tiefe saugen. Geschäftseingänge „nehmen" Gerüche mit ins Innere, durch Treppen entstehen ähnliche Effekte wie bei Hanglagen. Wegen der hohen Ablenkung (Menschen, Autos, Fahrräder etc.) muss der Hund meist an kurzer Leine geführt werden. Der Trailrahmen ist eng gesteckt, dem Hundeführer bleibt wenig Raum und die klassische Kreuzungsarbeit existiert hier fast nicht. Es gibt überall Richtungsentscheidungen und offene Flächen, Plätze oder große Straßen und Kreuzungen. Große Straßen zu überqueren und große Kreuzungen zu trailen, muss behutsam aufgebaut werden! (Sichere Arbeitsphase/Übergang Mentalphase)

Offene Fläche mit Hochversteck (Spielplatz)

GEWERBEGEBIET

Das Gewerbegebiet ist ideal, um Witterung versus Spur, überschaubare offene Flächen oder das Ranarbeiten an spannende Verstecke zu trainieren. Übergänge von draußen nach drinnen (Baumärkte o. Ä.) sind hier vielfach gut möglich und häufig gibt es auch Parkdecks und Tiefgaragen, mit denen der Einstieg in das Indoortraining beginnen kann.

Herausfordernd können die vielen, offenen Plätze sein. Der Hund kann sich vor allem im Endpool gerne „im Gegenüber" aufhängen. Aber es ist ein schönes Gebiet, um dem Hund deutlich Leine zu geben und ihn frei nach vorne weg arbeiten zu lassen. Gewerbegebiete sind auch sehr gut für Motivationstrainings (Bearbeitung der Cores Motivation und Confidence) geeignet, vor allem für den Gelassenen, Kombinierer und allgemein kreativen Lösungstyp.

3D-PLATZ UND HOCHVERSTECK (RANARBEITEN)

Eine weitere Möglichkeit des räumlichen Trainings ist das Ranarbeiten an Hochverstecke. Je nach Such- und Lösungstyp fällt dem Hund das leichter oder schwerer.

? Aufgabe: Spielplatz oder Baumarkt: Was ist leichter, was ist schwerer? Lösung Seite 188.

Der Lösungstyp Renner wäre wahrscheinlich eine ganze Zeit lang die offene Fläche abgelaufen und hätte sich mit dem Zugriff (Lösungsweg nach oben) schwergetan. Liv hat diese Art der Versteckmöglichkeiten zur richtigen Zeit im Trainingsaufbau behutsam kennengelernt und löst diese nun selbstbewusst und schnell.

Offene Fläche mit Hochversteck (Baumarkt Parkplatz). Labbi-Mädchen Liv grenzt das Versteck ein.

Liv findet schnell die (kreative) Lösung nach oben und entdeckt die VP.

LÖSUNG ZUR AUFGABE VON SEITE 187

Das Versteck auf dem Spielplatz ist die leichtere Suche.
Warum? Der Spielplatz ist eingegrenzt von Hecken am Rand, die Fläche ist kleiner und mit dem Turm gibt es nur eine Versteckmöglichkeit, die der Hund eingrenzt. Beim Baumarkt-Parkplatz ist die Fläche viel größer und diese ist nach außen hin nicht begrenzt. Der Geruch kann sich hier viel weiter verteilen und hält sich zudem durch die großen Flächen der Betonsteine und aufgeschichteten Säcke weiter oben. Es gibt zahlreiche Versteckmöglichkeiten, die noch dazu sehr ähnlich aussehen. Die Ablenkung durch fahrende Autos ist höher.

THERMIK INDOOR TEIL 1 – TIEFGARAGEN UND PARKDECKS

Kleinere Tiefgaragen auf einer Ebene eignen sich sehr gut für den Indoor-Einstieg. Viele Hunde finden dies spannend und motivierend. Ein Vorteil ist auch die geringe Ablenkung. Beispielsweise eignet sich die Tiefgarage auch bei manchen Pinkelthematiken gut, um diese im Training zu unterbrechen und den Core Motivation zu bearbeiten. Hier gibt es so gut wie keine anderen Hunde und keine Pinkelstellen, die zum Schnüffeln und Markieren einladen.

01 Chase beim Ranarbeiten in einer Tiefgarage. Hier gibt es häufig gute Versteckmöglichkeiten, die für den Hund spannend, aber schnell lösbar sind.

02 Spannend: Der Trail führt die Einfahrt zur Tiefgarage hinunter.

? Viele Versteckmöglichkeiten! Welches der nachfolgend gezeigten Verstecke ist leichter, und welches ist schwerer zu finden? Lösung Seite 189

03 Versteck 1: Die VP geht bis ans Ende nach hinten durch und versteckt sich nicht sichtbar links hinter dem Boot oder rechts hinter den Containern.

04 Versteck 2: Die VP bleibt weiter vorne im Raum und versteckt sich nicht sichtbar etwas eingebaut zwischen den Rollcontainern und Kistenstapeln.

01

02

03.1

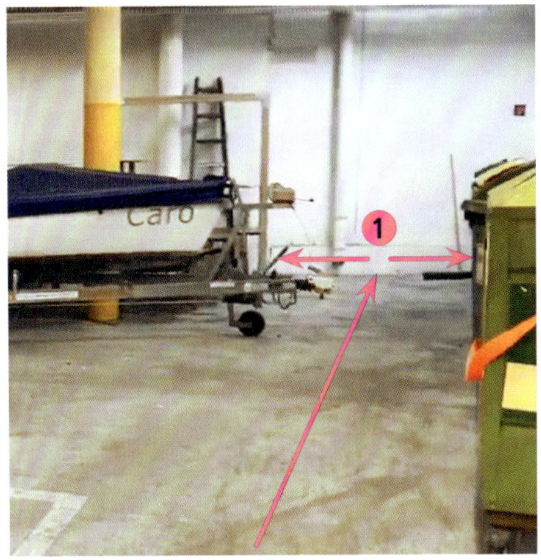

03.2

LÖSUNG ZUR AUFGABE VON SEITE 188

Das Versteck Nr. 2 ist schwerer für den Hund zu finden. Der Geruch der VP zieht in die Mitte des Raumes raus und weiter nach hinten durch an die Wand.
Der Hund kommt also runter in die Tiefgarage und läuft – je nach SHT – erstmal an dem Versteck Nr. 2 vorbei nach hinten durch und muss sich dann von der Ecke hinten erstmal wieder lösen und nach vorne zurückarbeiten.

Bei den beiden Versteckmöglichkeiten Nr. 1 hält sich der Geruch der VP hinten in der Ecke. Der Hund trailt in die Tiefgarage hinunter und läuft sehr wahrscheinlich ohnehin erstmal nach hinten durch und kann dort sehr schnell den Zugriff machen. Hier überlagert keine Witterung die Spur und dort, wo sich der Geruch fängt, findet der Hund auch die VP. So kann man beispielsweise einen Ehrgeizigen beim Ranarbeiten in die Konzentration bringen. („Wo ist es genau?" – Feinsuche).

04.1

04.2

Sind auch glatte Böden in ungewohnter Umgebung kein Problem? Erst testen, bevor ihr lostrailt.

Gut für Rüden in schwierigen Phasen: Indoor lädt nicht zum Pinkeln ein.

Motivationskick „genau hinschauen" in verwinkelten Gebäuden.

Spannendes Ranarbeiten mit unvermuteten Verstecken sorgt für Lust auf mehr.

INDOORTRAILING ALS MOTIVATIONSKICK

Wenn du als Trainer die entsprechende Ausbildung und Erfahrung mit Gebäudetraining hast, weißt du genau, welch geniale Möglichkeiten – aber auch Gefahren – Indoortrailing bietet.

Hierfür ist es sinnvoll, wenn du einschätzen kannst, was für den jeweiligen Hund krass motivierend ist und was für ihn eher schwer und vielleicht sogar frustrierend sein kann. Entscheidend ist, das Indoortraining zum richtigen Zeitpunkt gezielt einzusetzen und die geruchlichen Gegebenheiten einschätzen zu können. So kannst du es dir auch beim Troubleshooting zunutze machen. Beispielsweise indem du bei einem Rüden, der eine hormonelle Schnüffel- und Pinkelphase durchlebt, diese mit ein paar gut gelegten Indoortrails rechtzeitig unterbrichst. Auch für reaktive Hunde, die mit Menschen, anderen Tieren, Umgebungslärm oder Autos ein Thema haben, kann Indoortraining ideal sein. Hier hast du die Möglichkeit, alles minutiös zu planen und es kann so gut wie nichts Unvorhergesehenes von außen passieren. Gehst du mit einem Team hingegen zu früh in Gebäude, besteht die Gefahr, dass es schneller als irgendwo anders überfordert wird. Häufig werden die Anforderungen an den Hund und die teilweise schwierige Indoor-Geruchslage vor Ort unterschätzt, da Indoor für den Trainer und Hundeführer meist ein großer Spaß ist und Abwechslung im Training bietet.

Wir machen mit Junghunden und mit Teams, die erstmals Indoor arbeiten, vor dem Training gerne erstmal eine entspannte Begehung. Zwar ist das Gebäude somit geruchlich kontaminiert, aber der Gewöhnungseffekt für die Hunde ist Gold wert. Wie frei bewegt sich der jeweilige Hund in dieser ungewohnten Umgebung? Hat er ein Thema mit glatten Böden oder Treppen? Dies kommt häufiger vor, als man denkt, und der Hundeführer ist sich dessen vielleicht gar nicht bewusst. Auch wenn der Hund mit den gewohnten Böden zu Hause kein Problem hat, kann es im fremden Gebäude doch so sein (häufig beispielsweise bei Labrador und Golden Retrievers sowie Louisiana Catahoula Leopard Dogs). Damit es keine unangenehme Überraschung für den Hund oder Hundeführer gibt, ist vor dem Training eine genaue Abfrage wichtig.

INDOOR-TAUGLICH?

Diese Checkliste kann dir helfen, das Team richtig einzuschätzen und den passenden Trail zu legen.

ZUM HUND

- Ist er in Gebäuden, Restaurants oder allgemein in geschlossenen Räumen entspannt oder eher gestresst?
- Vertraut der Hund seinem Hundeführer in Situationen, in denen er sich nicht so sicher fühlt?
- Welches Verhalten zeigt er Menschen und Hunden gegenüber auf engem Raum? Fühlt er sich dort leicht bedrängt oder will er seinen Besitzer verteidigen?

- Hat der Hund Themen mit Geräuschen, (glatten) Untergründen, (offenen) Treppen, mit Höhe, Gitterrosten, Dunkelheit, Übergängen, Schwellen, Licht oder Schatten etc.?
- Gibt es gesundheitliche Einschränkungen, z. B. Kreuzbandriss, Hüftdysplasie, Augen PRA o. Ä.?
- Bringt er Erfahrung mit Aufzügen und Schiebetüren mit?

ZUM HUNDEFÜHRER

- Ist der Hundeführer in Gebäuden, Restaurants – wenn er viele Menschen um sich hat – eher entspannt oder gestresst?
- Vertraut der Hundeführer seinem Hund auch outdoor? Gibt es draußen ungeklärte Themen?
- Kann der Hundeführer seinen Hund outdoor beim Trailen gut lesen?
- Hat der Hundeführer Probleme mit Geräuschen, Untergründen (rutschig, Angst zu stürzen), Treppen (Knieprobleme), Höhenangst, Angst im Dunkeln, Platzangst in Aufzügen o. Ä.?
- Hat der Hundeführer sonstige gesundheitliche Themen?

GEHT GERUCH DURCH WÄNDE?

Wir konnten beobachten, dass manche erfahrenen Hunde die VP auch „durch die Wände" lokalisieren konnten. Beispielsweise ein Stockwerk drunter, an der exakt selben Stelle oder in einem anderen Raum auf der anderen Seite der Wand, an der exakten Stelle, an der sich die VP befand. Wie sie das machen? Wir wissen es nicht. Ob es rein geruchlich ist oder die Hunde das Energiefeld der VP wahrnehmen ...?

GEBÄUDETYPEN

Die Indoor-Lokalität an sich stellt unterschiedliche Ansprüche an das Trailteam. Der Schwierigkeitsgrad variiert stark je nach Gebäudetyp. Grundsätzlich kann man zwischen bewohnten und unbewohnten Gebäuden unterscheiden.

BELEBTE GEBÄUDE

„Belebte Gebäude" mit starkem Publikumsverkehr sind beispielsweise werktags Krankenhäuser, Seniorenheime, Möbelhäuser, Baumärkte und Schulen oder sonstige Einrichtungen dieser Art, große Tiefgaragen von Kaufhäusern o. Ä. werktags.

UNBELEBTE GEBÄUDE

„Unbelebte Gebäude" findet man beispielsweise in Schulen während der Ferienzeit, Bürogebäude am Wochenende, betretbare Baustellen und Abbruchhäuser, offene Parkdecks und Tiefgaragen an Sonn- und Feiertagen.

THERMIK DER TREPPENHÄUSER

Treppenhäuser stellen für das Suchteam meist eine Herausforderung dar. Geht es runter oder rauf? Wieder spielt die Thermik eine große Rolle. Ist das Treppenhaus offen oder geschlossen? Gibt es Fenster oder Lüftungsanlagen? Wie viele Stockwerke gibt es? Wie viel Bewegung findet dort statt? Warmer menschlicher Geruch steigt zunächst auf, kühlt oben ab und fällt wieder nach unten. Oftmals zieht es durch das Treppenhaus durch offenstehende Türen oder Fenster, es finden Verwirbelungen statt. Geruch fängt sich auf Absätzen und in Nischen. Die Folge ist, dass der Hund eventuell erst einen Treppenabsatz rauf oder runter laufen muss, um zu lokalisieren, wo der Geruch herkommt und wo er hingeht. Wo ist es älter, wo frischer?

Treppenhäuser und offene Aufgänge sorgen für schwierige Geruchsturbulenzen.

Der „Kreative" öffnet sich die entscheidende Tür.

Auch Spaß muss sein: Die VP in Kissen vergraben.

LANGE GÄNGE

Ähnlich herausfordernd können auch lange Gänge sein. Hier zieht es durch und es entsteht eine Art „Kamineffekt". Vielfach neigen unerfahrene Hunde dazu, erstmal durch die Gänge zu schießen, je nach Suchhunde- und Lösungstyp. Dem Hundeführer fällt es dann schwer, seinen Hund zu lesen.

Für den Hund spielt es auch eine große Rolle, ob er von außen reinsuchen muss, sich der gesamte Trail im Inneren des Gebäudes befindet oder die Spur von innen nach außen geht. Das Eingrenzen der Ein- bzw. Ausgänge sowie die Temperaturunterschiede und sonstigen Gegebenheiten haben einen Einfluss auf den Schwierigkeitsgrad des Trails.

Jedes Gebäude hat seine eigenen, ganz speziellen Geruchs- und Gefahrenquellen, die es beim Trainingsaufbau zu berücksichtigen gilt.

Leere Tiefgaragen sind super Trainingsterrains für unsichere Hunde.

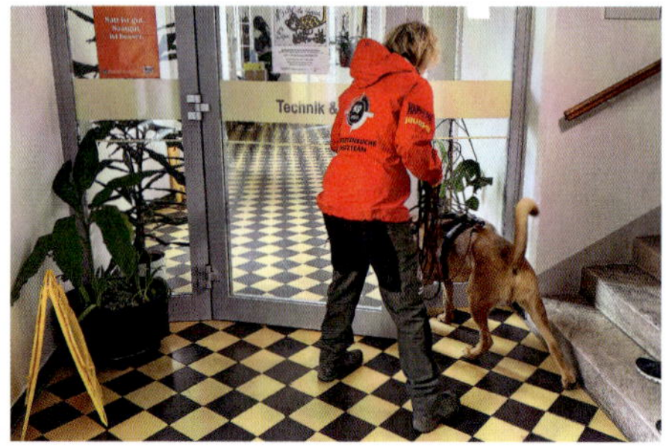

Eine geschlossene Glastür ist leichter, da der Hund sieht, dass es dahinter weitergeht.

BELEBTE GROSSEINRICHTUNGEN (ALTENHEIME, KRANKENHÄUSER)

Geruch Urin, Krankheit, Tod, Angst, Desinfektionsmittel

Ablenkung und Gefahren Rollator, Rollstuhl, Putzwagen, Essenswagen, glatte Böden, Glastüren, ungewohnte Geräusche etc.

TIEFGARAGEN

Geruch z. B. Abgase, Verwirbelungen durch Lüftungsschächte, Ventilatoren, Ölspuren, abwechselndes Druckverhältnis, Übergänge offen und/oder geschlossen

Ablenkung und Gefahren Autos, unübersichtliche Ecken, Geräusche wie zuschlagende Autotüren, quietschende Reifen etc.

EINRICHTUNGSHÄUSER, BÜROGEBÄUDE, BAUMÄRKTE

Geruch Witterung vs. Spur, wenn Abteilung offen, Klimaanlage, Heizung, Lüftung, Geruchswechsel in den unterschiedlichen Abteilungen (Teppiche, Ledergarnituren, etc.), Ausdünstungen von Computern, Möbeln etc.

Ablenkung und Gefahren Werktags viele Menschen, Cafeteria, Vorsicht in Geschirrabteilung, Gabelstaplerverkehr, Vorsicht bei Ständern, die umfallen können …

SCHUL-/UNIGEBÄUDE IN DEN FERIEN

Geruch Starke Grundkontamination in den Klassenräumen und auf den Fluren, Werkräume, Bio-/Chemieräume, Mensa etc., dazu der Geruch beispielsweise von Stress, Schweiß, Reinigungsmitteln und herumliegenden Pausenbroten

Ablenkung und Gefahren Reparaturarbeiten/Hausmeister, hochgestellte Stühle können vom Tisch fallen, Gegenstände umfallen (z. B. Kleiderständer, Notenständer, Flip-Chart, Kunstarbeiten)

ABBRUCHHÄUSER

Geruch Staub

Ablenkung und Gefahren Gefährliche Untergründe, Löcher im Boden, herausstehende Nägel, herumliegende Kabel

WICHTIG IN DER LERNPHASE

Die Indoor-Trails müssen unbedingt dem Leistungsstand angepasst sein. Zu Beginn in der Lernphase kann es indoor sonst schnell zur Überforderung kommen. Achte beim Aufbau in der Lernphase auf folgende Punkte:

— Indoor keine Spur ohne Trainerschulung und Kenntnisse auf diesem Gebiet legen.
— Einfache, kurze Trails ohne Stockwerkwechsel legen.
— Keine geschlossenen Türen (Türanzeige), durch die der Hund muss, einbauen, weil der Trail dort weiterführt.

Für Indoor-Beginner: Trails ohne Stockwerkwechsel und geschlossene Türen legen.

Die ehrgeizige Bracco-Hündin zieht über den offenen Platz.

— Aber: Türen geschlossen halten zur Begrenzung des Trails (einzelne Sackgassen bilden).
— Größere Flächen (z. B. Hallen) und Treppenhäuser vermeiden.
— Optische und geruchliche Ablenkung möglichst geringhalten.
— Der Untergrund sollte für das Team angenehm sein, sodass sich beide gut auf den Trail konzentrieren können.
— Keine ewig langen Gänge einplanen.
— Nicht zu weit ins Dunkle hinein planen.

Aber: Ein bisschen Abenteuer und Spannung darf schon dabei sein und mit der Zeit dürfen in den Trainings verschiedene Herausforderungen ausprobiert werden.

WICHTIG IN DER ARBEITSPHASE

— In den Trail auch einmal Stockwerkwechsel oder leicht angelehnte Türen mit einbauen.
— Zunächst noch Aufzüge und geschlossene Türen vermeiden.
— Gerne kreative „Ranarbeite-Verstecke" nutzen oder selbst bauen.
— Leichte Indoor-Verstecke
— In Zimmern am Ende eines Ganges, die quasi in einer „Sackgasse" liegen
— direkt hinter einer Ecke
— in Zimmern in den Ecken
— hinter einem Schrank, der an einer Wand steht
— oder unter einem Bett, das an der Wand steht

SCHWERE INDOOR-VERSTECKE

— in einem Zimmer gleich am Anfang oder in der Mitte eines Flurs (am schwersten)
— direkt hinter der Tür am Anfang eines langen Ganges
— in der Mitte eines Raumes
— in einem Schrank

TEMPO UND LEINENHANDLING

Das Tempo und das Leinenhandling ist indoor teilweise anders zu handhaben als outdoor. Nicht zu schnell werden! Deswegen bitte beachten:

— Aufpassen, denn Abgänge können leicht verpasst werden.
— Der Hund muss teilweise sehr genau arbeiten und die Möglichkeit und Zeit bekommen, von der Grob- in die Feinsuche zu gehen.
— Die Turns müssen gut sitzen.
— Dem Hund muss an den richtigen Stellen genügend Leine gegeben werden, damit er auch gut drehen kann. Nicht an kurzer Leine durch die Gänge heizen, wenn man noch nicht sicher im vorausschauenden Führen ist.

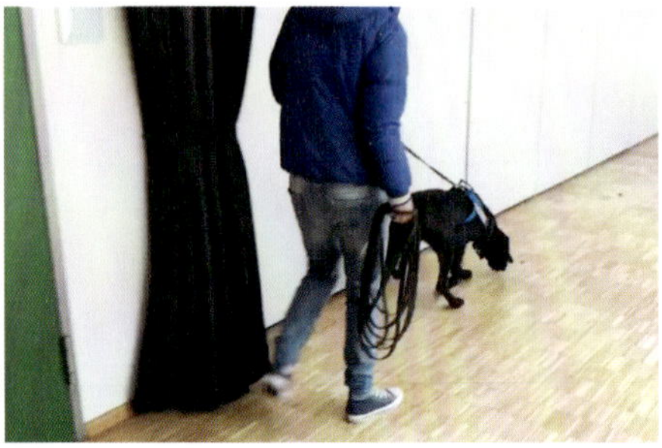

01

02

03

04

INDOOR-ENTDECKER-TRAIL

Beispiel: Erster Entdecker-Trail Indoor für Rovenas Rauhaar-Vizsla-Mix „Jack"

01 Die VP hat ein paar Steine in der Hand gehalten und diese auf dem Entdeckertrail als Geruchsverstärker eingesetzt. Auch der Start-Geruchsartikel ist ein angefasster Stein.

02 Die Geruchsverstärker bremsen den jungen Rauhaar-Vizsla-Mix und er arbeitet seinen ersten Indoor-Entdecker-Trail konzentriert mit tiefer Nase.

03 Die Spur führt um die Ecke herum.

04 Dort findet Jack auch gleich seine VP und wird sofort belohnt.

BABY-TRAIL

Beispiel Baby-Trail für Alex' jungen Bloodhound „Tao"

01 Tao geht freudig an den Geruchsartikel.

02 Die Spur führt den relativ kurzen Gang entlang. Beachte: Der Abzweig nach links liegt in einer Sackgasse. Es geht geradeaus nicht weiter. Leinenkontakt.

03 Tao markiert deutlich nach links. Alexandra gibt hier etwas Leine raus. Tao biegt ab.

04 Tao taucht ein auf die Spur. Die Glastür ist geöffnet!

Beachte Wieder ist der Gang nach hinten durch die geschlossene Türe begrenzt – eine Sackgasse. Dem jungen Hund wird es somit leichter gemacht, der Spur zu folgen und die Abgänge zu nehmen, ohne daran vorbeizuschießen. Da er die Suche gut löst, kann er dabei Indoor-Erfahrung sammeln und Selbstsicherheit aufbauen.

01

02

03

04

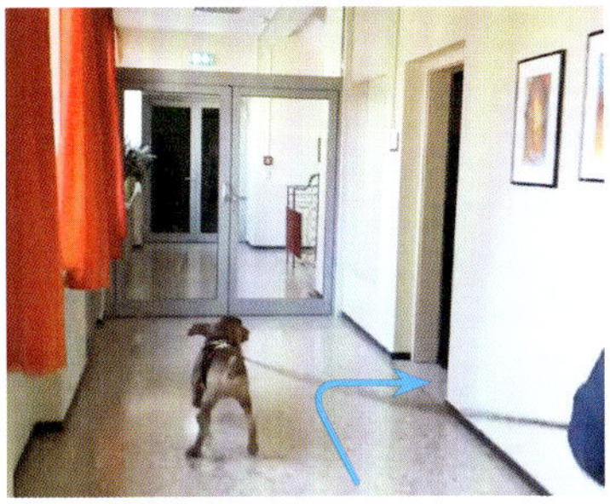

05

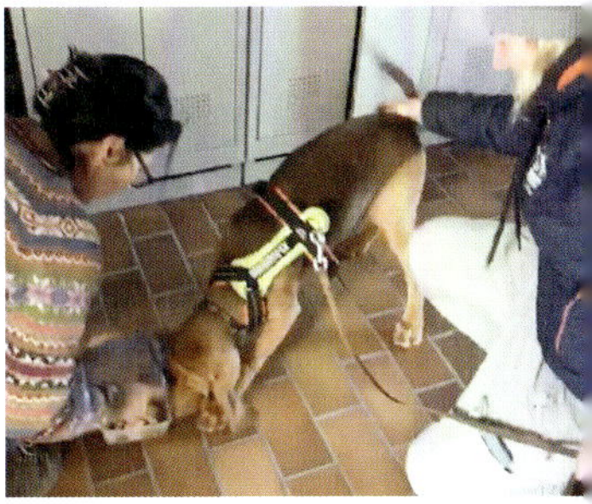

06

05 Es ist deutlich zu sehen, wie es den kleinen Bloodhound „reißt“, er bekommt frischen Geruch von der VP aus dem Zimmer rechts.

06 Die VP sitzt gleich links ums Eck an der Wand. Gut gemacht, Tao!

VERSTECKE IM ZIMMER

Wo versteckst du die VP in einem Zimmer? Soll es ein leichtes Versteck sein, dann mach es wie im Gang: In einer Ecke des Zimmers beispielsweise hinter einer Kommode, einem Schrank oder einem Tisch. Schau dir die Seitenwand noch genau an. Gerade in Schulen gibt es dort oft eine Fensterfront. Hier findet Luftzirkulation durch minimalen Luftzug oder Temperaturunterschiede statt. Der Geruch der VP aus der gegenüberliegenden Ecke steigt als warme Luft auf, wabert Richtung Fenster, kühlt dort ab und fällt herunter, bildet möglicherweise in der Nähe des Bodens einen kleinen Geruchspoolhaufen. Daher kann der Geruch der VP in der gegenüberliegenden Ecke stärker sein als in der Ecke, wo sie sich tatsächlich aufhält – das ist das „Gegenüber-Problem“. Wenn du das weißt, kannst du das Team entsprechend an dieses Thema heranführen und vor allem dem Hundeführer erklären, warum sich sein Hund im Gegenüber der VP festbeißt und nicht sofort den Zugriff macht (eine oft gestellte Frage).
Ein wirklich schweres Versteck ist in der Mitte des Raumes, genau wie auch auf einem offenen Platz ein Versteck in der Mitte am schwersten ist. Eine Säule mit einer Nische mitten im Raum, vielleicht noch am Abend im Dunkeln, lässt viele Hunde beim Eingrenzen schier verzweifeln. Deshalb wählst du in der Lernphase besser ein leichtes Eckversteck und platzierst die Person für den Hund direkt zugänglich, damit er zügig zum Erfolg kommen kann.

Vizsla-Mix „Chase".

Sie findet die VP hinter dem Autoreifen.

VON DER GROBSUCHE IN DIE FEINSUCHE

In der Arbeitsphase kannst du durchaus mal ein Versteck mitten im Raum nehmen, wenn das Team bereits einige Indoor-Erfahrung gesammelt hat. Oder du platzierst die VP in einem Schrank – die Tür steht nur einen Spalt offen. Je nach Lösungstyp und Indoor-Erfahrung wird der Hund die Aufgabe lösen. Wahrscheinlich wird er erst in der Grobsuche durch den Raum rauschen und nur kurz einen Geruchsfetzen der VP aus dem Schrank bekommen. Kaum ein Hund löst dies gleich beim ersten Versuch, kaum einer bleibt direkt dran oder arbeitet sich sofort hin. Wichtig ist es nun, den Hund nicht mit der Leine nah am Versteck zu halten, sondern ihn sich auch nochmal entfernen zu lassen. Manchmal muss der Hund seine Nase wieder frei kriegen, geruchliche Grenzen ausloten und feststellen, wo der Geruch weniger und wo er wieder mehr wird. Er braucht vielleicht am Anfang fünf, sechs Zugriffsversuche oder mehr. Wichtig ist es hierbei, ihn nicht an seiner Taktik zu hindern, er sammelt währenddessen wertvolle Erfahrungen. Man kann auch die Zimmertür schließen und den Hund entspannt frei ohne Leine arbeiten lassen– je nach Typ Hund. Auf jeden Fall ist es wichtig, dem Hund Raum zu geben und ihn mit der lockeren Leine ohne Kontakt zu führen. Auch ist es gut, ihn in Bewegung zu halten. Dann bleibt er dran und versucht zu lösen. Alles ist besser, als ihn unmittelbar vor dem Versteck festzuhalten. Wir beobachten nach einer Weile, wie der Hund von sich aus das Tempo rausnimmt und mehr und mehr anfängt, konzentriert mit der Nase zu arbeiten. Häufig fangen die Hunde an, die Randbereiche und Wände abzuriechen und sich immer näher an das Versteck heranzuarbeiten.

Der junge Bloodie „Willi".

BEISPIELE

Beispiele spannender Verstecke zum Thema Feinsuche/Eingrenzen/Ranarbeiten bringen die beste Möglichkeit, Motivation und Konzentration (Feinsuche) zu vereinen, wenn beachtet wird, was leicht und was schwer ist.

Begehung einer Lagerhalle vor dem Suchtraining mit den beiden Bloodhound-Rüden Willi und Tao.

BESONDERHEIT KELLER

Je nach Location können den Hund besondere Gerüche im Keller erwarten. Dort befinden sich oft beispielsweise große Lagerräume (Firmengelände), Abstellkammern, Wäschereien, Küchen, Vorratskammern, Kühlkammern für Verstorbene, Kleiderlager (Seniorenheime).

In der Regel ist es aber auch so, dass das Untergeschoß nicht so stark frequentiert ist wie beispielsweise das Erdgeschoß durch den großen Haupteingangsbereich. Somit ist hier mit wenig Ablenkung zu rechnen und auch die Grundkontamination durch Menschen ist sicherlich geringer als in anderen Stockwerken. Manchen Hunden macht die Dunkelheit im Untergeschoß zu schaffen. Dadurch können sich aber auch tolle Versteckmöglichkeiten ergeben.

Keine Angst vor glatten Böden?

Fazit Der Keller kann ein guter Indoor-Einstieg in der Lernphase sein. Vorausgesetzt, der Hund gruselt sich nicht in den Räumlichkeiten. Aus diesem Grund empfiehlt sich hier eine erste Begehung ohne Suche. Lagerräume eignen sich gut, um das Thema Feinsuche, Eingrenzen und Ranarbeiten zu trainieren. Hier gibt es oft Bereiche, in denen man sehr frei arbeiten und dem Hund entspannt Leine geben kann.

INDOORSUCHE SCHWER

ab Arbeitsphase/Übergang Mentalphase

GEBÄUDE-TRAINING IN DER SHOPPING MALL

Die Schwierigkeiten dabei sind: 3D-Geruchsverteilung über die offenen Stockwerke sowie glatte Böden, Treppen, Rolltreppen.

- Hohe Grundkontamination (viele Menschen, Gerüche der Geschäfte …), dadurch hohe olfaktorische Ablenkung.
- Große Ablenkung, auch visuell und auditiv.

ACHTUNG! ROLLTREPPE MEIDEN!
Gefahr, die Krallen einzuklemmen und festzustecken! Große Verletzungsgefahr für den Hund!

DIE LESBARKEIT DES HUNDES

Wie du selbst deinen eigenen Hund oder wie du als Trainer ein Team führst, hat einen maßgeblichen Effekt darauf, wie lesbar der Hund für uns ist. So kannst du dich und andere aus der Dunkelheit der Unlesbarkeit führen.

Bist du an den richtigen Stellen präsent und unterstützt, wird dein Hund (oder das Team) immer selbstbewusster. Lässt du deinen Hund dagegen hängen, unsicher rumstehen oder sich aufarbeiten, steigen seine Unsicherheit und der Frust. Wir haben die Möglichkeit, die Cores und damit die Lesbarkeit des Hundes über das Führen positiv zu verändern. Wann halte ich mich zurück, wann bin ich präsent, wann bringe ich Dynamik rein und wann eher Ruhe? Auch die Beziehung und das Vertrauen von Hund und Hundeführer kann dadurch enorm verbessert werden. Teamarbeit und Kooperation zu fördern, ist eine unserer Aufgaben. Trailen wird dir die Augen für die Welt deines Hundes öffnen! Lerne alles über Trailtechnik und gib dich ganz dem Trainingsprozess hin. Trainiere dabei auch regelmäßig mental durch Visualisierung. Dadurch sollst du nicht perfekt werden, sondern eine gewisse Konstanz erlangen. Dann lass los und tauche immer öfter in den Flow ein.
Ein sehr gutes Hilfsmittel zu den Themen Trailtechnik, Führen und Timing ist auch die Videoanalyse! Lass dich beim Trailen mit dem Smartphone filmen. Wie ist deine Körpersprache? Dein Timing? Was kannst du verbessern? Was habt ihr beide, du und dein Hund, schon sehr gut gemacht? An sich selbst zu arbeiten und die Fortschritte zu sehen, kann richtig Spaß machen. Übernimm die Verantwortung für dich selbst und deinen Hund. Schiebe Fehler oder Dinge, die noch nicht so gut laufen, nicht ausschließlich auf deinen Hund. Schau auch bei dir genau hin und blicke der Wahrheit ins Auge! Eine allzu verklärte Sichtweise wird dich nicht weiterbringen. Bleibe dabei weich und lasse viele Möglichkeiten zu. Werde nicht engstirnig, verbissen und hart – auch nicht zu dir selbst.

DAS FÜHREN IN DER LERNPHASE

Unser Ziel ist es, den Hund von Anfang an in der Lernphase möglichst motiviert und selbstbewusst an die Arbeit heranzuführen. Eine hohe Motivation zum Lösen-und-Finden-Wollen ist für den Hund der Schlüssel zum Erfolg. „Begehrlichkeiten wecken" sind die Zauberworte. Er muss etwas haben wollen, dann strengt er sich auch dafür an. Trailen macht es uns recht leicht, denn für die meisten Hunde ist das Suchen an sich bereits selbstbelohnend. Hormone wie Dopamin, Serotonin, Norepinephrin, Endorphine und Anandamid schüttet der Hund bei einer erfolgreichen Suche aus. Das ist die neurochemische Erklärung für den Hund im Flow-Zustand und machen ihm Lust auf ein nächstes Mal. Die Erwartungshaltung steigt im positiven Sinn. Bei Überforderung und Frust beherrscht hingegen Cortisol den Körper und das blockiert, macht keine Lust auf das Lernen und das Erlernte wird auch nicht gut abgespeichert.

Im Flow-Zustand steigt die selektive Wahrnehmung auf die Spur an, der Fokus wird erhöht.

Wie du als Trainer auftrittst, spielt beim Führen ebenfalls eine große Rolle, ob sich Hund und Hundeführer gut bei der Sache fühlen oder nicht. Bist du offen, freundlich und vor allem klar? Sprichst du mit ruhiger, aber deutlicher Stimme und kommunizierst deine Ansagen auch klar und vom Timing her so, dass sie rechtzeitig beim Hundeführer ankommen? Vor allem bei der Kreuzungsarbeit spielt das eine große Rolle. Der Hundeführer benötigt genügend Zeit, deine Informationen während des Trailens rechtzeitig umzusetzen. Bist du zu spät, wird auch der Hundeführer zu spät sein.

DIE KÖRPERSPRACHEN-BASICS

In der Lernphase geht es primär um die Körpersprachen-Basics von Mensch und Hund:

- Sich als Hundeführer der eigenen Körpersprache bewusst zu werden und diese immer weiter zu verbessern, ohne zu viel darüber nachzudenken.
- Intuitiv vieles richtig machen und sich mit dem Herzen zum Hund „verdrahten".
- Fehler und Gegenbewegungen möglichst in demselben Moment korrigieren.

Dadurch wird der Effekt auf den Hund sofort sichtbar und ist für den Hundeführer nachvollziehbar. Manchmal macht es dabei Sinn, vor allem zu Beginn, den Hundeführer auch zu berühren.

ZWEI BEISPIELE

- Dem Trainer fällt auf, dass der Hundeführer mit dem Oberkörper nach vorne kippt und sich dabei seitlich verdreht. Er korrigiert das verbal und – nach Absprache– tippt er die verdrehte Schulter an, um so die Verbesserung nochmal im Gehirn des Hundeführers zu verankern.
- Ein unerfahrener Hundeführer dreht sich noch nicht automatisch mit dem Bauch zum Hund. Auch hier kann der Trainer taktil unterstützen, indem er hinter den Hundeführer tritt und ihn in die richtige Richtung zum Hund mitdreht. Das geht meist schneller, als mühsam mit Worten zu erklären, was man meint. Hat der Hundeführer diese Bewegung verinnerlicht, reicht eine verbale Korrektur bzw. Erinnerung.

In der Lernphase ist der Trainer relativ nah am Hundeführer dran, um ihm Sicherheit zu geben. Er lässt aber genug Raum, damit er sich nicht bedrängt fühlt und Platz hat, mit der Leine zu arbeiten. Der Trainer verhält sich ebenso neutral und gibt keine Richtung vor. Er ist quasi wie „der Schatten" des Hundeführers.

Wichtig Ist einer der Cores betroffen, wird sofort während des Trainings darauf eingegangen und dieser Core gefixt!

DAS FÜHREN IN DER ARBEITSPHASE

NEURALGISCHE PUNKTE GEZIELT EINSETZEN

„Neuralgischer Punkt" beim Trailen = geruchlich besonders empfindliche, kritische, „gefährliche" oder auch spannende Stelle, die der Hund lösen muss.
Ab dem Übergang in die Arbeitsphase gibt es auf vielen Trails eine oder mehrere Stellen, die geruchlich spannend und herausfordernd sind, weil dort „etwas passiert". Der Trainer setzt diese neuralgischen Punkte ein, um etwas gezielt zu trainieren. An diesen Stellen wird der Hund mit einer besonderen geruchlichen Herausforderung konfrontiert, die er meist auf unterschiedlichen Wegen lösen kann. Der Trainer muss sich also vorher bewusst machen, was er damit genau bewirken möchte und vor allem, welche Lösungsmöglichkeiten es für den Hund gibt. Denn dies beeinflusst auch die Art und Weise des Führens. Wo kann er den Hund laufen lassen, wo sollte er ihn gegebenenfalls einbremsen? Genau diese Stellen sind es auch, die den Hundeführer anfangs verunsichern können, weil der Hund sich hier anders verhält als sonst. Vielleicht zieht er nicht richtig durch, kommt aus einer Richtung wieder raus oder fühlt sich unentschlossen an. Sowohl Hund als auch Hundeführer werden in der Arbeitsphase mit diesen neuen Situationen konfrontiert. Es geht darum, Erfahrung zu sammeln und Problemlösung zu trainieren.

Kartenbeispiel: Neuralgischer Punkt

An dieser Stelle steht der Hund vor einer geruchlichen Herausforderung, die aus einer kleinen offenen Fläche, einem kleinen „U" und der Spurdifferenzierung besteht. Je nach Suchhundetyp und Erfahrung wird er diese Stelle lösen.

- Er kann das „U" abkürzen und über Witterung direkt weiter auf den frischesten Geruch trailen (passt zu Hundetyp: Gelassene, Kombinierer, Ehrgeizige),
- das „U" auslaufen (passt zu Hundetyp: Mischtypen mit Gewissenhaft) oder
- sogar noch die Spurdifferenzierung in die andere Richtung checken wollen (passt zu Hundetyp: Gewissenhafte).

Der Trainer überlegt sich bereits vorher, wie er das Team auf diesem Trail – und vor allem an dieser Stelle – führt. Das Timing und die Neutralität des Hundeführers spielen natürlich auch eine große Rolle.

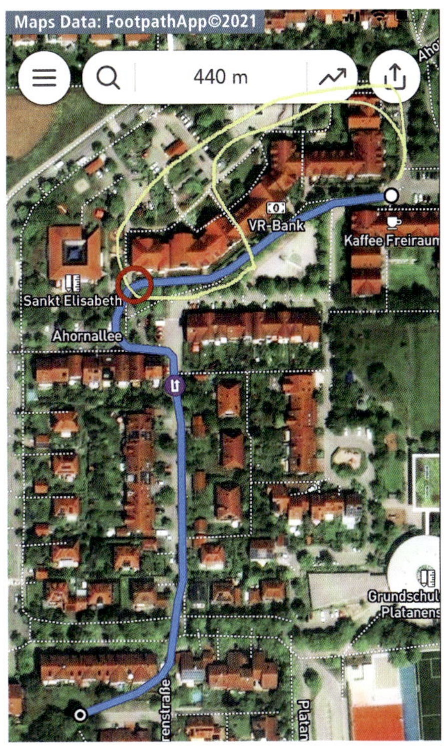

Footpath
Blau: VP -Spur
Gelb: Differenzierungsspur
Rot: Neuralgischer Punkt

Neutrales Mitgehen und Tempo rausnehmen, …

… wenn der Hund den Turn einleitet.

Wie führst du als Trainer das Team in diesen Situationen?

Wenn du etwas Neues legst, das das Team noch nicht kennt, beispielsweise eine geruchliche Herausforderung, bist du an dieser Stelle präsent. Du gibst dem Hund Zeit, sich das anzuschauen und hetzt ihn nicht. Hat er gute Lösungsansätze, bestätigst du diese sofort, indem du dem Hundeführer die richtigen Informationen gibst. Wenn das Team eine ähnliche Aufgabe schon mal gelöst hat, kannst du es beim nächsten Mal länger in der Situation alleine arbeiten lassen. Auch hier gilt: Zeigt der Hund gutes Problemlöseverhalten und eine deutliche Körpersprache, bestätigst du das, indem du dem Hundeführer sagst, dass er in die Richtung zügig mitgehen soll. Wäre der Hundeführer dann zu zögerlich und würde nicht mitgehen, verwäscht sich die Körpersprache des Hundes mehr und mehr. Ist das Team schon erfahrener und die Cores sind frei, lässt du es möglichst alleine arbeiten. Wir fördern das selbstbewusste und eigenständige Arbeiten und sind nur zur Stelle, wenn es wichtig für die technische oder mentale Entwicklung des Teams ist.

Wie führst du als Hundeführer in dieser Situation?

In unserem Kartenbeispiel Seite 203 könnte es sein, dass der Hund sich am neuralgischen Punkt bereits nach Links einreiht und Ansätze zeigt, das kleine „U“ zu überbrücken. Hier ist es wichtig, ihn mit der Leine nicht zu kurz zu halten, sondern ihm etwas Raum zu geben. Zieht er weiter Richtung frischerem Geruch, fasst du nach und gehst zügig in diese Richtung mit. Bist du hier zu langsam oder machst eine bremsende Gegenbewegung, dreht er wahrscheinlich nochmal ab und checkt ggf. das „U“ oder auch die Spurdifferenzierung. Tut der Hund sich etwas schwer beim Lösen der Situation, tust du gut daran, ihn zeitnah zu unterstützen und nicht hängen und daran verzweifeln zu lassen. Ist der Hund in dieser Situation noch unerfahren, kommt hier vom Trainer die Information (hier liegt ein kleines „U“) in der Regel bereits währenddessen, so lernst du deinen Hund zu lesen und besser einzuschätzen. Das fördert bei dir und deinem Hund Selbstbewusstsein und Vertrauen in die Problemlösung.

Neutral stehenbleiben …

… und sich vom Hund überholen lassen.

Je nach Suchhundetyp kann es auch sein, dass der Hund das kleine „U“ auslaufen möchte. Dann lässt du ihn das so arbeiten. Der Gewissenhafte checkt vielleicht auch noch die Spurdifferenzierung (gelb) nach rechts ab. Lass ihn das 1 – 2 Leinenlängen machen und schau, ob er gut dreht. Wenn er nicht von selbst dreht, wirst du etwas langsamer, bleibst dann gerade stehen, schließt die Führhand und blockst somit den Hund. Deshalb ist es wichtig, die Spurdifferenzierung so zu legen, dass der Hund sicher nicht über Witterung der VP läuft, da wir ihn sonst nicht korrigieren können.

„HARTE TURNS“ – DAS SICHERE UMDREHEN

Zeigt der Hund Ansätze zum Drehen, der Hundeführer erkennt das aber nicht, gibt der Trainer die Information, Tempo rauszunehmen, dann stehen zu bleiben und die Führhand zu schließen. Wichtig: Es muss dabei ausgeschlossen sein, dass der Hund in die frische Witterung arbeitet. Sonst kann das zu schweren Verständnisfehlern beim Hund führen! Spur meiden, Führung abgeben, Endpoolthematik etc. können die Folge sein. Deshalb sollte man beim Trainieren der Turns besonders auf das saubere Legen achten!

Manchmal zeigt der Hund selbst keine Ansätze zum Drehen. Das kann verschiedene Ursachen haben. Hier muss ich ihm erklären, was ich von ihm will. Unser Ziel ist es, dass der Hund von sich aus „hart turnt“, also deutlich und schnell gegen den Hundeführer dreht und zügig in die richtige Richtung zur Spur (zurück-)arbeitet. Dies ist vor allem wichtig, wenn die Trails lang und schwer werden, damit ich eine gute Lesbarkeit beibehalte. Der Hund soll auf der frischesten Spur bleiben und nicht auf alte oder andere Spuren abdriften. Durchaus darf er sich die Sachen aber anschauen. Das schnelle Drehen ist vor allem beim Personenspürhund wichtig, der in der Rettung/Vermissung auf Mensch oder Tier arbeitet. Bei Hunden, die in der Forensik eingesetzt werden, kann es durchaus sinnvoll sein, diese auch ältere Spuren eine Weile abarbeiten zu lassen, um Bewegungsprofile der Zielpersonen besser zu erkennen.

Ablauf eines „harten Turns"

Beachte bei den folgenden Fotos den jeweiligen Körperschwerpunkt des Hundes (gelber Punkt) in der Kreuzung!

- Ist er bei Eintritt in die Kreuzung nach vorne verlagert (Hund in der deutlichen Vorwärtsbewegung), muss ich mit der Leine weich sein, ggf. auch mehr Leine rausgeben und mit dem Hund in einer leichten Vorwärtsbewegung mitgehen (nicht zu schnell).
- Fängt der Hund an, seinen Körperschwerpunkt in die Mitte zu verlagern und kommt dabei vorne etwas hoch, verlangsame ich mein Tempo deutlich und halte leichten Leinenkontakt zum Hund (ggf. nachfassen).
- Verlagert er den Schwerpunkt weiter nach hinten und „setzt sich auf die Hinterhand" (Hund dabei verkürzt), bleibe ich neutral stehen und hole die Leine ein. Ich lasse mich vom Hund überholen.
- Nun beginnt dasselbe wieder in der anderen Reihenfolge: der Hund verlagert seinen Schwerpunkt in die Mitte, ich schließe zum Hund auf und fasse Leine nach.
- Dann kommt der Schwerpunkt des Hundes nach vorne, er geht in die Vorwärtsbewegung und taucht auf die frischeste Spur ein. Ich gehe aktiv in der Vorwärtsbewegung mit!

Beispiel „harter Turn" mit Jack

01 Jacks Körperschwerpunkt (gelber Punkt) ist stark nach vorne verlagert, er kommt in einer starken Vorwärtsbewegung in die Kreuzung hinein. Ich gebe ihm deshalb mehr Leine raus; Jack checkt die ältere Spur der VP (rot, von links kommend; blau ist die frische VP-Spur).

01

02

03

04

05

02 Er kommt deutlich hoch und zeigt bereits Ansätze zum Drehen (nach rechts); sein Körperschwerpunkt ist mittig nach rechts verlagert, deshalb verlangsame ich mein Tempo und halte leichten Leinenkontakt, indem ich nachfasse.

03 Er dreht deutlich nach rechts ab. Jacks Körperschwerpunkt ist auf der Hinterhand (er „setzt die Hinterhand unter") und bekommt dadurch eine schnelle Wendigkeit. Das ist für mich das Zeichen, stehen zu bleiben. Ich bleibe dem Hund neutral zugewandt und hole weiter die Leine ein.

04 Jacks Körperschwerpunkt verlagert sich von hinten wieder weiter nach vorne und ist nun mittig. Ich setze mich in Bewegung und beginne, gerade direkt zum Hund aufzuschließen. Dabei fasse ich weiter die Leine nach.

05 Ich lasse mich überholen und den Hund vorgehen. Jacks Körperschwerpunkt verlagert sich wieder nach vorne, er kommt in die Vorwärtsbewegung (Eintauchen auf die frische Spur). Ich schließe zügig und gerade zum Hund auf und stelle Leinenkontakt her.

DIE CORES ÜBER DAS FÜHREN BEEINFLUSSEN

1. Motivation

Indem ich flüssig und zügig mitgehe, keine passiven oder aktiven Gegenbewegungen mache und meinen Hund nicht unnötig bremse, kann er motiviert und frei nach vorne arbeiten. Dies ist vor allem bei Hunden wichtig, die nur eine mäßige bis mittlere Motivation mitbringen.
Ehrgeizige muss ich natürlich durchaus aktiv einbremsen, da sie sonst viel zu schnell werden. Meine eigene Einstellung beeinflusst auch die Motivation meines Hundes. Habe ich selbst Lust zu arbeiten und bin im spielerischen „Jagdfieber", merkt das mein Hund und ist automatisch motivierter!
Mein Blick geht dabei immer leicht über den Hund nach vorne. Meine Atmung und Energie fließen ebenfalls nach vorne und zirkulieren (Übung Kugel/Blase, siehe Seite 19 f. und 64 f.). Wenn ich die Luft anhalte und eine zusammengezogene Körpersprache habe, kommt mein Hund ins Stocken und die Motivation geht verloren. Das Suchtempo spielt hier ebenfalls eine Rolle, denn ein schnelleres Tempo und aktives Führen, sowie Dynamik in der Leine fördern die Motivation.

Selbstbewusst auch im Einsatz: Kojak ist mental stark.

2. Confidence/Selbstvertrauen

Ich achte darauf, dass mein Körper gerade aufgerichtet ist. Ich mache mich groß. Gut ist es auch, die Erdungs-Übung (siehe Seite 82) und Supertrailer-Pose (siehe Seite 81) vor dem Trailen zu machen. Das fördert mein eigenes Selbstbewusstsein und ich kann mich gut mit meinem Hund verbinden, strahle hinten Ruhe und Souveränität aus. Ich halte meinen Kopf frei von negativen Gedanken und urteile auch nicht über meinen Hund, schenke ihm Wertschätzung und Vertrauen und weiß, dass ich die Situationen im Griff habe. Das merkt mein Hund und er fühlt sich sicher und wohl und kann dadurch selbstbewusst vorne arbeiten.

3. Konzentration

Wie kann ich meine Konzentration und die meines Hundes steigern? Das beginnt am besten schon im Vorfeld des eigentlichen Trailens, indem ich Situationen und Handlungen visualisiere und im Kopf durchgehe. Wie fühlt sich der optimale Trail für mich an? Ich gehe das so lange durch, bis es sich richtig gut anfühlt. Das Gefühl spielt beim Visualisieren eine sehr große Rolle, damit auch das Unterbewusstsein angesprochen wird. Ich bade in meinem mentalen Trail-Flow, entspanne mich und fühle mich wohl. Im Training rufe ich das Gefühl vor dem Start ab. Ich sammle mich und tauche in diese Konzentrationsform ein. Leistungssportler arbeiten auch so. Die Abläufe vorher durchgehen, das Equipment sortieren und sich und den Hund vorbereiten. Den Kopf frei bekommen und andere Themen ausblenden lernen. Sich nur auf diese Sache fokussieren! Ritualisierte Abläufe, gleiche Worte und Berührungen. Indem ich meine Körperspannung halte und durchgehend selbst präsent und konzentriert bin, kann es auch mein Hund gut sein. Ausnahme: Es liegen beispielsweise hormonelle Themen bei ihm vor.
Um die Konzentration konstant hochzuhalten, ist es bei einigen Hunden wichtig, das genaue Timing in der Kreuzung oder in unübersichtlichen Stellen zu haben. Bin ich hinten unkonzentriert und vom Timing her

Als Rüde vielleicht mal kurz privat geschnüffelt …

... Auch das kann man trainieren.

ständig versetzt, muss der Hund meine Führfehler ausgleichen. Bin ich mit meinen Gedanken nicht bei ihm, sondern woanders, wird er die Konzentration nicht halten können. Ich habe mehr Ausdauer und kann selbst die Konzentration besser halten, wenn ich meine Atmung beim Trailen bewusst einsetze, beispielsweise, indem ich die tiefe Bauchatmung aktiviere und in die Kreuzung/Richtungsentscheidung ausatme und etwas Leine rausgebe. Dadurch fließt die Energie gleichmäßig, ich blockiere meinen Hund nicht und Ausdauer und Konzentration steigen bei uns beiden. Wichtig: Die bewusste Atmung auf dem kompletten Trail anwenden, bis zum Schluss!

4. Körpersprache

Je neutraler und besser meine eigene Körpersprache ist, je deutlicher wir die Anlagen des Hundes fördern und ihm erklären, was wir wollen, desto deutlicher wird auch seine Körpersprache sein. Wir müssen also zum einen erstmal erkennen, was uns der Hund zeigt und seine Stärken und Schwächen kennen. Zum anderen müssen wir uns klar machen, was wir fördern wollen und was nicht. Somit können wir es uns und ihm leicht machen.

5. Lesbarkeit

Aus den vier vorherigen Punkten resultiert die Lesbarkeit des Hundes. Ist der Hund motiviert, selbstbewusst, konzentriert und deutlich in der Körpersprache, ist er für uns auch lesbar. Ist er es nicht, hat es meistens etwas damit zu tun, wie wir führen, oder die Trails wurden im Aufbau nicht passend gelegt. Ein guter Trainer wird dann die tatsächliche Ursache herausfinden: Auf welcher der drei Ebenen liegt das Problem? Sind die Cores frei? Stimmt das Suchtempo? Wie sieht es mit dem Timing des Hundeführers aus?

... trotzdem ist er immer lesbar und schnell wieder im konzentrierten Arbeiten.

K-9

TROUBLESHOOTING

Das Team hat Probleme in einer bestimmten Phase? Der Hund startet nicht richtig, es hapert bei Abzweigungen, Turns oder er entwickelt sich gar zum Ghosttrailer? Hier erfährst du, wie du dem entgegenwirken kannst.

DEM GHOSTTRAILEN VORBEUGEN

Luna sieht super aus. Sie trailt fantastisch. So lesbar. Jeder Move sitzt. Dann der Schock: Sie ist überhaupt nicht auf der Spur! Nicht mal ansatzweise. Sie hat die Spur irgendwann verlassen und keiner hat es gemerkt. Es war gar kein Unterschied zu sehen von „auf der Spur“ zu „nicht mehr auf der Spur“.
Bleiben Themen unerkannt und unbehandelt, kann sich aus dem Hund ein „Ghosttrailer“ entwickeln. Wir erkennen nicht mehr, wenn er die Spur verlässt.
Wehre den Anfängen und steuere so früh wie möglich gegen, wenn mal etwas nicht rundläuft. Gehe im Training gezielt in die Themen rein und arbeite diese auch durch. Wir geben dir ein paar hilfreiche Tipps an die Hand.

1.ÜBERFORDERUNG VERMEIDEN

Viele Hunde, die talentiert sind, bieten von sich aus viel an. Natürlich ist es wichtig, diese zu fördern, denn auch eine Unterforderung kann für den Hund Stress bedeuten. Ist dazu der Hundeführer noch sehr ehrgeizig, ist Vorsicht geboten. Werden Trainings, Events und Prüfungen zu früh oder zu kurz hintereinander absolviert, kann es beim Hund schnell zur Überforderung kommen. Der Hundeführer bemerkt die Anzeichen manchmal gar nicht oder erst zu spät. Kommt der Hund dann an seine Grenzen, speichert er häufig Problemlösung oder Ablenkung negativ ab. Er hatte das Gefühl, etwas nicht geschafft zu haben. Wird dies nicht rechtzeitig erkannt und der Hund in der Situation dann noch alleinegelassen oder „weitergetrieben“, kommt auch ein Vertrauensbruch auf der Beziehungsebene hinzu. Überforderung kann sich auch dadurch äußern, dass der Hund sich mental „wegbeamt“ und ins Laufen kommt. Zu lange Trails, zu viele Schwierigkeiten in Reihe geschaltet können den Hund vom Kopf her überfordern. Er „trailt“ dann einfach weiter, ohne Anzeichen, dass er nicht mehr auf der Spur ist. Hat er Schwierigkeiten negativ verknüpft, kann es sein, dass er versucht, sich auf dem Trail diesen zu entziehen, indem er die Spur meidet. Welcher Trail für welchen Hund geeignet ist, wann welche Schwierigkeiten eingebaut werden können und wie das sichere Umdrehen auf dem Trail trainiert wird, hängt viel vom Suchhundetyp und dem jeweiligen Ausbildungsstand ab. Hier sind das Einfühlungsvermögen und die Erfahrung des Trainers gefragt.

2. FAKEN VERMEIDEN

Dann gibt es noch den Fall, dass der Hund zwar Unterstützung bekommt, diese aber falsch und zu viel eingesetzt wird. Das Timing beim Führen stimmt nicht oder der Hund bekommt zu wenig Zeit, etwas selbstständig zu lösen. Das Resultat kann sein, dass der Hund gar nicht richtig sucht! Es sieht auf den ersten Blick so aus, in Wahrheit liest er aber nur unsere Körpersprache oder wir schieben ihn durch den Trail. Er lernt so, nur über Hilfestellung durch uns zu lösen. Das kann einige Zeit unentdeckt bleiben, das Trailen wird vom Hund meist schuldlos gefakt, also vorgetäuscht bzw. simuliert. Er wurde im falschen Moment bestätigt oder unterstützt und hat das so verknüpft. Er denkt quasi, dass dies genau das ist, was wir von ihm wollen. Das kommt auch noch in den höheren Stufen vor, wenn der Hundeführer schon erfahrener ist und einen Nachwuchshund trailt. Dann ist der Hundeführer vom Timing oft zu früh, er geht zu schnell in der Kreuzung in eine Richtung mit, da er es am Hund bereits vermeintlich erkannt hat, wo es langgeht. Wir sprechen dann vom „perfekten Hundeführer-syndrom“. Der Hund sieht jedoch nur so aus, als würde er die Spur nehmen.
Kommt dann noch stellenweise Druck vom Hundeführer hinzu, beispielsweise, weil der Hund unterwegs pinkelt oder schnüffelt, wird der Hund noch mehr „so tun, als ob“. Weiß dann keiner, wo es langgeht, beispielsweise bei einer Prüfung oder im Double-Blind (siehe Seite 229 f.), rennt der Hund irgendwo hin, da er das Trailen nie richtig gelernt hat.

3. UNTERFORDERUNG VERMEIDEN

Der Hund muss rechtzeitig lernen, wie es ist, wenn er von der Spur abkommt (ab Niveau Orange, Übergang Arbeitsphase). Wir dürfen ihn nicht die ganze Zeit zu eng an der Spur halten. Er muss erfahren, wo viel Geruch ist und wo der Geruch weniger wird. Er wird nicht nur im „Wohlfühlkorridor“ gehalten, damit er später auch keine Panik bekommt, wenn er sich zurückarbeiten muss (v. a. Ehrgeizige) und darin Erfahrung sammelt. Wir lassen ihn nicht schwimmen und zu weit abkommen, aber durchaus mal den Randbereich testen. Hierbei können auch die sauberen Turns gut trainiert werden! Unbedingt auf frische Witterung von der VP achten!
Was bedeutet „zu weit“? Das hängt natürlich vom Trail, der Umgebung und dem Suchhundetyp ab. Mal ein Stück parallel zur Spur ist okay, wenn er den Zug zur Spur behält. Mal 20 Meter in eine falsche Straße abbiegen ist okay, wenn er dann sauber dreht (außer er bekommt Witterung, dann zieht er eher weiter durch). Auf einer offenen Fläche an den Randbereich gehen ist auch in Ordnung.
Manchmal bleiben solche Themen auch eine Zeit lang unentdeckt, weil sie nicht regelmäßig auftauchen. Es gibt oft eine Verzögerung (beispielsweise wurde der Hund überfordert und dies wird nicht sofort im Folgetraining sichtbar, sondern erst im zweiten oder dritten Training danach) oder es existieren insgesamt Unregelmäßigkeiten, wann das Thema auftritt. Überlagern sich mehrere Themen und können vom Trainer nicht einzeln rausgefiltert und rechtzeitig bearbeitet werden, wird das Team seine Leistung insgesamt nicht verbessern. Werden die oben aufgeführten Punkte übersehen, kann sich daraus ein „Ghosttrailer“ entwickeln.

4. DIE EINZELNEN PHASEN SAUBER DURCHARBEITEN!

Es ist wichtig, in den Trainings planvoll vorzugehen und nicht zu früh in die nächste Phase zu wechseln. Am besten ist ein fließender, stetiger Übergang, in dem nachjustiert werden kann. Hier kann die unten aufgeführte Analyseliste dabei helfen, den Überblick zu behalten und Themen einzugrenzen, die bearbeitet werden müssen. Du kommst mit einem Team nicht mehr klar? Gehe folgende Punkte durch. Erst dann ist die jeweilige Phase abgeschlossen.

Mentalphase: Sicher durch die Stadt

Die Cores sind frei und das Team arbeitet motiviert nach vorne.

LERNPHASE

- Die Cores müssen alle frei sein; das Team arbeitet selbstbewusst und motiviert nach vorne.
- Der Hund ist in seinem Suchtempo.
- Der Hund ist lesbar: reiht sich deutlich vor der Kreuzung ein, biegt ab, zieht durch; je nach Suchhundetyp deutliches Eintauchen auf die Spur; Hochkommen/Quergehen/Turnen, wenn der Geruch weniger wird und er die Spur verlässt.
- Der Hundeführer beherrscht das Timing und das Leinenhandling in den Aktiv-Passiv-Zonen.
- Das Team wird noch relativ nah an der Spur gehalten.
- Der Hundeführer bleibt neutral, mit dem Bauchnabel zum Hund gedreht. Er weiß, wie er sich drehen und stellen muss; er weicht nicht rückwärts aus.
- Der Hundeführer geht flüssig mit seinem Hund mit, sein Blick ist weich.
- Das Team ist verbunden und arbeitet gut miteinander.
- Start, Trail und Ende des Trails werden gut absolviert. Der Hund geht gut los, ist auf dem Trail lesbar und geht gerne und freudig an die VP ran, hat kein Endpoolthema.
- Trails bis ca. 350 Meter Länge.

ARBEITSPHASE

- Die Cores müssen alle frei sein; das Team arbeitet selbstbewusst und motiviert nach vorne.
- Der Hund arbeitet in seinem richtigen Suchtempo.
- Der Hund arbeitet genau, im Sinne von „wer ist es genau“ (Individualgeruch) und „wo ist es genau“ (Richtung und Zeit werden unterschieden).
- Das Team kann Schwierigkeiten eigenständig lösen: alt/neu, Loop, großes und offenes „P“, einfache Zeitsprünge und Zeitketten, kleines „U“, Witterung vs. Spur, Spurdifferenzierung, Start aus Pool, abseits von der Spur starten, atypische Abgänge, Ranarbeiten, Indoor.
- Der Hund meidet Schwierigkeiten nicht, sondern löst sie freudig und selbstbewusst.
- Problemlösung in Reihe und Suchausdauer werden trainiert.
- Das Timing in der Kreuzungsarbeit ist meistens auf den Punkt, dem Hund wird genügend Raum zum Arbeiten gegeben.
- Das Team kann auch größere offene Flächen gut arbeiten, der Hundeführer kennt das „Tortenprinzip“.
- Der Hundeführer kann seinen Hund auch in den Schwierigkeiten gut lesen, bleibt entspannt und behält den Überblick.

Alle zusammen schließen gemeinsam den Trail mit Ruhe und Erfolgserlebnis ab. Hund, Hundeführer und VP.

- Das Team kann sich auch bei erhöhter Ablenkung im Außen gut konzentrieren.
- Das Team kommt in den unterschiedlichen Areas gut zurecht.
- Das Team darf freier arbeiten und arbeitet sich möglichst eigenständig zur Spur zurück, wenn es z. B. einmal ein Stück abgekommen/parallel gekommen ist.
- Die Turns kommen zuverlässig, sauber und schnell.
- Drive und Fokus zur Spur und VP sind hoch.
- Der Hund hakt gut ab, löst sich aus Alt (z. B. Cluster).
- Die Ausdauer ist gut, Hund und Hundeführer können bis ca. 800 Meter konzentriert und flüssig arbeiten.
- Der Hund wird auch mal auf der Spur rausgenommen (Vorbereitung zum Negativ, Team-Events, Einsatzübungen und spätere Einsätze).
- Der Hund zieht durch, arbeitet fokussiert und „faselt“ nicht.
- Das Team ist miteinander verbunden.
- Das Team ist bereits immer wieder über längere Strecken im Flow-Zustand.

MENTALPHASE

- Das Team arbeitet eigenständig auch lange und schwere Trails im Flow.
- Double-Blind (siehe Seite 229 f.), Negativs, alte Trails, 3D, Start-Endpool, Wasser und Hanglage, Indoor, Zeitsprünge schwer, große Straßen und Kreuzungen, Cartrails (siehe Seite 258), kontaminierter GA etc. werden erfolgreich gemeistert.
- Das Team ist mental stark und belastbar.

HÄUFIGE THEMEN

Welche Themen treten häufiger auf? Wir geben dir fünf Beispiele mit Lösungsansätzen:

- Der Hund geht vom Start nicht los, er steht oder schnüffelt rum, schaut seinen HF fragend an, fietscht oder bellt.
- Er ist auf dem Trail nicht lesbar, pinkelt, schnüffelt, kreiselt oder ist rückorientiert.
- Er markiert bei der Kreuzungsarbeit die richtige Richtung, zieht aber nicht durch und dreht wieder raus.
- Er läuft am Abgang vorbei oder dreht nicht um.
- Er macht den Zugriff am Ende nicht und überläuft die VP (Endpool)

1. THEMA START

Der Hund geht vom Start nicht los, er steht oder schnüffelt rum, schaut seinen Hundeführer fragend an, fietscht oder bellt.

Was überprüfst du als Trainer?

Körpersprache HF checken! Steht er zu statisch da? Bremst er unbewusst den Hund? Hält er die Leine hoch oder den Hund fest? Ist er tendenziell eher nach hinten gelehnt (Rücken, Fußstellung...)? Ist der HF selbst nicht im „Arbeitsmodus“? Hält er die Luft an und hat einen fixierenden Blick auf den Hund oder nach unten auf den Boden gerichtet? Das sind alles bremsende Faktoren. Hat er den Hund vor dem Start in die Unterordnung genommen, sitzen lassen oder eine Diskussion gehabt? Ist das Startritual zu langatmig und kompliziert? Hatte der Hund an dem Tag bereits eine weitere Beschäftigung und ist vielleicht müde (z. B. Besuchshund, Bürohund, Hundetagesstätte, Wanderung, Hundeschule, Obedience). Liegt eine Beziehungsthematik aus dem Alltag vor? Frust, Druck, keine klare Führung etc.? Wurde der Startpunkt zu schwer gewählt? Zu viel Ablenkung, Zuschauer, Poolgeruch, zu weit weg von der Spur angesetzt? Ist es der richtige Geruchsartikel? Wurde dieser ggf. durch eine zweite Person kontaminiert? Wurde der Hund in den vorherigen Trainings überfordert oder hatte er dort einen Konflikt?

Troubleshooting: Wie du mit wenig Strecke Wunder bewirken kannst!

Lösungsansätze:

- Der Hundeführer sortiert bereits vor dem Trail seine Leine etc.
- Er stellt sich mental auf den Trail ein und ist konzentriert bei der Sache. Atemübungen; Arme, und Schultern lockern, Hüpfen oder Durchschütteln können hierbei helfen.
- Er geht mit einem positiven Mindset locker und entspannt an den Start. Er denkt nicht an den (statischen) Start, sondern an die Bewegung, das aktive Trailen – also eher an das leidenschaftliche „Jagdfieber“.

Auch im Alltag ganz entspannt unterwegs.

- Das Startritual so einfach wie möglich gestalten! Sortiert und mit kurzer Leine zum GA zu gehen, führt in der Regel zu einem Spannungsaufbau beim Hund.
- Möglichst aus der Bewegung starten („fliegender Start“). Der GA kann in einem Glas auf den Boden gestellt oder durch eine zweite Person gereicht werden, sodass der Hundeführer direkt die Leine rausgeben und flüssig mit der Bewegung des Hundes nach vorne mitgehen kann. In solchen Momenten ist es auch hilfreich, in Trailrichtung zu starten.
- Kurz nach dem Start kann noch mit ein paar (nicht sichtbaren) Geruchsverstärkern sowie mit ziehenden Elementen wie Spur vs. Witterung gearbeitet werden, je nach SHT.
- Die Cores Confidence, Motivation und Lesbarkeit im Auge behalten!

Hier können im Folgetraining auch mal drei sehr kurze Trails hintereinander geschaltet werden, siehe Beispielkarte unten:
1. Trail zügiger Start aus der Bewegung, ca. 30 Meter, VP sitzt gleich ums Eck (hellblauer Trail). Der Hund wird beim Ankommen an der VP sofort bestätigt, er muss keine Anzeige machen. Er darf etwas von seiner Belohnung haben. Der Hundeführer führt ihn dann aktiv von der VP weg und geht wieder ein Stück zurück Richtung des Punktes, wo sie eben hergekommen sind. Die VP geht ein Stück weiter (weg vom letzten Endpunkt) und versteckt sich wieder ca. 20 – 30 Meter entfernt, sitzt gut zugänglich, aber nicht auf Sicht (pinkfarbener Trail). Als GA unterwegs am besten einen angefassten Stein hinlegen. Der Hund soll nochmals anriechen (Verknüpfung Start, Wiederholung und Konzentration). Er trailt los, das Tempo ist eher etwas höher als sonst. Die Motivation steht im Vordergrund! Der Hund kommt zügig bei der VP an und wird wieder sofort bestätigt. Der Hundeführer nimmt dann seinen Hund wieder aktiv von der VP weg und geht ein Stück zurück. Die VP legt den 3. kurzen Trail (gelber Trail). Somit haben wir drei kurze Wiederholungen, Start, Trail, Ankommen. Ziel ist es, den Hund gut in die Vorwärtsbewegung zu bekommen und bei Hund und HF die Leidenschaft und das „Jagdfieber“ zu wecken. Die Motivation, das Selbstbewusstsein und der Spaß werden dadurch erhöht. Durch die kurzen Wiederholungen speichert er das schnell ab und wird in der Regel bereits im nächsten Training deutlich besser starten! Bei „hartnäckigeren“ Fällen kann dieses Training auch erstmal eine Weile so beibehalten werden. Die Strecken werden langsam verlängert und die Anzahl der Trails in Reihe gekürzt oder situativ variabel gehalten.

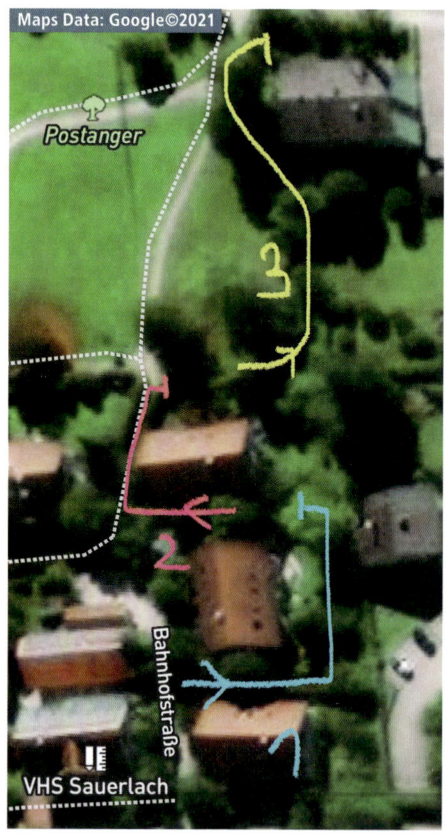

Beispielkarte Troubleshooting Start

2. THEMA LESBARKEIT

Er ist auf dem Trail nicht lesbar, pinkelt, schnüffelt, kreiselt oder ist rückorientiert.

Was überprüfst du als Trainer?

Wie sieht der Alltag aus? Wird dort eine Rückorientiertheit gefördert? Ist der Hund insgesamt eher unsicher? Gibt es ein Antijagd-Trainingsprogramm? Ist der Hundeführer sehr ehrgeizig und baut ggf. Druck durch seine Erwartungshaltung auf? Gibt es eine Beziehungsthematik? Wird der Hund im Alltag nicht klar geführt? Besteht ein gutes Vertrauensverhältnis zwischen Hund und Hundeführer? Hat der Hundeführer eine „gewisse Meinung“ von seinem Hund und ist von dieser schwer abzubringen (Thema Label)? Ist der Hundeführer schnell genug und geht zügig zum Hund mit? Schließt vor allem gerade zum Hund auf (nicht seitlich) oder ist er in allem zu langsam? Gibt es Rucks in der Leine, hält er die Leine zu fest, gibt keine oder zu wenig Leine in die Kreuzung raus? Ist der Hund im richtigen Suchtempo und wurde der SHT erkannt? Ist der Trail zu schwer, die Umgebung nicht passend gewählt: zu offen, zu viel Ablenkung, Gassimeile? Bekommt der Hund Witterung und hat einen Konflikt? Spielen Hormone eine Rolle?

Troubleshooting: Wie du mit Pep die Leidenschaft weckst!

Lösungsansätze:

- Suchtempo überprüfen, gegebenenfalls dynamischer führen.
- Zügig in einer geraden Linie direkt zum Hund aufschließen!
- Timing in der Aktiv-Passiv-Zone sauber bearbeiten, deutlich Leine einholen und rausgeben.
- Über das Traillegen den Drive des Hundes zur Spur erhöhen – je nach SHT.
- Die Cores Confidence, Motivation und Lesbarkeit bearbeiten!
- Mindset des Hundeführers und die Beziehungsqualität des Teams überprüfen, ggf. Sichtweise öffnen, Perspektive wechseln.

Schnüffeln und Pinkeln kann häufig …

… mit dynamischem Führen und einem höheren Suchtempo …

… sowie spannenden Trails entgegengewirkt werden.

Das richtige Leinenhandling und die Auswahl des Trainingsgebietes …

Leinenhandling Hier kann eine Trockenübung ohne Hund Sinn machen, um das exakte Timing bei der Kreuzungsarbeit zu trainieren. Einfach die Trailleine um den Bauch des Partners binden, dieser spielt „den Hund". Der Hundeführer hält die Leine wie beim Trailen in der Hand. So können jetzt, vom Trainer unterstützt, das Leinenhandling und die Kreuzungsarbeit geübt werden. Gut ist es auch, die Positionen zu tauschen. Der Hundeführer ist auch mal „der Hund" und der Trainer führt ihn absichtlich falsch: Er gibt zu wenig oder keine Leine raus, geht gegen die Bewegung, schließt zu spät auf etc. Es kann für den Hundeführer sehr hilfreich sein, einmal selbst zu spüren, wie sich das anfühlt und beim Laufen stört!

Pinkeln Wenn der Hund auf dem Trail viel pinkelt und die oben genannten Punkte bereits beachtet wurden, ist es ratsam, in den folgenden Trainings die Location zu wechseln und in einem Gewerbegebiet oder Indoor zu trainieren, wie Tiefgaragen, Parkdecks, Firmengelände, Schulen etc. und dort kürzere und spannende Trails legen. Dabei Gassimeilen und ewige Treppentrails vermeiden. So kann ich als Hundeführer auch mal wieder entspannt trailen. Oft ist es so, dass ich nach einiger Zeit bereits damit rechne, dass mein Hund an jeder Ecke hängen bleibt und pinkelt. Mein Blick steuert diese Stellen dann schon vorher an und die Gesamtstimmung auf dem Trail ist eher genervt. Wichtig ist es auch zu unterscheiden, warum er das tut. Zeigt er mir „den Stinkefinger"? Dann ist es sinnvoll, auch mal einzugreifen und das körpersprachlich zu unterbinden. Spielen Hormone eine Rolle? Versucht sich der Hund zu entziehen? Ist er unter- oder überfordert? Das Spiel mit der Leine ist hier sehr wichtig. Wenn der Hund dann eine Strecke gut gearbeitet hat und zwischendurch einmal pinkelt, lasse ich die Leine eher locker und atme selbst mal durch und nehme den Fokus eher weg von ihm. Hat sich das Pinkelverhalten bereits gefestigt und ist mit den üblichen Mitteln nicht zu beheben, kann man das auch mal durchbrechen, indem man den Hund weiter mitnimmt in die richtige Richtung, sich

... fördert die Motivation ...

... und das freie Nach-Vorne-Arbeiten des Hundes.

„durchsetzt" und aktiv das Tempo erhöht. Sobald er weiterläuft, nehme ich mich wieder zurück, lasse den Hund vorgehen und atme vor allem nach vorne. Wichtig ist es hierbei nicht zu verkrampfen und vor allem unemotional deutlich, aber entspannt zu bleiben! Das wird zwei bis drei Trainings lang gemacht und dann wieder abgebaut. Ziel ist es, das verfestigte Verhalten umzuschreiben und ihm ein Alternativverhalten zu zeigen (weitertrailen) und wieder mehr Leichtigkeit in die Arbeit zu bekommen. Besser eine hohe Qualität auf kürzerer Strecke, als ein mittelmäßiges „Gewürge" auf längerer Distanz.

3. THEMA KREUZUNGSARBEIT

Er markiert bei der Kreuzungsarbeit die richtige Richtung, zieht aber nicht durch und dreht wieder raus.

Was überprüfst du als Trainer?

Zeigt der Hund die Richtung in der Kreuzung zwar an, zieht dann aber nicht durch, deutet das meist auf eine fehlerhafte Positionierung des Hundeführers hin. Der HF bleibt nicht neutral in einer Linie hinter seinem Hund, sondern hat einen Winkel in der Leine und schließt nicht oder zu langsam zum Hund auf. Wenn ich als Hundeführer in der Kreuzungsarbeit zögerlich bin und meinem Hund nicht vertraue, merkt dieser das und verliert das Selbstbewusstsein in der Richtungsentscheidung.

Manchmal wird dem Hund in der Kreuzung auch zu wenig Leine rausgegeben, dadurch kann er nicht frei nach vorne arbeiten. Gehe ich als Hundeführer zudem noch zu spät mit, dreht mein Hund aus der Richtung wieder raus. Das kann auch mal im „Longieren" in der Kreuzung enden.

Je nach Suchhundetyp kann auch das zu späte Nachfassen beim Verlassen der Passivzone der Grund sein, warum der Hund aus der Richtung wieder rausdreht. Lasse ich den Hund insgesamt mit zu langer Leine in die Kreuzung laufen und verliere den Kontakt zu ihm, kann ihn das verunsichern. Je nach Typ Hund nimmt er mich dann nicht selbstbewusst mit und sagt „hier geht's lang", sondern verliert die Körperspannung und wird schwammig.

Zügiges Mitgehen und den Hund nicht anzweifeln fördern sein Selbstbewusstsein.

Troubleshooting: Sauberes Arbeiten!

Lösungsansätze:

- Trockenübung mit dem Partner zum Thema Leinenhandling und Kreuzungsarbeit machen (siehe unten)!
- Auf die Cores Selbstbewusstsein und Körpersprache beim HF achten.

Trockenübung Darauf achten, dass keine Winkel in der Leine entstehen und der HF in einer Linie hinter dem Hund bleibt. Aktiv-Passiv-Zone durchgehen, das Timing mit der Leine beachten. Wann wird die Leine rausgegeben (Point of Release) und wann wieder nachgefasst? Deutlich und sauber arbeiten. Beim Trailen mit dem Hund bereits vor der Kreuzung darauf achten, auf welcher Seite der Straße er sich einreiht.
Spannungsaufbau beim Hund über die Leine vor der Kreuzung erzeugen. Als Trainer achte ich darauf, dass mein Timing beim Führen auch stimmt! Ich muss die Zeit mit einplanen, die der Hundeführer benötigt, um meine Hilfestellung umzusetzen!

Leine raus kurz vor der Richtungsentscheidung …

… führt schnell zum Erfolg.

Am Point of Release gibt der Hundeführer Leine in die Kreuzung raus und atmet deutlich dabei aus. Der Hund biegt ab, der Hundeführer schließt zum Hund auf und fasst die Leine nach. Das Team verlässt die Kreuzung in einer Geraden. Auf die Körperspannung beim Hundeführer und die Atmung achten!
Mit dem Hund verbunden bleiben, den Energiekreislauf nach vorne zum Hund und zum HF zurück aufrechterhalten.
Um die Richtungsentscheidung zu erleichtern, kann mit Geruchsverstärkern gearbeitet werden. Beispielsweise lasse ich die VP ca. 5 Meter nach dem Abbiegen einen Stehpool setzen oder einen angefassten Stein auf den Boden legen. Achtung! Keinen Stehpool zu nah in der Kreuzung machen, sondern erst deutlich nach dem Abbiegen!
Wenn es dem Hund leichter fällt, kann zunächst auch mit Bodenverletzung und weichem Untergrund gearbeitet werden, bis der Hund gut durchzieht und den Hundeführer mitnimmt.

4. THEMA ABGANG ÜBERLAUFEN

Er läuft am Abgang vorbei oder dreht nicht um.

Was überprüfst du als Trainer?

Überläuft der Hund die Abgänge, liegt der Fehler meist schon weiter vorne, nämlich wie ich in die jeweilige Richtungsentscheidung hineinkomme.
Ich schaue zunächst, welchen SHT ich vor mir habe. Ist es ein Ehrgeiziger oder Mischtyp (Fall 1), der mit hohem Tempo arbeitet und sich gut in die Leine legt, ist oftmals der HF zu hart in der Hand und arbeitet mit seinem Körper gegen den Hund. Mit der Zeit wird der Hund dadurch immer unlesbarer, arbeitet hektisch und macht sich fest. Der Hundeführer trailt nicht aus seiner Körpermitte, sondern aus den Schultern und mit Kraft. Somit hat er Mühe, den Hund zu halten. Er hält sich an der Leine fest und kann so keine Leine in die Richtungsentscheidung rausgeben. Der Hund wird festgehalten, ist nicht lesbar und schießt in der Vorwärtsbewegung an den Abgängen vorbei.
Cores Körpersprache HF, Lesbarkeit und Konzentration prüfen.
Ist der SHT dagegen der Gelassene (Fall 2) und nimmt die Abgänge nicht deutlich, wird er wahrscheinlich nicht dynamisch genug geführt. Bin ich an kurzer Leine dicht hinten drauf, bleiben Tempo und Leinenlänge immer gleich und variieren nicht, verliert dieser Hund ebenfalls seine Lesbarkeit und dümpelt mehr oder weniger am Abgang vorbei. Alles sieht gleich aus. Keine Körperspannung, kein Elan, keine Lesbarkeit.
Cores Körpersprache HF, Lesbarkeit, Motivation überprüfen.

Troubleshooting: Gehe auf die SHT ein!

Lösungsansätze Fall 1: der Ehrgeizige

Das Wichtigste mit einem ehrgeizigen SHT ist das „Trailen aus der Körpermitte". Übungen für den Hundeführer aus dem „Fit for Trail"-Programm (siehe Seite 54 ff.) können helfen, die körperliche Fitness für diesen Hundetyp zu gewährleisten. Es geht hierbei ja auch um die eigene Gesundheit: Rücken-, Bauch- und Schultermuskulatur müssen trainiert sein und ebenso die Beine für Stabilität sorgen! Die wahre Kraft kommt über die Stabilität aus der Körpermitte und der tiefen Bauchatmung, die fließend bleibt. Nur dann ist dem Hundeführer ein weiches Führen und flexibles, zügiges Leinenhandling mit diesem schnellen, starken Hund überhaupt möglich! Nur dann kann auch der Zug-Gegenzug-Effekt vermieden werden. Denn nur dann traile ich mit wahrer Kraft und alles wird viel leichter! Solange ich ziehe, mich und den Hund krampfhaft festhalte und nur mit reiner Muskelkraft aus den Schultern arbeite, kann ich weder eine längere Strecke gut durchhalten, noch den Hund sauber führen. Wenn ich die Leine festhalte und ihm keinen Raum gebe, kann er nicht gut abbiegen und auch nicht umdrehen, wenn er falsch ist. Hierfür benötigt er weiches Führen und genügend Raum. Ich mache mich groß, richte mich gerade auf, spanne Rücken- und Bauchmuskulatur an, bringe den Schwerpunkt von oben (Schultern) nach unten (Bauch, Beine). Wenn meine Stabilität so gewährleistet ist, kann ich dem Hund durchaus auch beibringen, etwas langsamer und weicher zu trailen. Dafür muss ich aber auch weich führen können! Es kann durchaus auch mal hilfreich sein, einen erfahrenen Trainer den Hund zwei- bis dreimal im Training führen zu lassen, um auch den Hund in die Entspannung zu bringen. Der Hundeführer sieht dann meistens auch besser, was genau gemeint ist.

Sanddünen, Meeresbrise, Witterung…

Lösungsansätze Fall 2: der Gelassene

Beim Gelassenen (und Mischtypen) bekomme ich die Lesbarkeit über die Motivation und das dynamische Führen. Hilfreich ist es hier – zumindest vorübergehend – das Suchtempo zu erhöhen, denn meist dümpelt das Team zu langsam herum. Das erreiche ich vor allem durch das Traillegen und das sportliche Führen.

Der Suchhund lernt, mit verschiedenen…

- Ich lege Trails, die den Hund kicken. Das fängt bereits bei der Auswahl des Gebietes an. Mit Witterung arbeiten, Gewerbegebiet, Schulgelände, offene Flächen, Ranarbeiten, hügeliges Gelände, Start auf Rampen, fliegende Starts, kleine Sprünge einbauen etc.
- Von Beginn an gut und zügig mitgehen, phasenweise auch mal leicht joggen!
- Keine bremsenden Gegenbewegungen zum Hund machen.
- Leidenschaft und Spaß in den Vordergrund stellen.

… Gegebenheiten klarzukommen.

... Unterschiedliche Regionen sorgen für Abwechslung im Training und machen den Hund flexibel im Einsatz.

- Aktives Leinenhandling in der Kreuzung! Deutlich die Leine vor der Kreuzung verkürzen, etwas Tempo rausnehmen, Spannungsaufbau erzeugen! Deutlich Leine in die Kreuzung rausgeben! Zügig mitgehen! Nachfassen und Leinenkontakt halten, Tempo wieder aufnehmen! Das erzeugt einen Spannungsaufbau beim Verlassen der Kreuzung. Ggf. Geruchsverstärker nach der Richtungsentscheidung einbauen. Wichtig: Nicht den kompletten Trail „durchrennen". Wenn es unübersichtlich wird oder Richtungsentscheidungen anstehen, nehme ich etwas Tempo raus. Wenn die Richtung entschieden ist und es von der Umgebung her passt, erhöhe ich das Tempo wieder deutlich.
- Als Trainer sage ich alles rechtzeitig an, um das Team im Fluss zu halten. Das mache ich so lange, bis das Thema durchgearbeitet ist! Dann werden die Hilfen nach und nach abgebaut, das Team soll sich eigenständig das Tempo einteilen und die Trails lösen, sobald die Grundlagen hierfür geschaffen wurden.
- Wird dies alles umgesetzt, stimmen die Körpersprache des Hundeführers, das Suchtempo und Timing in der Kreuzung, kommt das Team selten in die Situation, dass ein Abgang nicht genommen wurde. Ausnahme: Die geruchlichen Gegebenheiten geben das so vor und der Hund bekommt frische Witterung aus der anderen Richtung.
- Entstehen andere Situationen, in denen der Hund nicht richtig umdreht, muss genau untersucht werden, woran das liegt und nochmal an den Turns gearbeitet werden. Liegt eine geruchliche Thematik vor? Läuft er auf alt oder der Trainerspur? Meidet er die VP-Spur?
- Blättere zur Vertiefung noch mal zum Anfang des Buches zurück zu den Kapiteln über die „Cores" und die drei Ebenen.

Ausgefallene Verstecke fördern die Motivation, ...

5. THEMA ZUGRIFF

Er macht den Zugriff am Ende nicht, überläuft die VP (Endpool)

Was überprüfst du als Trainer?

Möglichkeit A: Das passiert oft, wenn der Trail sehr lang oder schwer war, beispielsweise Problemlösung in Reihe trainiert wurde. Der Hund ist dann mit seiner Kapazität schon sehr am Limit und nimmt die VP am Ende nicht mehr an. Er ist quasi „durch“. Wichtig ist hier, im Aufbau bereits darauf zu achten, die Ausdauer und Konzentration stetig zu steigern und nicht zu viele Themen auf einmal zu trainieren. Hat er einen längeren oder schweren Trail gut gelöst und kommt freudig bei der VP an, kann ich das auch mal sofort bestätigen und muss nicht erst auf die Anzeige warten. Das gilt vor allem dann, wenn sie von der Lerntheorie her in diesem Moment keine Relevanz hat und für den Hund eher unverständlich ist, und ihm zudem wichtigere Faktoren madig macht, wie Motivation, Finden und freudig zur VP rangehen. Häufig wird zu oft und zu lange auf die Anzeige gewartet.

Möglichkeit B: Ein weiterer Punkt kann sein, dass der Hundeführer den Hund im Endpool zu kurz hält. Wichtig ist es, dem Hundeführer im Training aufzuzeigen, wie sich sein Hund im Endpool verhält. Wie sieht die Körpersprache des Hundes aus?

In der Regel sind hier sehr deutliche Unterschiede zu erkennen! Der Hund wird schneller, nimmt die Nase hoch, fängt an hin- und herzupendeln, der Fang geht auf, die Rute bewegt sich, er macht weiträumige Kreisbewegungen etc. Hier ist es wichtig, ihm genügend Raum zum Ranarbeiten und Eingrenzen des Endes zu geben! Mit der Leine weich bleiben und zügig mitgehen und ihn möglichst wie bei einer freien Suche arbeiten lassen.

... die Kreativität des Hundes ...

... und das Dranbleiben bis zum „Zugriff“.

Möglichkeit C: Hat er sonst kein Thema mit dem Endpool, stellt sich die Frage, was in den vorherigen Trainings war. Wurde zum Beispiel ein alter Trail gelegt und die VP am nächsten Tag ans Ende eingebracht oder ist sie selbst zum Endpunkt gefahren? Hier kann es sehr schnell zu Logik- und Zeitfehlern am Endpunkt kommen, da es immer eine konstruierte Geschichte ist. Für die Hunde ist es deshalb oftmals besser, bei alten Trails mit Negativende oder in dem Wohnpool zu arbeiten.

Troubleshooting: Spielerisch herangehen!

Lösungsansätze Möglichkeit A:
Erstmal wieder einen Gang zurückschalten und kurze, motivierende Abfangtrails legen. Ggf. auch zwei bis drei kurze Trails hintereinander auf dieselbe VP, je nach Typ Hund. Wenn der Hund in den Trainings stressfrei und motiviert läuft, dann wieder langsam Ausdauer aufbauen. Wichtig: spielerisch rangehen! Hier bieten sich auch Games (siehe Seite 229 ff.) im Training an, wie Pacman oder Schnitzeljagd.

Lösungsansätze Möglichkeit B:
Hier bietet sich Freitrailen an, beispielsweise auf einem eingezäunten Gelände. Der Hund kann mal so richtig durchziehen und der Hundeführer sieht deutlich, wie sein Hund im Endpool arbeitet, ohne sich auf Leinenhandling o. Ä. konzentrieren zu müssen.

Lösungsansätze Möglichkeit C:
Auch hier erstmal ein Stück zurückschrauben und eher kurze Trails legen, nichts, wo der Hund am Ende „rödeln" muss. Ähnlich wie bei A auch Games wie Pacman oder Schnitzeljagd einbauen.

„REPARIER-TRAILS" NACH EINSÄTZEN

Vor allem nach Einsatzprüfungen und Einsätzen können besonders bei Nachwuchsteams Probleme auftreten. Plötzlich meidet der Hund die Spur, drückt weg, sieht dabei wahnsinnig beschäftigt aus, geht aber quer zur Spur und will nicht wirklich am Ziel ankommen.

Das kann mehrere Gründe haben:

1. Der Hund wurde mit einer ihm unangenehmen Situation im Einsatz konfrontiert, die er nicht einzuschätzen weiß (beispielsweise Totgeruch oder Stresshormone der vermissten Person, Medikamente wie Psychopharmaka o. Ä.)
2. Im Einsatz ist geruchlich etwas schiefgegangen, es wurde unwissentlich mit Mischgeruch gearbeitet und die zweite Person oder das Tier waren zum Ausschließen nicht am Start.
3. Der Hundeführer hat den Hund mit seiner Körpersprache beeinflusst, beispielsweise an einer schwierigen Stelle – und damit den Hund gestresst und geschoben.
4. Ein vorher suchendes Team im Einsatz hat ein Kleidungsstück des Vermissten offen mitgetragen und damit beim nachfolgenden Suchhund für Verwirrung gesorgt.
5. Der Hund kann mit einem Fall, an dem er mehrere Tage oder sogar Wochen gearbeitet hat, mental nicht abschließen.

Es gibt noch Vieles, das passieren kann und sich dann negativ auf den Hund und sein Suchverhalten auswirkt. Obenstehende Punkte kommen am häufigsten vor und müssen im Hund schnellstmöglich repariert werden. Was kannst du als Trainer in diesen Fällen machen? Wie kannst du über das Traillegen diese Themen beim Hund am besten „ausleiten", damit sie sich nicht in ihm verfestigen? Letzteres hängt davon ab, wie schnell dir das Thema überhaupt bewusst wird und wie genau du die Ursache eingrenzen kannst. Begib dich wie ein Detektiv auf Ursachenforschung und frage beim Hund anhand der Trainingstrails diverse Punkte ab. Die Dauer der „Therapiezeit" hängt vom Team ab. Wie schnell kann der Hund die Hilfe annehmen, wie offen ist er, wie schnell kann er Themen abhaken? Wie stark ist der Hundeführer mental und kann auch er das Thema loslassen? Ziel ist es, den Hund mental und auch körperlich im Innersten zu erreichen und das in seinem Gehirn negativ gespeicherte Thema zu überschreiben. In manchen Fällen muss dafür das Thema noch mal gezielt und direkt aufgegriffen werden, in anderen Fällen macht es mehr Sinn, dies nur subtil zu tun, beispielsweise über den Energiefluss im Energy Balanced Trailing (siehe Seite 45 ff.).

AUFGABE

Wie könnte ein Trail für einen Hund aussehen, der die Spur meidet – der sich bereits beim Geben des Geruchartikels leicht wegdreht?

Lösung

Unter Berücksichtigung des SHT eignen sich folgende Tricks am besten:

Der Start

1. Ein fliegender Start über den Geruchsartikel in Trailrichtung.
2. Den Hund zwei oder drei Meter abseits der Spur auf einem leicht bergab führenden Weg starten lassen. Die Spur quert unter ihm. Den Minimalgeruch mit einem kleinen Stein anreichen, aber erst dann, wenn er mit der Nase bereits leicht nach vorne wittert und die Lage schon checkt.
3. Entgegen der Spur ansetzen und Geruchsverstärker in die richtige Richtung auf die Spur legen, um ihn dort hinzuziehen.
4. Start Indoor mit Minimalgeruch etwas abseits der Spur gleich mit Entscheidung, um nicht lange nachdenken zu müssen.
5. Drei kurze Trails hintereinander: Start, Trail, Ankommen. Der Hund wird kurz belohnt, dann von der VP aktiv weggenommen und ein Stück zurückgeführt. Die VP versteckt sich ein weiteres Mal: in das „Jagdfieber" kommen (siehe Seite 216).

Der Trail

1. Indoor mit schnellen Entscheidungen und relativ kurz gehalten, keine verschlossenen Türen.
2. Langer Trail zum Reinträumen mit Schlangenlinien und weichem Untergrund, z B. ein Trampelpfad im Wald.
3. Untergrundwechsel, zwei einfache Entscheidungen in Form eines atypischen Abganges und einer T- Kreuzung.
4. Games: Leichte Double-Blind-Varianten, die gut gelöst werden können, z. B. wenn der Hundeführer den Hund gestört hat. Das fördert das eigenständige Arbeiten des Hundes und das Vertrauen des HF, an den Hund abzugeben.

Das Ende

1. Ein einfaches Versteck zum „Drüberstolpern".
2. Etwas zum Ranarbeiten. Der Hund bekommt schon früh Witterung durch einen Durchzug. Die VP sitzt beispielsweise hinter einer vergitterten, aber ansonsten recht offenen „Müllcontainer-Insel".
3. Ein leicht erhöhtes Versteck, damit der Hund sich ranarbeiten muss und schon früh Witterung bekommt (möglichst nicht auf einer großen offenen Fläche).
4. Games: „Pacman"

„Repariertrails" – spannende Indoortrails können den Hund aus seiner Routine rausbringen.

Abseits der Spur ansetzen

Wenn der Hund die Spur nicht mehr annimmt und meidet, liegt die Lösung des Problems nicht darin, ihn mit viel Geruch auf die Spur zwingen zu wollen. Vielmehr geht es darum, wieder im Hund den Wunsch zu wecken, zur Spur und zur VP zu wollen.

Minimalgeruch und Indoor

Wir arbeiten am Start mit Minimalgeruch, denn auch hier ist weniger mehr. Der Hund weiß, was er tut, es ist ihm momentan nur alles zu viel. Daher ist wenig Geruch und das Spielerische auf dem Trail wichtig. Einen kompletten „Reset" erreichst du oft mit einem gut gelegten Indoortrail. In den Trainings etwas anderes machen als sonst und das Team und vor allem den Hund aus der Routine rausbringen. Ihm etwas Spannendes bieten, das ihn fesselt und nicht lange nachdenken lässt. Hat er Zeit zum Nachdenken, wird er sich an das Unangenehme vom Einsatz erinnern und die Spur meiden. Ist er gefesselt und hat etwas Spannendes zu lösen, kickt ihn das. Die Auswahl des Gebäudes ist sehr wichtig, um nicht zusätzlich Stress zu erzeugen. Also kein sehr belebtes geöffnetes Kaufhaus etc.

Witterung vs. Spur

Eine andere Variante ist, mit Witterung vs. Spur zu arbeiten (v. a. bei den SHT Gelassen oder Kombinierer). Wenn der Hund abkürzen möchte, lassen wir ihn; und wenn er wieder auf der Spur angekommen ist, geben wir Gas. Auch hier ist das Prinzip Hinwollen/Motivation/Freudig-nach-vorne-Arbeiten das Entscheidende.

Mit einem Fall abschließen

Erfahrenere Hunde, die auch länger an einem bestimmten Fall arbeiten, brauchen manchmal Unterstützung, um damit abschließen zu können. Eine Möglichkeit ist es, mit dem Geruch des Vermissten an einen Ort zu fahren, an dem dieser sicher nie war und dort mit einem Ansatznegativ den Fall abzuschließen. Es ist wichtig, den Hund zu belohnen und den Geruchsartikel wegzuwerfen und nicht wieder mit ins Auto zu nehmen. Auch hilft dabei ein vorher eingeführtes Wort zum Beenden einer Tätigkeit wie „Fertig" oder „Ende". Es macht Sinn, dies schon früh einzuführen, um es später im Einsatz bei Trailabbruch verwenden zu können, damit der Hund lernt, sich zu entspannen.

COOLE GAMES

Die Games haben wir entwickelt, um die Vorbereitung auf Prüfungen und Einsätze möglichst spielerisch aufzubauen. Sie finden auch im Troubleshooting ihre Anwendung, um unsere Hunde nach Prüfungen und Einsätzen wieder aufzufangen, da sie in „ernste" nachgestellte Situationen eine gewisse Leichtigkeit bringen.

Es geht vor allem darum, das Team eigenständig und den Hund unabhängig nach hinten zu machen. Es gibt kein „richtig" oder „falsch". „Alles, was nach vorne gerichtet ist, ist gut." Wir zeigen dir hier ein paar Beispiele, die du in deine Trainings einbauen kannst und wünschen dir viel Spaß beim Ausprobieren.

DOUBLE-BLIND

Double-Blind (DB) bedeutet, dass keiner der Suchenden den Weg oder das Versteck der VP kennt. Auch der Trainer nicht! Das Suchteam läuft komplett unwissend. Das ist eine sehr wichtige Übung, da wir ja wissen, wie unsere Gedanken und unsere Körpersprache die Hunde beeinflussen. Nur so kann ich sehen, wie weit das Team wirklich ist. Double-Blind zu laufen ist vor allem für den Hundeführer ein völlig anderes Gefühl, als wenn jemand den Weg kennt. Es ist ein sehr gutes mentales Training! Cool bleiben, sich auf die eigene Atmung und die Verbindung zum Hund zu konzentrieren, den Kopf frei zu haben. Ob – und wenn ja, wann – und auch wie es trainiert werden soll – da gehen die Meinungen weit auseinander. Wir plädieren dafür, es relativ früh zu beginnen, sofern es richtig aufgebaut wird! Der Aufbau ist das A und O und nimmt dem Ganzen den Schrecken. Eine frühe Gewöhnung daran macht das Team stark und selbstbewusst, das Lösen des Suchrätsels ist eine spannende, kickende Aufgabe. Zudem können aus dem Double-Blind-Training wertvolle Schlüsse für das Team im Einsatz gezogen werden! Nach der Checkliste sind verschiedene Trainingsvarianten aufgeführt.

Kurze Checkliste, bevor du damit anfängst:

— Die Arbeitsphase ist sauber durchgearbeitet (die Punkte, woran du das erkennst, findest du im vorherigen Kapitel Troubleshooting), das Team befindet sich im Übergang zur Mentalphase.
— Die Cores sind frei (die Punkte Selbstbewusstsein, Motivation und Körpersprache können durch das Double-Blind aber noch einmal verbessert werden).
— Es existieren keine gravierenden Themen auf der Beziehungsebene (das Thema „Vertrauen zum Hund und Kontrolle abgeben" kann hiermit sehr gut angegangen werden). Der Hundeführer arbeitet aber nicht mit falschem Ehrgeiz und baut keinen zu hohen Druck auf.
— Bei der Auswahl des Gebietes auf den Suchhundetyp eingehen.
— Erst einmal in einem cleanen Gebiet ohne alte Spuren beginnen.
— Einige Parameter festlegen (das Ende ist nicht indoor, es geht nicht über die Bahngleise etc.).

01 Das unbekannte Ende

- Die Suchzeit begrenzen.
- Suchteam und VP sind über Handy erreichbar, falls etwas Unvorhergesehenes eintritt oder die Suchzeit zu lang wird. Das Suchteam kann der VP ggf. auch seinen Live-Standort mitteilen.
- Der Trainer hat eine Fortbildung zu diesem Thema besucht (Aufbau, Analyse).

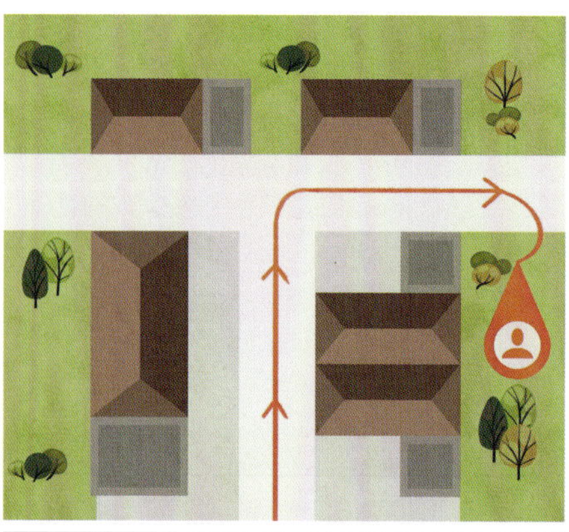

02 Die T-Kreuzung

1. DAS UNBEKANNTE ENDE

„Das unbekannte Ende" ist ein guter Beginn für das DB-Training. Der Trail ist insgesamt nicht sehr lang, etwa 200 Meter. Ca. 150 Meter der Spur sind dem Trainer bekannt, das Ende nicht mehr. Es wurde beispielsweise ein Gebäudekomplex ausgemacht. Auf diesem Gelände darf sich die VP irgendwo gut zugänglich verstecken. Das DB-Gebiet ist rot eingekreist.

2. DIE T-KREUZUNG

Bei der „T-Kreuzung" bestehen nur zwei Entscheidungsmöglichkeiten. Der Trail ist bis kurz vor der letzten Kreuzung bekannt und soll nur zum Eintrailen dienen und deswegen auch eher kürzer gehalten werden (ca. 150 – 200 Meter). Direkt nach der Richtungsentscheidung kann die VP einen Stehpool zur Verstärkung der richtigen Richtung legen. Sie sollte dann auch kurz darauf zu finden sein und maximal 50 Meter weitergehen. Das Versteck selbst sollte recht

einfach gewählt werden, aber keinesfalls sichtbar auf der Straße stehen! Ein Stromkasten, ein Baum oder eine Hofeinfahrt bietet sich als Versteck an.
Diese Einstiegsvariante kann im Schwierigkeitsgrad beliebig gesteigert werden, indem alte Spuren in die andere Richtung darunterliegen oder mehr und mehr Richtungsentscheidungen hinzugenommen werden. Ebenso kann das Versteck am Ende schwieriger gewählt werden, sodass das Team sich mehr ranarbeiten und dranbleiben muss. Natürlich dürfen immer nur einzelne Punkte und nicht alle auf einmal erschwert werden.

3. WEISSES DOUBLE-BLIND

Diese DB-Variante hat den Zusatz „Weiß" wegen der ersten Farbstufe und eignet sich beispielsweise auch für gute Junghunde im Aufbau mit einem erfahrenen Hundeführer. Diese Variante ist bereits eine etwas längere Spur, aber dafür räumlich begrenzt. Beispielsweise führt der Trail 200 – 250 Meter in eine Sackgasse. Es sieht im ersten Moment leicht aus, ist aber sehr gut, um das DB psychologisch positiv aufzubauen. Denn das Team muss schon eine gewisse Strecke trailen, es kann aber nicht viel schiefgehen.
So werden Coolness und Confidence sowohl beim Hund als auch beim Hundeführer beim Double Blind gleich zu Beginn gefördert.

4A. ECKSTEIN-VERSTECKSPIEL, LEICHT

Dieses Game kommt immer sehr gut an und macht riesig Spaß! Zu Beginn wird die „Spielzone" festgelegt und dafür ein Gebiet eingekreist. In diesem Gebiet gibt es ein paar Versteckmöglichkeiten. Diese werden durchnummeriert und mit Zahlen benannt. Die VP darf sich nur aus diesen Verstecken eines aussuchen! Die Spielzone ist möglichst in einem eingezäunten oder irgendwie begrenzten Bereich, das kann ein Schul- oder Firmengelände sein oder auch ein Wohngebiet. Diese Grenzen werden vorher allen Teilnehmern genannt. Die VP wählt nun außer Sichtweite von HF und Trainer selbstständig ein Versteck. Zu Beginn geht es nur um das „Finden". Es bietet sich für die spätere Analyse an, dabei zu filmen. So kann man anschließend Revue passieren lassen, was der HF in welcher Situation gedacht hat, wo er ggf. unsicher war oder auch welche Sequenzen besonders gut liefen. Anfänglich ist es gut, einen zeitlichen Rahmen zu setzen, z. B. 30 Minuten. Sollte sich das Team im Gegenüber „aufhängen", dann darf der HF dem Hund auch mal anbieten, sich die andere Seite anzuschauen und sich wieder aus dieser Situation zu lösen. Hierdurch wird gleichzeitig das in der Mentalphase so wichtige Spiel zwischen Führung abgeben und wieder aufnehmen trainiert.

03 Weißes Double-Blind

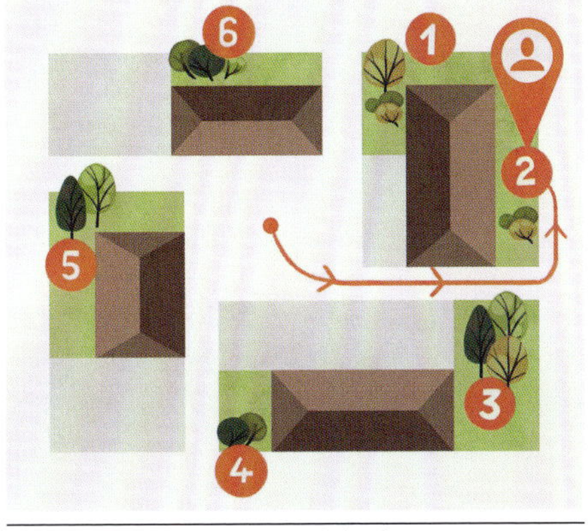

04a Eckstein-Versteckspiel, leicht

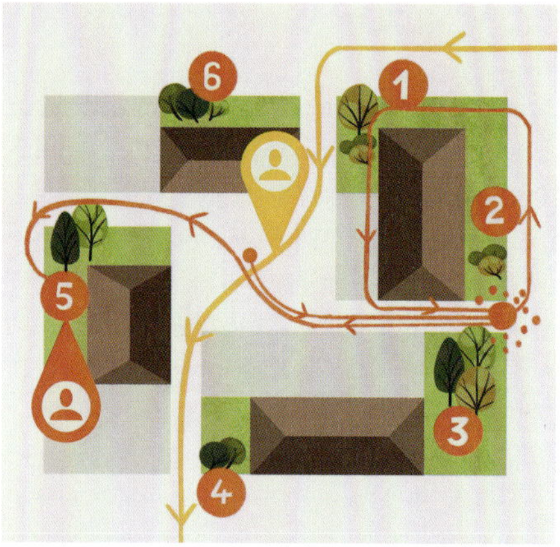

04b Eckstein-Versteckspiel, schwer

4B. ECKSTEIN-VERSTECKSPIEL, SCHWER

Genau wie bei den oben beschriebenen DB-Varianten ist auch das Eckstein-Versteckspiel in späteren Formen noch deutlich komplexer zu gestalten. Dazu kann es je nach Suchhunde- und Lösungstyp beliebig variiert werden. Alte Spuren können in verschiedenen zeitlichen Schichtungen (ein Tag alt, zwei Wochen alt usw.) darunterliegen. Die VP kann erst eine falsche Richtung anteasen und einen Loop oder einen Pool an einem anderen Versteckort legen, um anschließend erst in das richtige gegenüberliegende Versteck zu gehen – quasi wie das Legen einer Finte. Ferner kann noch eine zweite Person als Spurdifferenzierung taktisch leicht oder besonders schwierig über die Spur laufen. Diese geht dann deutlich aus der Spielzone heraus und bleibt auch erst mal weg, damit es DB bleibt. Natürlich kann auch die Größe der „Eckstein-Spielzone" erweitert werden, es können Indoor-Verstecke hinzugenommen werden, die Ablenkung innerhalb der Spielzone kann erhöht werden (z. B. ein belebtes Einkaufgebiet) etc.

Tipp: Für die sehr fortgeschrittenen Teams kann auch Eckstein mit Pacman (siehe unten) kombiniert werden. Zudem eignet sich das Eckstein-Versteckspiel auch sehr gut für das Start-Endpool-Training!

5. PACMAN

Wir lieben Pacman! Hier legen wir den Fokus auf das Ende, das „Schnappen" der VP. Das ist der ultimative Kick, denn sie bewegt sich immer weiter und bleibt nicht an ihrem Versteckort stehen! Spätestens jetzt bricht das Jagdfieber aus. Wir definieren wieder ein bestimmtes Spielfeld (Tortenstück) oder legen eine Himmelsrichtung fest. Die VP muss genau instruiert werden, denn der Hund darf

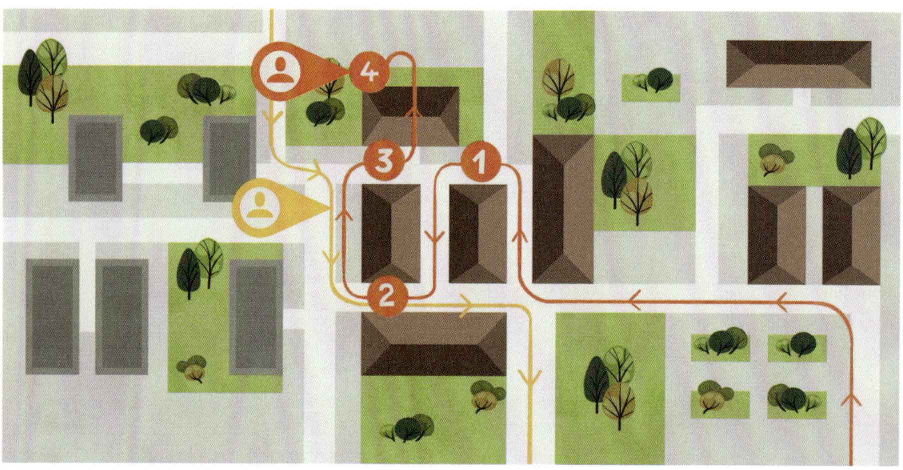

05 Pacman

sie keinesfalls wegrennen sehen und das Ganze optisch verknüpfen. Sonst lernt er im Endpool hektisch Ausschau nach der VP zu halten, anstatt mit der Nase zu suchen. Das bedeutet, dass

1. die VP vom Versteck aus eine weitere Strecke überschauen kann, damit sie das Team rechtzeitig kommen sieht und
2. der Weg in das nächste Versteck nicht zu weit weg sein darf! Sonst besteht die Gefahr, gesehen zu werden. Hausecken und Gewerbegebiete sind meist gut geeignet.

Die VP muss sich aber auch gut mit Geruch und Witterung auskennen, um einzuschätzen, aus welcher Richtung der Hund kommt und es nicht zu schwer zu machen. Ein Trainer oder erfahrener Hundeführer eignet sich hier als VP am besten. Es werden ca. 2 – 3 Positionswechsel gemacht, dann sollte der Hund den Zugriff bekommen. Dieses Spiel ist für alle Beteiligten ein großer Spaß, denn auch die VP erlebt den Kick des Räuber-und-Gendarm-Spiels aus der Kindheit!
Tipp: Ein wenig Vorsicht ist angebracht bei ehrgeizigen Langohren, damit sie nicht zu sehr hochfahren! Für diese Hunde eignet sich sehr gut das Game „Schnitzeljagd“ (siehe unten).

6. SCHNITZELJAGD (ODER AUCH „HÄNSEL UND GRETEL“)

Die Schnitzeljagd eignet sich besonders gut für Hunde, die gerne einmal hochfahren, ehrgeizig sind, irgendwie gestresst wirken und manchmal etwas zum Reinträumen brauchen, das aber auch noch Spaß macht. Hier machen wir uns das spielerische Entdecken zunutze. Am besten eignet sich als Geruchsartikel das Fahrrad oder der Scooter der VP. Wir befinden uns in einem schönen, ruhigen, eher lichten Waldgebiet mit weichen Trampelpfädchen. Vielleicht ist es ein wenig hügelig oder hat andere regionale Besonderheiten (kleine Kapelle im Wald, ein Baum-Tipi o. Ä.). Der Start ist am Waldrand auf einem Feldweg. Dort legt die VP ihr Fahrrad an den Rand des Weges (abgesperrt). Sie nimmt ein paar Gegenstände von sich mit, Socken, Schal o. Ä. und läuft ein paar Hundert Meter in einer Himmelsrichtung (kein „U“) weiter durch den Wald. Wenn möglich, geht sie an markanten Punkten vorbei (der besondere Baum, der kleine Graben, der Tümpel, die Lichtung etc.) und „verliert“ unterwegs immer wieder einmal eines ihrer Kleidungsstücke, wie Hänsel und Gretel die Brotkrumen auf den Weg gebröselt haben oder wie Hinweise bei der Schnitzeljagd. Das Suchteam findet unterwegs also immer wieder Gegenstände der VP. Das finden die Hunde großartig!
Wichtig: Die Hunde müssen die Gegenstände nicht verweisen, kommen vielleicht auch gar nicht direkt dran vorbei oder nur an manchen. Auf dem Rückweg das Einsammeln der Gegenstände nicht vergessen.
Tipp: Dem Hund bereits einige Meter vor dem Start (Fahrrad) das Geschirr anziehen und den Feldweg bereits ein Stück über die VP-Spur einlaufen lassen, um dann das Fahrrad zu „finden“. Dann Suchkommando geben und gleich los! Meist atypischer Abgang in den Wald! Garantierter Spaß für Hund und Hundeführer!

06 Schnitzeljagd (oder auch „Hänsel und Gretel“)

WIRF DEINE LEINE WEG – FREITRAILEN

1. WAS IST FREITRAILEN?

Freitrailen bedeutet, ohne Leine zu trailen. Der Hund bekommt einen Geruchsartikel am Start und sucht anhand des Individualgeruchs eine Person oder ein Tier. Nicht jeder Hund ist hierfür geeignet und auch nicht jedes Gelände! Freitrailen birgt einige Gefahren in sich und kann daher nicht überall von jedem Team ausgeübt werden. Straßenverkehr, Wild, Bahnlinien, Absturzgefahr in den Bergen etc. stellen für den frei arbeitenden Hund mögliche Gefahrenquellen dar. Gerade zu Beginn ist es sinnvoll, das Freitrailen in einem umzäunten und sicheren Gelände zu trainieren. Bei Trainings im Wald muss vorher mit dem Jagdpächter bzw. Forstamt gesprochen und auf die Brut- und Setzzeiten geachtet werden, da ein freies Training nicht überall erlaubt ist.

Das eigenständige Arbeiten wird gefördert.

Freitrailen ist eine sehr gute Möglichkeit, um Motivation aufzubauen und beim Hund die Eigenständigkeit und das Nach-vorne-Arbeiten und Durchziehen zu trainieren. Unsicheren Hunden kann es Selbstsicherheit geben und rückorientierte Hunde lernen, sich bei der Suche vom Hundeführer ein Stück weit zu lösen.

2. WAS WIRD HIERFÜR BENÖTIGT?

Wenn Freitrailen regelmäßig ins Training eingebaut werden soll, macht es Sinn, eine Kenndecke zu verwenden. Wird auch im freien Gelände trainiert (nur mit Hunden, die auch im Freilauf kontrollierbar sind!), ist eine (Bären-)Glocke an der Kenndecke sinnvoll, um den Hund gegenüber Außenstehenden (Jägern, Tieren u. a.) hörbar zu machen. Ansonsten brauchen wir natürlich noch eine VP, einen GA und die Belohnung.

3. FÜR WEN IST FREITRAILEN GEEIGNET?

- Für Teams, die in ihrer Beziehung mit dem Hund etwas verbessern wollen. Durch die freie Suche wird die Kommunikation zwischen Mensch und Hund gefördert. Zu Beginn läuft der Hund meist noch weite Kreise um den Hundeführer, die im Lauf der Zeit kleiner werden und die Kooperationsbereitschaft nimmt immer mehr zu, sodass der Hund in kürzerer Distanz zum HF bleibt.
- Freitrailen ist bei Themenhunden auch mit Maulkorb sehr gut möglich.
- Für Hunde, die bei der Suche selbstbewusster und selbstständiger werden sollen. Durch die eigenständige Problemlösung wächst ihr Selbstvertrauen und sie können über sich hinauswachsen. Durch die Freiheit, die sie ohne Leine haben, können sie ihr volles Potenzial ausschöpfen, sich ausprobieren und ihren individuellen „Style" finden.
- Für Hunde, die häufig Führfehler oder Kontrolle und Druck des Hundeführers

Freitrailen mit Langohrhunden macht man am besten nur auf eingezäuntem Gelände.

kompensieren müssen. Viele Suchhunde müssen auf den Trails unpassendes Leinenhandling, falsches Timing, zu langsames Suchtempo, Gegenbewegungen des Hundeführers etc. ausgleichen. Durch das Freitrailen bekommen sie die Möglichkeit, auch mal ohne direkte Einwirkung von außen zu arbeiten. Das erhöht den Drive zur VP, macht sie frei und selbstbewusst (eigenständige Problemlösung).

Tipp: Auf einem geeigneten und sicher eingezäunten Gelände ist Freitrailen für nahezu jeden Hund geeignet und eine willkommene Abwechslung.

4. FÜR WEN IST FREITRAILEN NICHT GEEIGNET?

— In freiem Gelände ist es nicht geeignet für Langohrhunde, die sich so in den Geruch hineinträumen, dass eine freie Suche zu gefährlich wäre, beispielsweise Bloodhounds. Die blenden ihre Umgebung komplett aus und würden Autos und andere Gefahren nicht mitbekommen.

— Für reaktive Hunde, die erst auf das Freitrailen vorbereitet werden müssen. Diese Hunde müssen erst mal vorab in einem abgesicherten Rahmen stabilisiert werden. Sicherheit für das Team aber auch die Umwelt geht vor.

— Freitrailen ist auch nicht so gut für Hunde geeignet, die mit Weite und Freiheit schlecht umgehen können und dadurch verunsichert sind. Es kann aber auch der falsche und zu frühe Zeitpunkt gewesen sein, um es auszuprobieren. Für manchen Hund ist das „normale" Trailen, bei dem er mit seinem Hundeführer über die Leine verbunden ist, passender. Freitrailen sollte dann ein- bis zweimal ausprobiert werden!

Junge Schneestapfer bei der Arbeit, da kann man auch mal die Leine loslassen.

5. WANN KANNST DU DAMIT BEGINNEN?

In manchen Fällen macht es Sinn, bereits die ersten Entdeckertrails frei arbeiten zu lassen, beispielsweise bei einigen Welpen und sehr kleinen Hunden (Kaninchendackel o. Ä.). Ansonsten bauen wir in der Regel erstmal die Grundlagen des Trailens auf. Wenn diese mit dem Ende der Lernphase sitzen, kann dann das eine oder andere freie Training eingebaut werden.
Werden unterschiedliche Nasenarbeits-Trainings absolviert, wie Scent Detection, Trailen, ZOS und Ähnliches, gilt es genau abzuwägen, wann du deinem Hund etwas Neues beibringst. Jede Arbeit sollte erst mal sicher vom Hund verstanden sein, bevor du zu viel durcheinandermischst. Sonst kommt er womöglich durcheinander.

6. WO KOMMT FREITRAILEN ZUM EINSATZ?

— Dem Hund kann es leichter fallen, sich durch ein komplexes Start-Endpool-Problem zu arbeiten, wenn er die Situation frei lösen kann.
— Schwer zugängliche Bereiche in der Natur, wie am Berg oder wenn es durch Dickungen geht, können für alle Beteiligten leichter sein, wenn sich der Hund frei durcharbeitet. So werden Rucks in der Leine und störendes Gegenarbeiten vermieden. Sobald die Situation gelöst ist und eine Richtung klar angezeigt wird, kannst du dich wieder einklinken. Einige Hunde warten automatisch nach dieser Freisuche auf den Hundeführer oder du trainierst ein „Warte"-Signal ein. Auch der Übergang von der Freisuche zur Suche

an der Leine muss trainiert werden. Du musst wissen, wie sehr der Wechsel deinen Hund beeinflusst – oder auch nicht.
- Freitrailen bietet sich genauso für schwierige Thermiklagen an. Der Hund kann diese Herausforderung so schneller lösen, z. B. weil er einen Hang rauf und runter laufen muss oder sich schnell drehen etc.
- Im Endpool selbst lässt du den Hund dann durchziehen. Der Abstand, ab wann der Hund noch wartet oder sich weiter entfernt, muss vorher in einem geschützten Rahmen überprüft werden.

7. DER EINSTIEG INS FREITRAILEN – WIE IST DER AUFBAU?

Alle Verweisarten werden abseits der eigentlichen Freisuche erst einmal separat aufgebaut. Wenn die Verweisart sitzt, wird sie mit der Suche zusammengesetzt und dann in allen möglichen Varianten trainiert. Es werden möglichst wenige Hör- und Sichtzeichen eintrainiert, da diese Hilfen später wieder abgebaut werden müssen. Geschieht dies nicht, kann es insbesondere in Stresssituationen (im Einsatz) vorkommen, dass der Hund diese Hilfen wieder einfordert. Ziel ist es, dass der Hund möglichst viel von sich aus selbstständig macht, ohne jegliche Kommandos seitens des Hundeführers.

Freiverweisen

1. Zuerst wird das Anspringen einzeln trainiert. Der Hund wird auf kurzer Distanz abgesetzt und durch eine offene Körperhaltung eingeladen, zu dir zu kommen. Du motivierst ihn, dich anzuspringen. Beispielsweise: Arme ausbreiten, leicht nach hinten lehnen, auf die Brust klopfen. Wenn er es macht, wird er dafür gelobt. Wichtig ist, dass diese Übung aus einer „Ruhesituation" durchgeführt wird und nicht aus einer wilden Rangelei. So fällt es dem Hund leichter, es vom Spiel abzugrenzen und tatsächlich als eine Übung zu verstehen. Es sollte maximal drei- bis viermal wiederholt und möglichst schnell schon eine VP hinzugezogen werden. Wird das Anspringen als alleinige Übung zu oft isoliert trainiert, ist es hinterher

VERWEISEN

Welche Art des Verweisens willst du deinem Hund beibringen? Freiverweisen oder Verbellen?
Freiverweisen ist in der Tiersuche die bessere Anzeigevariante, da das gesuchte Tier nicht angebellt oder bedrängt wird, und unser Hund im Konflikt auch noch einmal gehen und uns dazuholen kann. Bei allem ist es wichtig, den Hund richtig zu lesen! Genau wie beim Trailen ist es auch hier unerlässlich zu erkennen, was dir dein Hund zeigt, wenn er zu dir zurückkommt. Wir empfehlen hier, nicht starr an einem Schema festzuhalten, sondern darauf einzugehen, was der Hund anbietet. Das ist immer die sicherste Variante!

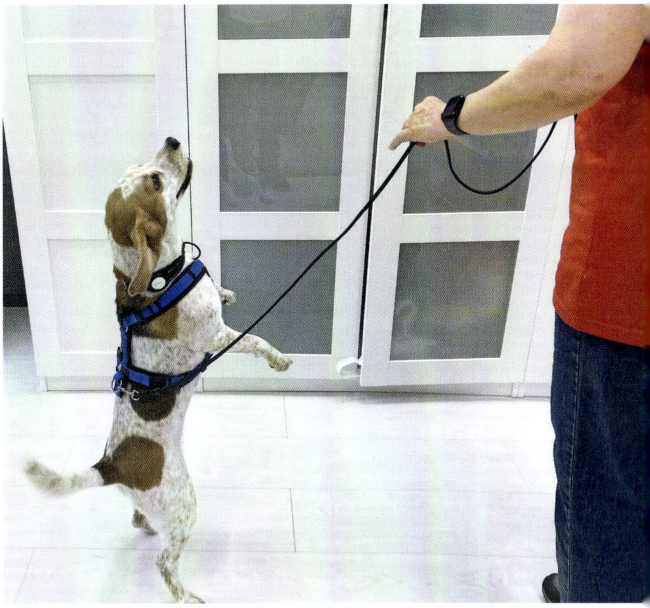

Das kleine Beaglemädchen grenzt den Geruch ein.

schwieriger, dies mit den anderen Teilstücken zusammenzufügen.
Aber Achtung: Sobald der Hund das Anspringen sicher gelernt hat, darf der Hundeführer sich nicht immer pauschal bei jeder Übung mit einer offenen Körperhaltung hinstellen, denn man weiß ja nicht immer sicher, ob der Hund gefunden hat oder nicht. Das heißt, man dreht dem Hund auch mal den Rücken zu, bückt sich oder geht rückwärts. Der Hund soll hier wirklich die Motivation aufbringen, seinem Hundeführer seinen Fund „mitteilen“ zu wollen und an ihm dranzubleiben, bis dieser sich zur VP mitnehmen lässt. Dies ist auch der Moment, in dem man die Beziehung zum HF sehen kann – wie sehr ist der Hund mit seinem Besitzer verbunden, wie gut funktioniert die Kommunikation zwischen Mensch und Hund? Auch sieht man viel über den Typ des Hundes: Freut er sich, dir etwas mitteilen zu können und möchte er dir seine Arbeit zeigen?

2. Sobald das Anspringen verinnerlicht ist, folgt der nächste Schritt: Zunächst lernt der Hund das Hinlaufen zu einer VP auf Sicht, in einem kurzen Abstand und ohne Anreizen. Dort bekommt er ein Leckerchen, allerdings noch nicht den Jackpot. Der Hundeführer läuft mit. Diese Übungen werden ohne Geruchsartikel durchgeführt.
3. Diese Übung wird wiederholt, der Hund läuft wieder zur VP, bekommt aber diesmal kein Leckerchen. Als Folge wird er irritiert zum HF zurückschauen und dieses Anschauen belohnst du bei dir mit einem Leckerchen. (Hundeführer läuft hier immer noch mit zur VP).
4. Im nächsten Schritt bekommt der Hund bei der VP wieder ein Leckerchen, sobald er sich dann wieder zum HF orientiert, wird er auch hier belohnt. In diesem Durchgang ist der HF aber nicht mehr ganz mitgelaufen, sondern lockt den Hund und belohnt ihn dann fürs Zurückkommen und Anspringen. Der Hund kann ggf. auch etwas angelockt werden, sollte er sich nicht von alleine umdrehen. Das Anspringen sollte dem Hund durch die Vorübung bekannt sein. Hier entsteht dann die Verknüpfung.
5. Diese Schritte werden erst mehrfach wiederholt, ehe auch das Zurückführen zur VP mit Leine hinzukommt. So wird sichergestellt, dass der Hund jede einzelne Sequenz auch sicher verinnerlicht hat.
6. Im weiteren Verlauf wird variiert. Der Hund läuft zur VP, bekommt mal eine Belohnung mal nicht, der Hund läuft zum HF zurück, springt ihn an und sie laufen zusammen zur VP zurück und dort gibt es dann den Jackpot. Sitzt dieser Ablauf sicher, dann wird der Hund, nachdem er den HF angesprungen hat, als Zeichen für den Fund, angeleint und führt so den HF zurück zur VP.
7. Die Suche mit einem Individualgeruch wird dann erst hinzugefügt, wenn diese ganzen Abläufe sicher klappen: Hinlaufen —> Zurücklaufen & Anspringen —> Anleinen —> Hinlaufen.

Freisuche im Wald: Bei unwegsamen Gelände macht es Sinn.

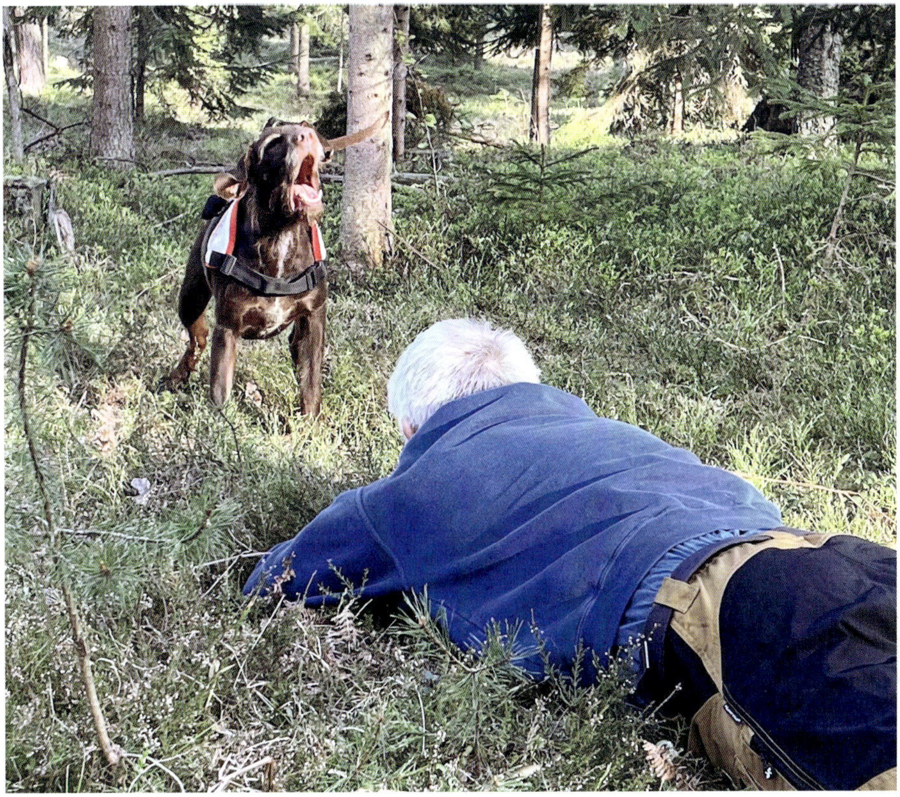

Anzeige der VP durch anhaltendes Verbellen, bis der Hundeführer kommt.

Verbellen

Die Bellübungen werden losgelöst von der Suche trainiert. Je nach Hund und Situation eignen sich unterschiedliche Möglichkeiten, den Hund zum Bellen zu motivieren.

1. Vielfach wird über „Frust" gearbeitet, beispielsweise wird mit dem Hund mit einem Spielzeug gespielt oder es werden ihm Leckerchen gegeben und dann vorenthalten. Viele Hunde beginnen durch den entstandenen Frust nach einer Weile, das Spielzeug oder das Futter durch Bellen einzufordern. Dieses Einfordern wird dann – mit oder ohne Klicker – bestätigt.
2. Hierauf aufbauend wird eine weitere Person mit einbezogen, die in kurzer Distanz zum Hund sitzt. Der Hund wird auf die Person zulaufen (ohne Anreizen). Diese reagiert zunächst nicht. Sowie der Hund auslöst und mit dem Bellen beginnt, wird er dafür belohnt.
3. Das Bellen wird dann mit unterschiedlichen VPs (unterschiedlichen Personen) und in verschiedenen Positionen trainiert.

Die Anzahl des Bellens hängt vom Hund ab und muss individuell festgelegt werden. Es sollte variabel bestätigt werden, denn Hunde können mitzählen! Aufs Timing achten! Es darf nur belohnt werden, wenn der Hund bellt, nicht in einer Bellpause. Auch sollte man darauf achten, dass der Hund die Person nicht bedrängt, sondern einen gewissen Abstand einhält. Hierbei spielt die VP eine große Rolle: Sie muss das richtige Timing haben, wann die Belohnung (Spielzeug/Leckerchen) richtig eingesetzt wird.

Hauptfeuerwache-Villach

MENTALPHASENTRAINING

Du hast dich und deinen Hund mit den bisherigen mentalen Übungen aus dem Buch, dem Trainingsaufbau und den Prüfungen bis zur Stufe Grün in der Praxis gut auf die Mentalphase vorbereitet. Nun geht es zum einsatzfähigen Team.

Einige Trainingselemente, die wir beschrieben haben, waren bereits schon aus dem Mentalphasentraining bzw. dem Übergang zur Mentalphase enthalten. Double-Blind, 3D-Trails und Zeitsprünge gehören beispielsweise dazu. Nun beschäftigen wir uns mit weiteren wichtigen Trainingselementen, die dazu gehören, um ein einsatzfähiges Team auszubilden.

1. START-ENDPOOL

Mit deinem Hund Start-Endpool zu trainieren, ist sehr wichtig, denn oftmals befindet sich der oder die Vermisste im Nahbereich des letzten Aufenthaltsortes und konnte bis zum Einsatz der Trailer von den ersten Suchmaßnahmen (Angehörige, Pflegekräfte o. a.) dennoch nicht aufgefunden werden, weil sie zu versteckt liegt. Bei Suizidfällen ist der Auffindeort häufig in der Nähe des Wohnortes oder des aufgefundenen Autos der vermissten Person. In Pflegeeinrichtungen werden insbesondere Demenzkranke regelmäßig in Nachbarzimmern, Abstellkammern, im Keller des Hauses oder im Lastenaufzug entdeckt.
Vor allem Trails, die aus einem jahrealten Wohnpool starten und dann nur 50 Meter weit in einen stundenlangen Endpool der vermissten Person führen, stellen die Teams vor Herausforderungen. Vor allem Hunde, die eher an den Rand des Geruchs gehen, tun sich damit schwer. Sie umkreisen den Endpool, schaffen aber erst nach längerer Arbeit den Eintritt in die „Poolglocke" und damit den Zugriff zur VP. Die Trailer sind darauf trainiert, der Spur der vermissten Person zu folgen. Bei der Arbeit in den Endpool müssen sie ihr Suchverhalten ändern und eher ins Stöbern mit hoher Nase gehen. Da sie an der Leine sind, ist dies aber nicht so einfach, wie in der freien (Flächen-)Suche. Somit fangen manche Trailer kurz vor dem Ende an, sich selbst oder alte Spuren der VP oder frische Verleitspuren zu kontrollieren und dem von der VP wegziehenden Geruch an den Randbereich zu folgen.
Auch das veränderte Energiefeld der zu Schaden gekommenen Person macht sensiblen Hunden zu schaffen. Die Adaptation (Gewöhnung an den Geruch) bereitet manchen Hunden Probleme, da sie von Beginn an in dem sehr starken Geruchsfeld arbeiten und wenig Möglichkeiten zum Kontrastriechen haben. Daher ist es wichtig, sie sowohl aus dem inkohärenten Energiefeld im Endpool als auch aus dem Geruch hinauszulassen, wenn sie das möchten, um dann wieder dort einzutauchen. Hier darf der Hund von

dir nicht festgehalten werden. Dieses aus dem Geruchsfeld raus- und wieder reingehen kann mehrfach vorkommen und quasi wellenartig stattfinden. Bleibe gelassen genug, um diese wellenartige Suche auszuhalten. Dein Hund wird, nachdem er sich mit der Nase und auch im Kopf freigearbeitet hat, wieder zurück auf die Spur gehen und den Zugriff zur VP durchführen. Das richtige Lesen deines Hundes ist hier entscheidend, um zu verstehen, woran dieser gerade arbeitet.

ERFAHRUNGEN SAMMELN

Zu oft werden nur normale Trails mittlerer Länge oder lange Ausdauertrails trainiert. Unsere Hunde müssen aber auch durch kurze Start-Endpool-Trainings ihre Erfahrungen sammeln, um für diese Konfliktsituation eigene Lösungsstrategien zu entwickeln. Nach einigen Trainings mit unterschiedlichen Inhalten werden die Teams immer schneller den Zugriff schaffen. Besondere Herausforderungen stellt die „Totpoolglocke" an das Team, wenn es sich um Suizid oder eine andere Todesursache der VP handelt. Hier laufen die Hunde den Trail bis kurz vor dem Zugriff meist gut, meiden aber dann im ersten Moment den Eintritt in den Endpool. Sie laufen oftmals erst die geruchlichen Randbereiche ab, manche versuchen sich auch komplett zu entziehen und drücken vom Ende weg. Hier ist das Einschätzen der Situation durch den Hundeführer gefragt und seine Unterstützung des Hundes, damit dieser den Übergang in den Endpool schafft. Wichtig ist es im Nachgang nach einem Einsatz auch, die Psyche des Hundes im Auge zu behalten, wie er den letzten Einsatz verarbeitet hat.

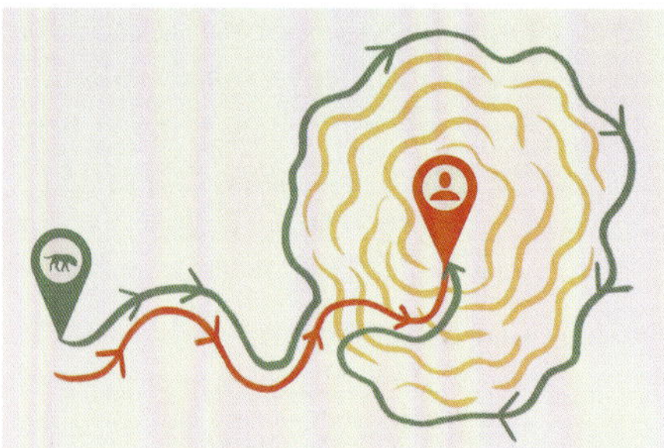

Die Geruchsglocke (gelb) überlagert den Trail (rot).

Inkohärentes Energie (Stör-)Feld, z. B. durch Stress ausgelöst.

START-ENDPOOL-TRAINING

Wir bauen das Start-Endpool-Training möglichst vielfältig auf und unterscheiden in Outdoor/Indoor, sowie vertikal, 3D und horizontal, mit und ohne einer direkten Spur („U", Witterung), die zur Versteckperson führt. Trainingsvarianten:

Outdoor: Hochverstecke (Hochsitz im Wald, Dächer), Tiefverstecke (Gullis, Bunker, Höhlen), Trails mit Verleitspuren, Spurdifferenzierungen durch Angehörige.

Indoor: Seniorenheime, Kliniken, leerstehende Gebäude. Hier kann mit offener oder geschlossener Tür variiert werden. Versteck direkt im Nebenzimmer oder im gegenüberliegenden Zimmer, im Aufzug, in einem Schrank im Flur etc.

Folgende Trainingsvarianten sind für Teams ab dem Übergang zur Mentalphase geeignet:

Beispielvarianten Outdoor

Beispiel 1

Leichtes Start-Endpool zum Kennenlernen, möglichst Double-Blind. VP bekommt fünf Versteckmöglichkeiten in einem begrenzten Areal genannt. Trainer und HF kennen das Versteck nicht. Das Suchhundeteam arbeitet den Trail selbstständig aus.

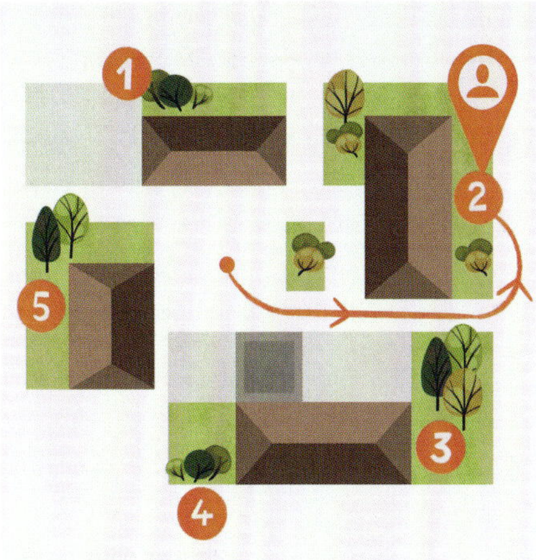

Beispiel 1

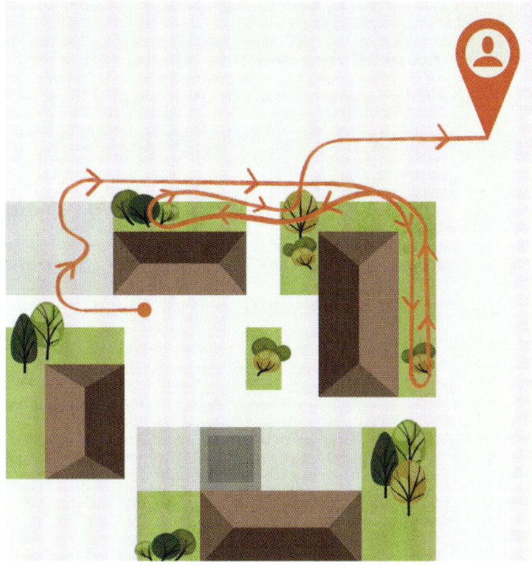

Beispiel 2

Beispiel 2

Start-Endpool an einem Ort, an dem die VP wohnt oder arbeitet, somit befinden sich alte Spuren darunter. Darüber wird der Trail gelegt, ggf. mit Spurdifferenzierung.

Beispiel 3

Start-Endpool mit Gegenpool, Verleitungen (gelb) und VP Endpool 1 – 2 Stunden alt. Der Hund lernt, sich aus dem Gegenpool zu lösen und ins Frische zu gehen.

Beispiel 3

Beispiel 4
Start-Endpool-Variante, bei der der Hund überbrücken kann und ggf. ohne Spur ankommt. Die VP läuft im Kreis und setzt zwei Stehpools gegenüber. Die Entfernung zwischen Pool und dem Versteck kann je nach Leistungsstand variiert werden. Ein größerer Abstand ist schwieriger, ein kleinerer ist leichter. Wichtig ist es, den Hund genau zu beobachten, wie er diesen Trail für sich löst. Dem Kombinierer und dem gelassenen SHT wird es leichter fallen, da er schneller direkt über Witterung löst. Für diese Hunde kann diese Variante auch zur Motivation gelegt werden. Im Gegensatz dazu hat der gewissenhafte Typ hier meist sehr zu arbeiten. Alle SHT müssen dieses Thema im Training präsentiert bekommen, damit sie eine Lösungsstrategie entwickeln können. Aber bitte nicht zu häufig legen! Wird dem Hund zu oft ein möglicher Konflikt am Start gelegt, kann sich daraus eine Startthematik entwickeln.

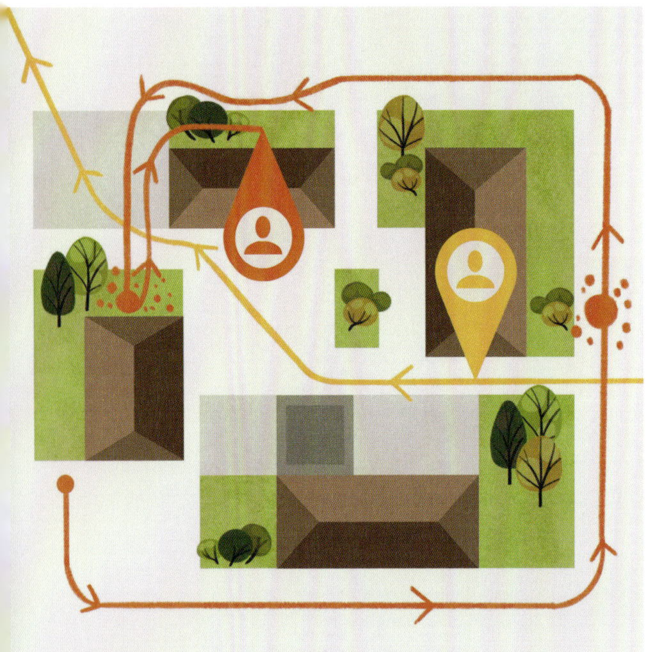

Beispiel 4

Alle Varianten können mit weiteren Loops, Pools etc. verfeinert werden. Das Ziel ist es, dass der Hund anhand dieser Spielformen lernt, sich im Endpool zu orientieren, um im Einsatz seine Lösungsstrategien effektiv einsetzen zu können.

Weitere Varianten des Start-Endpool-Trainings aufgelistet:
— Pacman (out- oder indoor)
— Double-Blind Nahbereich
— Negativs (hartes und weiches Spurnegativ sowie Ansatznegativ)
— Ranarbeiten (Nahbereich in etwas rein)
— Freitrailen (out- oder indoor)
— Hindernisparcours mit Türen
— VP im Wasser oder unter einer Brücke

2. ALTE TRAILS

Bei der Planung eines alten Trails solltest du sehr sorgfältig vorgehen, da die VP im Training selten über Nacht draußen im Versteck bleiben kann, sondern nach dem Legen des Trails wieder nach Hause fährt. Somit ist diese Trainings- oder Prüfungssituation keine, die im Ernstfall tatsächlich vorkommt, sondern von uns Ausbildern konstruiert wurde. Im Echtfall wäre die vermisste Person noch an dem Endpunkt (z. B. verunfallt) oder einfach weggefahren (z. B. in den Bus eingestiegen). Du musst für einen alten Trail also einmal den „Tag des Legens" genau planen und einmal den „Tag des Trainings". Das Wichtigste ist, dass nach dem Legen des Trails niemand mehr die VP sieht, die am Tag des Trainings mit dem Suchteam vor Ort ist! Ein typischer Fehler wäre, wenn der Trainer, Prüfer oder ein Mitglied der Staffel die VP am Tag des Trainings oder der Prüfung in das Versteck fährt und dann „in einem Bogen um den Trail außen herum" zum Startpunkt kommt und dort parkt. In einem „großen Bogen" irgendwie außen herumzufahren klingt für uns logisch, ist aber aus geruchlicher und energe-

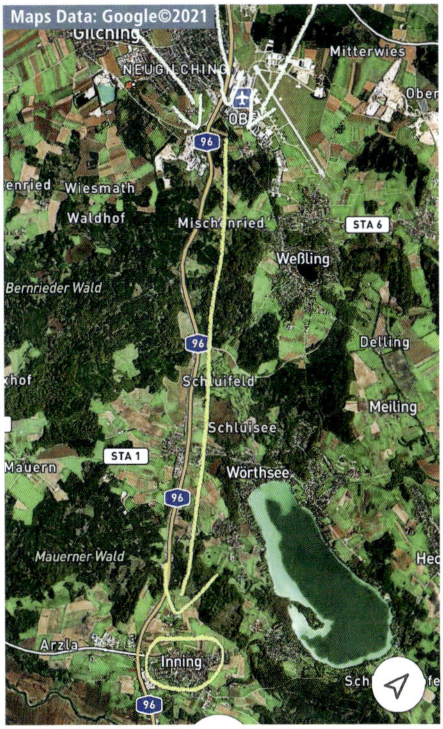

01

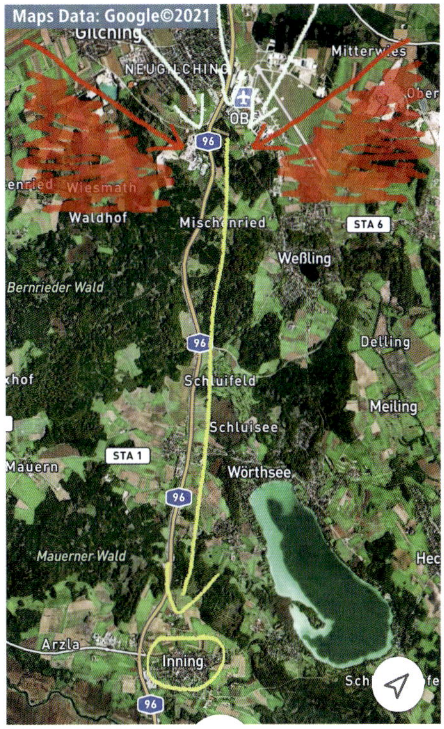

02

tischer Sicht absolut nicht ausreichend und führt in fast allen Fällen zu einem nachhaltigen Konflikt beim Suchhund! Selbst, wenn derjenige danach nicht mehr an den Startpunkt fährt, sondern den Geruch „nur" parallel verteilt. Und ja, selbst dann, wenn es zwei Kilometer außen herum ist! Außenherumfahren macht nur auf dem Hinweg zum Startpunkt am Tag des Legens Sinn! Nicht mehr danach, wenn frischerer Geruch (frischer als der Trail) anhaftet.
Wir planen deshalb von Beginn an so, dass dieses Außenherumfahren gar nicht nötig ist.
Wichtig: Bestimme die Himmelsrichtung schon vor dem Legen des Trails!
Damit wir beim Raus- und ggf. wieder Reinfahren am Ende nicht außen um den Trail in einem Bogen herumfahren müssen, planen wir diesen gleich zu Beginn in die Richtung, in der die VP wohnt. Wir bleiben immer auf derselben Achse!

01 Die VP wohnt in dem Ort Inning. Der Trail soll in der kleinen Stadt Gilching gelegt werden. Ich plane das Ende des Trails bereits in die Richtung des Wohnortes und schaue, wie die VP am besten vom Ende des Trails nach Hause fahren kann. In unserem Beispiel fährt sie über die A96 von Gilching nach Inning (gelber Pfeil). Insofern ist die Richtung des Trails bereits klar festgelegt: Das Ende liegt Richtung A96/Richtung Inning (grüne Pfeile). Vom Winkel her sollte ich nicht größer werden, da der Hund sonst bereits seitlich Witterung bekommen kann.
Zone mit grünen Pfeilen (grüne Zone): Okay, da kann der Trail gelegt werden.

02 Zone mit roten Pfeilen (rote Zone): nicht okay (Winkel zu groß).
Den Trail nur innerhalb der grünen Zone legen.

DREI MÖGLICHKEITEN

Es gibt drei Möglichkeiten, die sich für das Training alter Trails (6 Stunden und älter) anbieten:

1. Wir suchen in dem Wohnpool der VP oder einem sonstigen Ort, an dem die VP ein paar Stunden bleiben oder übernachten kann. Der Hund hat somit die Möglichkeit, die Person am Ende auch zu finden.
   Achtung: Bei unerfahrenen Hunden oder Rescue-Mantrailern müssen alle dort anwesenden Personen ebenfalls im Haus bleiben oder dürfen sich nur in einem bestimmten Gebiet bewegen, da sie sonst frischeren Geruch der VP raustragen und über der älteren Spur verteilen. Das kann zum Konflikt und nachhaltiger Verwirrung beim Hund führen. Anders verhält es sich bei der Ausbildung von Forensik-Trailern.
2. Wir legen einen alten Trail mit Negativ-Ende, d. h. die Person fährt am Ende des Trails weg, steigt in einen Bus oder in die Bahn ein oder wird von einer zweiten Person abgeholt. Der Hund findet somit keine VP am Ende des Trails, sondern zeigt Negativ-Ende an oder er wird vorher auf der Spur rausgenommen.
   Achtung: Der Weg dieses Autos und ebenso der Fahrer müssen danach genau kontrolliert werden, da sonst frischer Geruch der VP in der Gegend verteilt wird. Das muss vermieden werden.
3. Wir planen den Trail so, dass die VP am Tag des Trainings an das Ende des Trails wieder reinfahren kann. Der Hund hat somit die Möglichkeit, die VP zu finden.

Die Erkenntnisse stammen aus vielen Einsätzen.

Schauen wir uns nun die Planung dieser drei Möglichkeiten genauer an.

SUCHE IM WOHNPOOL DER VP

Vorgehensweise:

— Wir klären natürlich zuerst ab, wo die VP wohnt.

— Passt dieses Gebiet zum Hund und dessen Trainingsstand? Wenn die VP z. B. mitten in der Großstadt wohnt, kann es für den Hund je nach Leistungsniveau zu viel Ablenkung sein. Ebenso, wenn du einen Abfangtrail nach einem schweren Einsatz legen möchtest, wäre dieses Gebiet nicht geeignet. Dann solltest du entweder eine andere VP suchen oder du kannst den Trail nicht in ihren Wohnpool legen.

— Befinden sich noch weitere Personen in diesem Haushalt? Diese müssen bei der Planung mitbedacht werden, da sie nach dem Legen des Trails die VP noch sehen und somit frischen Geruch an sich tragen. Wenn beispielsweise der Mann der VP am nächsten Morgen (nach dem Legen des Trails) um 8 Uhr zur Arbeit fährt und womöglich noch ein gemeinsames Auto benutzt, verteilt er frischeren Geruch der VP auf der gesamten Fahrstrecke. Daher ist es am besten, am Sonntagvormittag zu trailen, wenn noch alle zu Hause sind.

— Gibt es eine zweite Person, die unsere VP am Tag des Legens zum Startpunkt des Trails fahren kann? Diese kann sich danach „frei bewegen“, wenn sie die VP nach dem Legen des Trails nicht mehr sieht, sondern sie eben nur zum Startpunkt gebracht hat. Alternative: Die VP fährt mit ihrem Fahrrad oder Auto zum Startpunkt (möglichst nicht über den zu legenden Trail fahren) und lässt dieses dort stehen. Das Team kann sich dann auch direkt vom Fahrzeug (z. B. Türgriff oder Fahrradsattel) eine Geruchskopie erstellen.

Zu beachten:
Wo befinden sich alte Spuren der letzten Tage/Wochen der VP in dem Gebiet? Wo sind die täglichen Ein- und Ausfahrstrecken der VP mit dem Auto, z. B. der Weg zur Arbeit, zum Einkaufen, Gassigehen etc.? Diese sollten bei der Planung auf der Karte mit eingezeichnet sein. Der Trail sollte dann möglichst so geplant werden, dass der Hund nicht komplett über eine alte (Auto-)Spur trailt und ankommt, sondern möglichst Alt/Neu unterscheiden muss. Den GA am Tag des Legens in einem frischen Einmachglas der VP verstauen lassen. Dieses kann beispielsweise am Startpunkt versteckt werden. Keinesfalls darf der Trainer den GA am Tag des Trainings bei der VP zu Hause abholen! Frischer Kontakt!

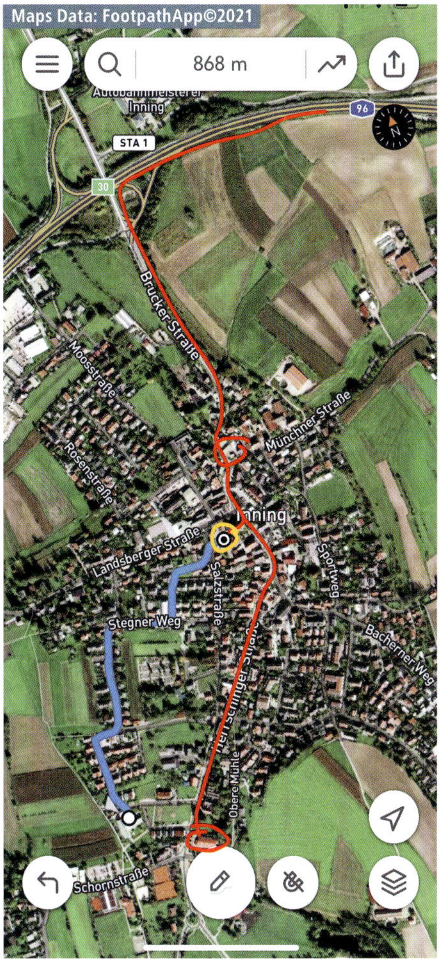

01

01 Karten-Beispiel:
Die VP wohnt bei dem gelben Kreis. Rot sind die typischen Wege mit dem Auto, also alte Spuren: der Weg zur Arbeit, der Weg zum Einkaufen etc. Blau ist der Trail, der im Wohnpool endet. Der Startpunkt ist beim weißen Punkt. Die VP fährt entweder selbst mit dem Fahrrad oder Auto zum Startpunkt oder wird von einer zweiten Person dorthin gefahren, am besten über Rot (Herrschinger Straße). Wenn sie gebracht wird, fährt diese Person zuerst mit dem Auto wieder weg. Die VP wartet ca. 10 Minuten und läuft dann erst den Trail los.
Der Trail wird am besten abends gelaufen. Die VP bleibt über Nacht bei sich zu Hause und das Suchteam trailt am nächsten Morgen in der Früh. Somit muss die VP das Haus in der Zwischenzeit nicht mehr verlassen.
Als Alternative kann der Trail auch in der Früh zur Arbeit der VP gelegt werden. Die VP parkt ihr Auto etwas weiter weg und läuft von dort zu Fuß zur Arbeit. Das Suchteam trailt ein paar Stunden später am Nachmittag oder Abend. Dies ist eine sehr sichere Variante, da es keine Logikfehler geben kann.

ALTER TRAIL MIT NEGATIV

Wir legen einen alten Trail mit Negativ-Ende
Für viele Hunde ist es besser, den alten Trail mit einem Negativ-Ende zu legen, als die VP wieder frisch einzubringen, da es für die Hunde oft zeitlich und von der Richtung her unlogisch ist und nicht zusammenpasst. Wichtig ist dann, dass der Hund bereits den Negativ-Aufbau im Training hatte.

Vorgehensweise:
Wir klären zuerst ab, wo die VP wohnt. Wie soll das Negativ-Ende aussehen? Mit welchem Transportmittel fährt die VP am Ende des Trails weg? Gibt es eine gute Gelegenheit, die genutzt werden kann? Beispielsweise der Besuch bei der Oma …

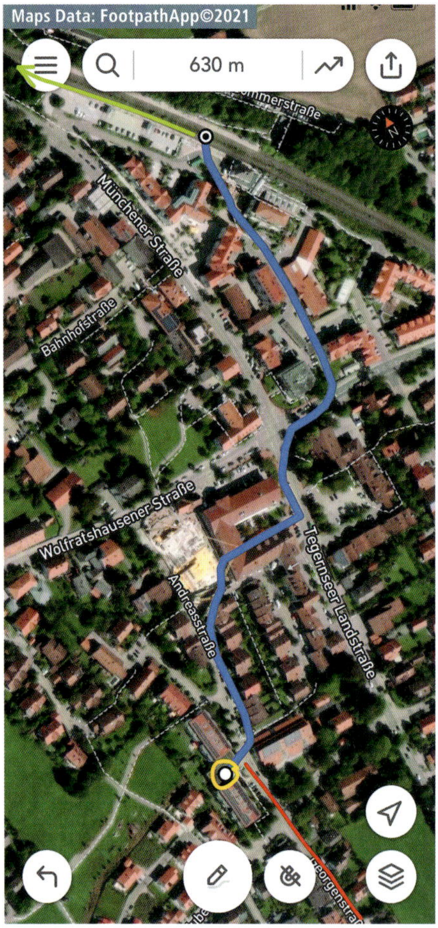

01

Zu beachten:
Soll der Hund bis zum Ende arbeiten oder auf der Spur rausgenommen werden? Welche Form des Negativs soll trainiert werden?

01 Kartenbeispiel (hartes Negativ-Ende): Mutter und Tochter (wohnen an zwei unterschiedlichen Orten) besuchen an Ostern die Oma. Die Mutter holt die Tochter von zu Hause ab und sie fahren mit dem Auto zur Oma. Nach ein paar Stunden fährt die Mutter mit dem Auto wieder nach Hause. Autospur: rot. Die Tochter bleibt etwas länger bei der Oma und läuft dann zu Fuß zur Bahn und fährt mit der Bahn nach Hause. Der Trail (blau) führt vom Wohnort der Oma (gelber Kreis) zum Bahnhof (schwarzer Punkt). Die Bahn fährt nach links weg (grün).

ALTER TRAIL MIT VP

Wir legen einen alten Trail mit VP am Ende

02 Kartenbeispiel:
Am einfachsten ist es, den Trail „rückwärts“ zu planen. Schau zuerst, wo die VP wohnt. Dann, wie sie am besten in einer möglichst geraden Achse vom Ende raus- und wieder reinfährt. Danach planst du den Trail. Diesen dann auch wieder rückwärts, vom bestmöglichen Endpunkt her, der bereits direkt im Anschluss der Raus- und Reinfahr-Linie liegt. Große Bögen und „U“s vermeiden! Die Hunde kommen sonst vom Trail in die Himmelsrichtung der Ausfahrstrecke ab und wir wundern uns, wieso sie nicht spurtreu sind.

✎ Wir planen den Trail in Alling bei Gilching. Die VP lebt in Landsberg am Lech. In welcher Richtung muss das Ende des Trails liegen?

02

03

Zeichne im ersten Schritt für die grobe Trailplanung die grüne und rote Zone auf der Karte ein (Achse/Winkel).

03 Lösung erste Grobplanung: in der grünen Zone kann der Trail in Pfeilrichtung gelegt werden.

04 Lösung mittlerer Planungsschritt:
Im zweiten Schritt sehen wir uns die Auffahrtsmöglichkeiten auf die Autobahn A96 an, über die unsere VP aus- und am nächsten Tag wieder einfährt (gelbe Kreise). Wir achten darauf, den Winkel nicht zu groß und die grüne Zone nicht zu breit zu machen, deshalb entscheiden wir uns für die obere Auffahrtsmöglichkeit mit der Zubringerstraße (pinke Linie). Fahrtrichtung: Wohnort der VP nach Landsberg am Lech (hellblauer Pfeil auf Autobahn). Grobe Trailrichtung (blauer Pfeil in Alling).

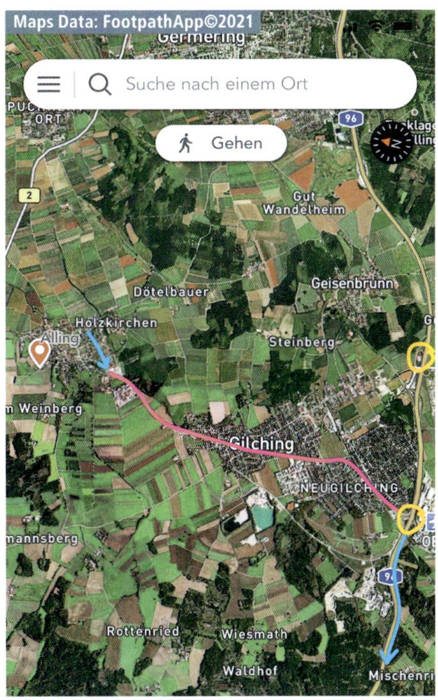

04

01

02

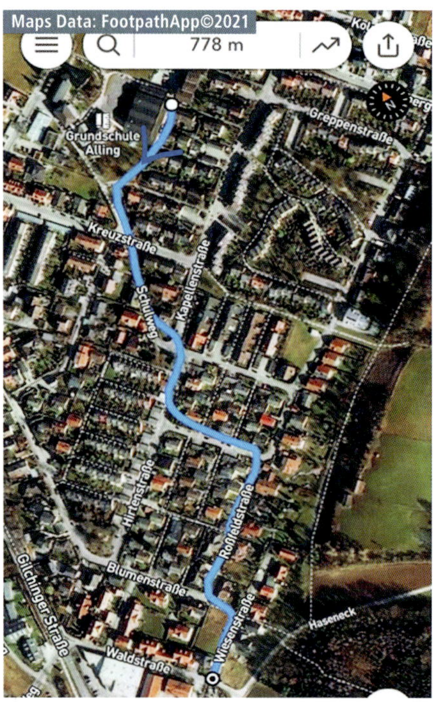

03

01 Nun geht's in die Feinplanung: Das Auto der VP wird am Tag des Legens am Endpunkt des Trails geparkt (gelber Kreis mit Kreuz). Dieser befindet sich in direktem Anschluss an die Ausfahrstraße (orangefarbener Pfeil).

02 Eine zweite Person bringt die VP über die lilafarbene Linie an den Startpunkt (weißer Punkt siehe Bild 1) und fährt dann hinten heraus auf die Bundesstraße (lila) und nach Hause (siehe Bild 2). Tipp: Am besten Fenster geschlossen halten und die Lüftung auslassen, bis man mit der VP aus dem Ort rausgefahren ist.

03 Die VP wartet einige Minuten am Startpunkt, bis die zweite Person mit ihrem Auto schon eine Weile weggefahren ist. Erst dann läuft sie den Trail (in unserem Beispiel vom weißen Punkt über die blaue Linie zum schwarzen Punkt).

04 Am Ende angekommen, steigt die VP in ihr parkendes Auto (gelb) und fährt mit geschlossenen Fenstern und ausgeschalteter Lüftung über den Zubringer zur Autobahn (rote Linie) nach Hause.

05 Am nächsten Tag fährt die VP denselben Weg wieder zurück, parkt das Auto wieder bei Gelb und läuft ein paar Meter ins Versteck (Richtung Trailende, hellblauer Punkt). Eine gute Möglichkeit ist es, die VP das letzte Stück vom Trail nochmal 10–20 Meter frisch einlaufen zu lassen (grüne Linie), damit der Hund einen zeitlich logischen Anknüpfungspunkt hat.

04

3. NEGATIV – EINFACH MAL „NEIN" SAGEN

Wir unterscheiden folgende Negativvarianten:

— **Hartes Spurnegativ** Es befinden sich keine alten Spuren der VP am Ende des Trails. Die VP ist vom Ende des Trails weggefahren (Fremdauto oder Öffentliche Verkehrsmittel).

— **Weiches Spurnegativ** Es gibt alte Spuren der VP, die am Ende des Trails „unter" dem Negativ liegen und ggf. vom Ende weiterführen.

— **Hartes Ansatznegativ** Die VP war noch nie an diesem Ort, es gibt keinerlei Geruch von dieser Person dort.

— **Ansatznegativ** Die VP war kurz einmal an diesem Ort, es gibt aber keinen Trail. Sie ist beispielsweise kurz am Parkplatz ausgestiegen, ein paar Meter zu einem Gebäude gegangen und danach wieder zurück zum Auto, eingestiegen und anschließend weggefahren.

— **Weiches Ansatznegativ** Dasselbe wie Ansatznegativ, nur dass darunter noch alte Spuren der VP liegen. Das kann auch ein Negativ aus dem Wohnpool sein.

05

? WAS IST WAS?

Erkenne die Negativ-Variante in den nachfolgenden Karten! Blau ist frischer, Rot ist älterer Geruch der VP. Gelb ist die Auto- oder Busspur/Wegfahrrichtung. Die Trailrichtung ist immer vom weißen zum schwarzen Punkt.

A

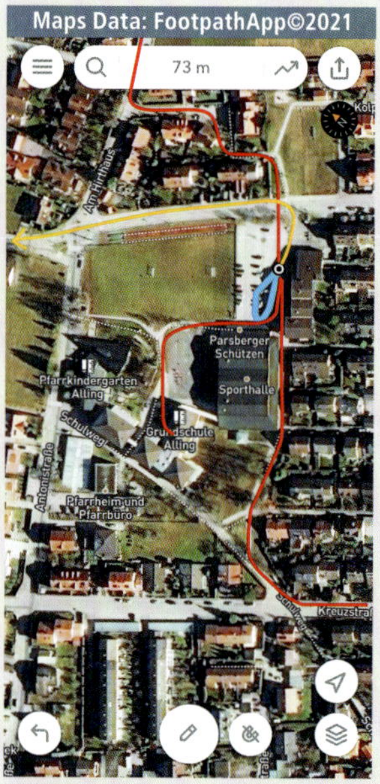

B

C

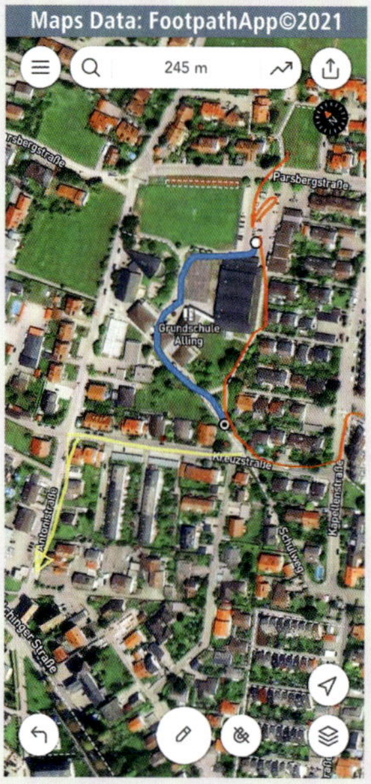

D

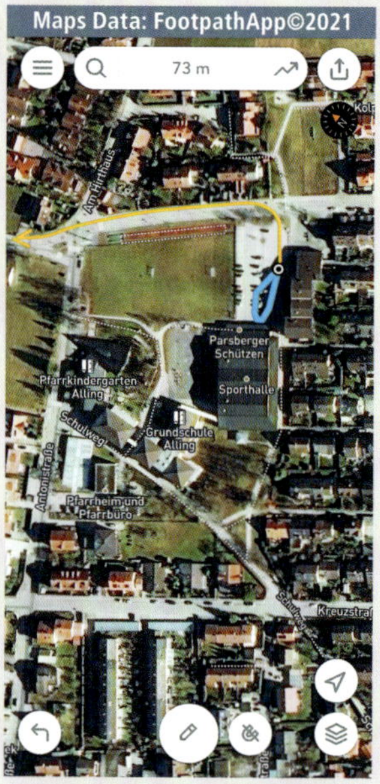

E

Lösungen:

A = hartes Spurnegativ
B = weiches Ansatznegativ
C = hartes Ansatznegativ
D = weiches Spurnegativ
E = Ansatznegativ

TRAININGSAUFBAU

Wir starten in der Arbeitsphase, wenn der Hund auf gutem „Grün"-Niveau läuft, damit wir ihn auch einmal auf der Spur rausnehmen können. Am besten eignet sich hierfür ein eher langweiliger Trail. Der Hund soll nicht total gekickt werden und auch nicht besondere Schwierigkeiten lösen müssen. Um den Hund auf dem Trail rauszunehmen, kann es sinnvoll sein, ein Signal einzuführen, wie beispielsweise „fertig". Somit erleichterst du es dem Hund, die Arbeit mental abzuschließen, auch wenn er nicht bei der VP ankommt und noch nicht fertig gearbeitet hat. Der Hund darf es nicht negativ verknüpfen, auf der Spur von der Arbeit herausgenommen zu werden. Es wird nicht bewertet, sondern ist ganz natürlich.
Anschließend folgt das „harte Spurnegativ", dann „Ansatznegativ" oder auch „hartes Ansatznegativ" und zum Abschluss erst das „weiche Spurnegativ" sowie das „weiche Ansatznegativ". Natürlich sollen die Negativ-Trails nicht alle hintereinander trainiert werden. Hier gilt es, diese über einen längeren Zeitraum hinweg in den Trainings einzubauen und dazwischen einige normale Trails zu legen. Der Hund muss die einzelnen Negativvarianten verstanden haben und den „wissenden Blick" dafür bekommen.

Das Verhalten der verschiedenen Suchhundetypen bei der Negativ-Anzeige

Gelassene und Gelassen-Gewissenhafte

Im Wohnpool: Diese Typen schauen sich gerne intensiv alte Spuren an und kontrollieren viel.
Neutraler Ort: Sie versuchen auch ohne alte Spuren Hauseingänge etc. abzuchecken.

Gelassen-Ehrgeizige

Sie schauen sich die Spuren viel weniger an, als der Gelassene oder der gelassen-gewissenhafte Mischtyp und können schneller abhaken.

Ehrgeizige

Sie haken normalerweise, wenn sie gut aufgebaut wurden, recht schnell ab und erkennen das Negativ sicher. Sie sind selten irritiert, sondern verstehen gleich, worum es geht und können gut damit umgehen. Diesen Typ am Negativpunkt mit Futter o. Ä. zu belohnen ist gut, wenn es ein Workaholic ist. Er lernt dadurch, dass er nicht immer eine VP finden muss und um jeden Preis weiterarbeiten soll. Eine ruhige, sichere Negativ-Anzeige ist viel wert. Es gibt unter den Ehrgeizigen aber auch diejenigen, die immer noch mal extra in jede Richtung Gas geben und etwas weiter in die Straßen reintrailen und noch einmal versuchen, ob sie nicht doch noch irgendwoher Geruch bekommen.

Ehrgeizig-Gewissenhafte

Sie haken nicht ganz so schnell ab, wie der rein Ehrgeizige. Oftmals gehen sie mit der Nase beim zweiten Abchecken des Negativs etwas tiefer, können aber auch schnell akzeptieren, dass der Trail endet.

Gewissenhafte

Dieser Typ schaut sich die Spuren intensiv an und kann es oft gar nicht fassen, dass der Trail tatsächlich ohne VP endet. Gerne kontrollieren sie sich noch einmal selbst und überprüfen jede Richtung ein zweites Mal. Sie kommen dann mit dem Kopf hoch. Hütehunde versuchen manchmal, etwas über Sicht zu bekommen. Deutlicher Unterschied beim Hund in der Körpersprache zum normalen Trailen!

Kombinierer

Dieser Typ weiß sehr schnell, was Sache ist und ändert sein Suchverhalten deutlich. Der Kopf kommt sehr hoch. Wenn Gewissenhaft mit drin ist, schaltet er um und versucht noch einmal tiefnasiger, eine weiterführende Spur zu finden. Wichtig ist, dass die VP im Training sehr weit weggefahren ist, da der Kombinierer sonst über Orientierung und Strategie versuchen würde zu lösen.

Negativ beenden

Wie der Trail beendet wird, ob und wenn ja, wie der Hund bestätigt oder belohnt wird, kommt ganz auf den Typ an! Das richtige Timing ist sehr wichtig, damit der Hund von uns nicht für eine unsichere Rückorientierung bestätigt wird. Unterscheide dies sorgfältig! Eine antrainierte Anzeige (Bellen, Hinsetzen o. Ä.) macht in den wenigsten Fällen Sinn, da es zu fehlerbehaftet ist. Besser: Der Hund ändert sein Verhalten von sich aus deutlich und bricht die Suche ab. Die erfahrenen Einsatzhunde zeigen korrekt den Negativpunkt an. Beispielsweise bleiben sie auf der Brücke stehen und gucken dort runter, wo die vermisste Person gesprungen ist. Oder sie gehen zu der Stelle zum Wasser, an der die Person hineingegangen ist. Oder sie trailen zu der Bushaltestelle, riechen noch an den Sitzen im Wartehäuschen und bleiben dann stehen. Oder sie trailen normal und kommen plötzlich mit der Nase hoch, werden langsamer, gehen quer, brechen jede Richtung ab und gucken den HF an. Dies sind nur einige Beispiele.

Vom Parkplatz weggefahren: hartes Spurnegativ.

4. ZEITSPEICHER-TEST

VORAUSSETZUNGEN

Bevor du einen Zeitspeicher-Test durchführen kannst, muss dein Hund das „Auf-der-Spur-Rausnehmen“ stressfrei verarbeitet haben, sowie Zeitsprünge, alte Trails und andere Zeitspiele aus dem Kapitel „Zeitreise“ (siehe Seite 171 ff.) kennengelernt haben. Wenn diese Voraussetzungen geschaffen sind und der Hund sicher im Übergang zur Mentalphase oder in der Mentalphase läuft und bestenfalls auch mindestens grün durchgeprüft ist, ist es Zeit für den Zeitspeicher-Test.

HUNDE KÖNNEN ZEIT SPEICHERN

Woher kommt die Erkenntnis, dass der Hund Zeit speichern kann? Im Einsatz auf der Suche nach einem vermissten Langstreckenfahrradfahrer fiel uns das unterschiedliche Verhalten der Suchhunde auf, die an einem möglichen Sichtungspunkt der vermissten Person angesetzt wurden. Ein Hund lief, der andere nicht. Wie konnte das sein?
Der Unterschied war, dass der Hund A bereits am Startpunkt (Wohnort) gelaufen war und danach erst am möglichen Sichtungspunkt angesetzt wurde. Dieser Hund lief nicht am Sichtungspunkt.
Der andere Suchhund B startete direkt am Sichtungspunkt und trailte sofort los. Er schlug den Weg in Richtung Wohnort der VP ein.
Hund A hatte eine zeitliche Vergleichsmöglichkeit der Spur, Hund B hatte diese nicht. Für Hund A war die Spur am Sichtungspunkt älter als die an seinem ersten Ansatzpunkt am Wohnort. Die vermisste Person war mit dem Fahrrad eine große Runde gefahren, kam dann wieder nach Hause und fuhr wenig später nochmal los.
Die Polizei wollte gerne eine Sichtungsüberprüfung der Hunde. Sicherheitshalber setzten wir zuerst am Wohnort an.

Stark vereinfachte Nachstellung: Hellrot: Ältere Fahrradspur der VP. Dunkleres Rot: Frischere Spur. Büsche oben: Sichtungspunkt, der von A und B überprüft wurde. Grün: Hund A, Gelb: Hund B. Hund A wird zuerst am Wohnort angesetzt und trailt die frischere Spur. Wird er danach am Sichtungspunkt angesetzt, läuft er nicht los, da die Spur für ihn älter ist. Hund B läuft los, ihm fehlt der Vergleich.

Sobald der erste Hund tatsächlich in Richtung des Sichtungspunktes laufen würde, würden wir das Stück bis dorthin überbrücken, um Zeit zu sparen. Die VP legte täglich mit dem Fahrrad immer sehr weite Strecken zurück.
Hund A wurde somit nach einer Weile rausgenommen, da er in die Richtung des Sichtungspunktes lief. Um Zeit zu sparen (um die VP ggf. noch lebend zu finden), wurde also ein Stück der Strecke zum SP überbrückt. Dort wurden A und B angesetzt. Daraufhin entwickelten wir den „Zeitspeicher-Test“, den wir mit mehr als hundert Hunden durchführten. Anhand dieser Tests stellten wir fest, dass die meisten Hunde, die im Training mit Zeiten sauber aufgebaut wurden, von Natur aus Zeit vergleichen und auch speichern können. Es gibt allerdings auch Ausnahmen. Einige Hunde speichern keine Zeit.

Warum ist es wichtig zu wissen, ob der Hund Zeit speichert?

Wenn wir im Einsatz Zeugenaussagen im Wohngebiet überprüfen müssen, ist es wichtig zu wissen, ob der eingesetzte Hund Zeit speichert. Nur dann kann eine klare Aussage getroffen werden und es werden keine unnötigen Ressourcen verschwendet, indem falschen und älteren Spuren nachgegangen wird.

Können alle Hunde Zeit speichern?

Über 80 Prozent der getesteten Hunde speicherten Zeit, d. h., dass sie auf der älteren Spur nicht liefen, wenn sie vorher auf einer frischeren angesetzt worden waren. Ein geringer Anteil, erstaunlicherweise zumeist gelassene Suchhundetypen und langjährige Einsatzhunde, speicherten keine Zeit. Sie zeigten zwar auf der älteren Spur durchaus ein anderes Suchverhalten, liefen aber trotzdem die Spur.

Unerlässlich bei der Sichtungsüberprüfung: Speichert der Hund Zeit?

Wie sieht der Test aus?

Es müssen mindestens zwei Spuren unterschiedlichen Alters mit derselben Person als VP gelegt werden. Ein deutlicher zeitlicher Abstand zwischen den beiden Spuren ist für den Einstieg ratsam, da es für den Hund leichter zu unterscheiden ist, beispielsweise 14 Stunden und 1 Stunde. In späteren Trainings kann dieser dann kontinuierlich verringert werden. Die Spuren sollten sich außerdem mehrere Kilometer voneinander entfernt befinden und nach denselben Regeln „Legen eines alten Trails" sauber gelegt werden. Auf dem frischeren Trail kann der Hund, wenn vom Trainer gewollt, bei der VP ankommen – aber erst ganz am Schluss, am Ende des eigentlichen Tests, wenn der Hund also beide Trails ein Stück weit gearbeitet hat. Wichtig ist, dass der Hundeführer nicht weiß, wann welche Zeit drankommt. Um einen aussagekräftigen Test zu bekommen, darf auch der Trainer nicht wissen, an welchem Startpunkt der ältere oder der frischere Trail liegt. Um den Versuch doppelblind zu laufen, muss also ein weiterer erfahrener Trainer die Trails planen und koordinieren. Die Teams laufen entweder, oder sie laufen nicht – es ist aber ausgeschlossen, dass der Hundeführer oder der Trainer den Hund durch seine Gedanken, seine Erwartungshaltung oder seine Körpersprache beeinflusst.

VERSCHIEDENE VARIANTEN

Wir zeigen dir nun verschiedene Versuchsvarianten. Der Trainer muss entscheiden, welcher Test für das jeweilige Team am sinnvollsten ist. Es bieten sich als Trails Wege und Straßen an, die nicht zu viele Richtungsentscheidungen für den Hund haben, damit er die Möglichkeit zum entspannten Reinarbeiten hat. Die Trails sollten keine weiteren Besonderheiten haben.

Variante 1: Start auf der frischesten Spur. Hat sich der Hund gut auf dem Trail eingearbeitet, kannst du ihn stoppen und rausnehmen, indem du ihn für die Arbeit lobst und beispielsweise die Leine vom Suchgeschirr nimmst und wieder am Halsband befestigst. Er wird nicht mit Futter o. Ä. zusätzlich belohnt, nur mit dem ihm bereits bekannten „Rausnehm-Ritual" wird seine gute Arbeit von dir anerkannt.
Dann folgt der Wechsel auf die ältere Spur, zu deren Startpunkt man sofort im Anschluss an Trail 1 fährt. Das Suchgeschirr kann in diesem Fall ausnahmsweise im Auto angelassen werden.
Was konnten wir in den Tests auf dem 2. Trail beobachten? Viele Hunde liefen erst einmal eifrig los. Nach ein paar Metern erschien plötzlich das „Fragezeichen" im Gesicht der Hunde. Einige liefen noch mal zum Start zurück und rochen noch einmal am Glas mit dem Geruchsartikel. Es ist wichtig, dass das Glas bei den Tests offen genau am Ansatzpunkt stehen bleibt, damit der Hund es auch gleich wiederfindet und nicht erst danach suchen muss. Also plane bitte einen geeigneten Startplatz ein, sodass kein Auto über das Glas fährt oder es ein Dritter in der Zwischenzeit entsorgt.
Ein paar Hunde liefen erst gar nicht los und blickten den Hundeführer verständnislos an. Für manche Hunde ist es sinnvoll, nach dem alten Trail noch einmal zum frischen zu fahren und ihn auf dieser Spur ankommen zu lassen und bei der VP zu belohnen. Das macht aber nur Sinn, wenn der Hund noch nicht den „Alles-klar-ich-habs-verstanden-Blick" hat.

Variante 2: Start ist auf der älteren Spur. Hier läuft der Hund zunächst, weil er ja noch keine Vergleichsmöglichkeit hat. Wenn er ein gutes Stück getrailt hat, nimmst du ihn raus und ihr fahrt weiter zur frischeren Spur. Auch hier läuft er logischerweise, da es ja frischer ist. Du nimmst ihn an einer passenden Stelle raus und ihr fahrt zurück zur alten Spur, auf der er vorhin ja auch gelaufen ist. An dem Punkt, an dem du ihn gestoppt hast, setzt du ihn wieder an. Hier ist fast kein Hund gelaufen.

Variante 3: Es können auch drei Spuren mit unterschiedlichen Zeiten oder zwei Zeiten und ein Ansatznegativ gelegt werden.

In der Mentalphase gibt es …

… viele Tests zu bestehen.

5. CARTRAILS

Für Forensikeinsätze ist es notwendig, Hunde zu haben, die auch die Autospur trailen können, um die Fluchtrichtung des Täters weiter zu verfolgen oder eine Spur-Rekonstruktion anhand der Autospur zu erstellen. Am besten geeignet sind hierfür Hunde, die ihre Nase gerne auch mal höher nehmen, feinnasige Anlagen haben und genügend Eigenmotivation (Drive) mitbringen, da sie hier mit weniger Geruch auskommen müssen. Dies sind vor allem Mischtypen mit Ehrgeizig. Also Gelassen-Ehrgeizig oder 3er, Kombinierer-Ehrgeizig oder 3er, Ehrgeizig-Gewissenhaft. Der gewissenhafte Reintyp kann sich mit dem Verfolgen der Autospur manchmal schwertun, da er sich zu sehr in den Randbereichen verzettelt.

Cartrail in einem Einsatz

Die Hunde nehmen vor allem Buttersäure sehr gut und sehr lange wahr. Diese kurzkettige Säure ist durch ihr geringes Gewicht in der Lage, schnell in die Luft aufzusteigen und über die Lüftung nach außen zu gelangen. Dort steigt sie dem Suchhund in die Nase und dieser ist in der Lage, die genetische Codierung des Individualgeruchs zu entschlüsseln. Am besten funktioniert dies, wenn die Person mit dem eigenen Auto weggefahren ist, ggf. auch noch das Fenster einen Spalt offen lässt und die Lüftung anhat. Erfahrene Hunde können die Person aber auch noch eine Weile verfolgen, wenn sie mit den öffentlichen Verkehrsmitteln wie Bus oder Bahn gefahren oder in ein Fremdauto eingestiegen ist. Dies muss aber extra trainiert werden.

Die ausgebildeten Cartrailer zeigen das eigentliche „Spur-Negativ“ durch ein Verändern des Suchverhaltens an. Beispielsweise kommen sie mit der Nase höher. Animiere ich sie zum Weitersuchen, switchen sie infolge dessen um auf die Autospur. Diese laufen sie nach einer Weile dann häufig wie in Trance und wie „auf Schienen“.

BUTTERSÄURE

Ingo Rechenberg ist einer der Mitbegründer des Einsatzes von evolutionsbiologischen Algorithmen in den Ingenieurwissenschaften. Er ist seit 1972 Professor für Bionik an der Technischen Universität in Berlin.

Aus einem Vortrag von Ingo Rechenberg:

Ehemalige Cargolifterhalle (jetzt „Tropical Island“) mit den Maßen 360 Meter lang, 210 Meter breit, 107 Meter hoch, macht ein Volumen von 5,5 Millionen m^3. 1,6 Millionstel Gramm Buttersäure kann ein Hund in der Halle noch riechen (= 2000 Moleküle pro cm^3). Winzige Spuren eines Duftstoffes genügen dem Hund, um Witterung aufzunehmen. Der Duftstoff dockt an seiner Nase an einer Riechzelle an und aktiviert somit einen Rezeptor. Der Duftstoff als ursprünglich chemisches Signal wird durch weitere Prozesse im Inneren der Zelle (beispielsweise Eiweißmolekülspaltung) während seiner Umwandlung in ein elektrisches Signal bei Ankunft im Gehirn kaskadenförmig verstärkt.

TRAININGSAUFBAU

Nicht alle Hunde haben die Anlagen zum Cartrailer. In den Trainings kann es aber vielen Hunden beigebracht werden, indem oft mit Minimalgeruch gearbeitet wird und vor allem die Themen Ausdauer und Konzentration beim Hund gefördert werden. Der Hund kennt bereits das Trailen einer Fahrradspur und alle Negativ-Varianten. Der erste Cartrail sollte nicht zu kurz (nicht unter 400 Meter), aber auch nicht allzu weit (nicht über 600 Meter) sein.
Es gibt zwei Möglichkeiten: Die VP fährt von Beginn an mit dem Auto weg, oder sie läuft erst ein Stück, steigt dann in ihr Auto ein und fährt weg. Wichtig ist, dass sie beim ersten Mal recht langsam fährt, mindestens ein Fenster und die Lüftung geöffnet hat.
Am Ende wartet die VP am Auto. Entweder draußen oder mit geöffneter Autotür, sodass der Hund gut an sie rankommt, wenn er gefunden hat. In späteren Trainings muss der Hund dann auch nicht mehr finden und die Autospur kann länger sein.
Wer nicht möchte, dass sein Hund die Autospur verfolgt, sollte ihn infolgedessen nicht im Training dazu animieren, den Cartrail zu laufen. Es wird stattdessen „nur“ die Negativanzeige verstärkt. Der Hund wird dann für die Negativanzeige belohnt.

Vorbereitung auf den Cartrail: das Trailen einer Fahrradspur.

SERVICE

— *Weitere Infos für euch*

QUELLEN

Adger, Megan: Changing Inner Conversations Revision Challenge: Neville Goddard Techniques. Independently published

Bandler, Richard und John: Reframing: Neurolinguistisches Programmieren und die Transformation von Bedeutung. Junfermann Verlag

Beck, Martha: The Way of Integrity. Piatkus

Bohne, Michael: Feng Shui gegen das Gerümpel im Kopf. rororo Verlag

Brown, Brené: The Gifts of Imperfection. Hazelden Publishing

Dilts, Robert B., Tim Hallbom und Suzi Smith: Identität, Glaubenssysteme und Gesundheit. Junfermann Verlag

Dispenza, Joe: Werde übernatürlich: Wie gewöhnliche Menschen das Ungewöhnliche erreichen. Koha Verlag

Dispenza, Joe: Du bist das Placebo. Koha Verlag

Dittmar, Vivian: Gefühle & Emotionen – Eine Gebrauchsanweisung: Wie emotionale Intelligenz entsteht. Verlag VCS Dittmar, Edition Est

Dyer, Wayne: Ändere deine Gedanken und dein Leben verändert sich. Goldmann Verlag

Grunow, Alexandra und Rovena Langkau: Spurensuche – K9 Mantrailer im Einsatz. Kosmos Verlag

Grunow, Alexandra, Rovena Langkau und Udo Gansloßer: Mantrailing. Kosmos Verlag

Heer, Dain: Sei du selbst und verändere die Welt. Scorpio Verlag

Laszlo, Ervin: Was ist Realität? Mosquito Verlag

Richardson, Diana und Michael: Zeit für Gefühle. Innenwelt Verlag

Robbins, Anthony: Das Power-Prinzip. Allegria Verlag

Schäfer, Bodo: Die Gesetze der Gewinner. dtv

Schnorrenberger C.C.: Neue Physik (Quantenphysik) und chinesische Medizin. Auszug aus der Schweizerischen Zeitschrift für Ganzheitsmedizin / Swiss Journal of Integrative Medicine

Sheldrake, Rupert: Der siebte Sinn der Tiere. Nikol Verlag

Tolle, Eckhardt: Jetzt! Die Kraft der Gegenwart. Kamphausen Media

Rovena Langkau (links) und Alexandra Grunow (rechts), die Gründerinnen von K9 EXPERTS®

ÜBER UNS

UNSERE MISSION

Wir arbeiten seit vielen Jahren daran, eines der Hauptprobleme in der modernen Hundewelt zu lösen: unentdeckte Talente von der Couch zu holen, damit sie ihre wahre Mission leben.

Wir helfen dir und deinem Hund dabei, euer Potenzial zu entfalten und zu leben!

UNSERE VISION

Die Beziehung von Mensch und Hund auf ein neues Level zu bringen!

LINK

https://k9-experts.com

Hier findest du alles übers Trailen. Von Vermisst über Man- bzw. Tiertrailing, dem K9_Campus bis hin zur K9-Academy, der Trainerausbildung.

DIE AUTORINNEN

ALEXANDRA GRUNOW

Die ehemalige Tennis-Weltranglistenspielerin (1. Bundesliga) ist zusammen mit Rovena Langkau Gründerin des K9 EXPERTS® Suchhundezentrums mit Stützpunkten in Deutschland, Österreich, Schweiz, Slovenien, Ungarn oder auf Island. Seit 1998 ist sie in der Rettungshundearbeit im Einsatz. Ihre Hunde (Husky-Goldi-Mix, Langhaar Weimaraner, Jagdterrier-Dackel-Mix, Drahthaar-Mix, Beauceron, Bloodhounds) waren und sind in der höchsten Stufe des Mantrailing offiziell geprüft.

In über 20 Jahren absolvierte die gelernte Journalistin über 1800 Einsätze für verschiedene Polizeipräsidien, Kriminalämter, Organisationen und Privatpersonen im In- und Ausland und betreut jährlich online um die 500 Einsätze anderer Staffeln.

Ihr Rettungshund Arthos wurde 2003 zum Weltrettungshund in den USA gekürt. Bei der Rettungshunde-Weltmeisterschaft in Dänemark erreichte sie ebenfalls 2003 mit Pancho den 7. Platz. Ihr Bloodhound Hitchcock ist amtierender Weltrekordhalter im Mantrailing. Vor allem die Optimierung von Einsatztaktiken und -koordination, Ausbildung in Spezialbereichen und die Weiterentwicklung der Mensch-Hund-Einsatzteams liegen ihr am Herzen.

Egal ob der Hund mit Vorgeschichte aus dem Tierschutz kommt, oder vom Züchter – das Beste mental wie technisch aus Mensch und Hund herauszuholen und ein harmonisches Team zu formen, ist ihr großes Ziel.

ROVENA LANGKAU

Die gebürtige Münchnerin ist zusammen mit Alexandra Grunow Gründerin und Inhaberin von K9 EXPERTS®. Sie hat viele Jahre als Art Direktorin in einer großen Werbeagentur gearbeitet, sowie Malerei an der Akademie der bildenden Künste in München studiert.

Als Visionärin und kreativer Kopf von K9® liegt ihre Leidenschaft in der Entwicklung und Konzeption der Lehr- und Prüfungsinhalten bei K9 EXPERTS®. Sie schreibt Bücher über die Ausbildung von Personenspürhunden (drei erschienen im Kosmos-Verlag), ist NLP Coach und Mentaltrainerin sowie nach §11 Tierschutzgesetz zertifiziert.

In dem von ihr entwickelten Energy Balanced Trailing geht es um die ganzheitliche Betrachtungsweise der Mensch-Hund-Teams. Egal ob Themenhund oder Einsatzgeher: ihr gelingt es häufig bei den Teams innerhalb kürzester Zeit einen „Quantensprung“ in der Entwicklung herbeizuführen.

Sie bringt eine jahrelange Einsatzerfahrung in Rettung und Forensik mit, hat viele Hunde aus dem Tierschutz trainiert und vermittelbar gemacht. Aktuell führt sie ihr Bloodhound-Mädchen „Yoki“ und ihren Rauhaar-Vizsla/Border Collie-Münsterländer-Mix Rüden „Jack“.

DANKE

Wir danken dem Kosmos-Verlag und unserer Redakteurin Alice Rieger für die große Hilfe bei der Umsetzung dieses Buches, den Fotografen Rainer Dittrich und Alina Janousch für die schönen Fotos sowie all jenen, die zur Entstehung des Buches beigetragen haben, sei es durch Lesen, Interviews, zur Verfügung gestellten Fotos usw.
Ein großer Dank gilt unserem Team im K9 Headquarter, das uns seit vielen Jahren im Hintergrund 24/7 unterstützt. Außerdem möchten wir allen K9 Stützpunktleitern und Trainern unseren besonderen Dank aussprechen, die in den verschiedenen Regionen ihr Bestes geben, um Mensch und Hund glücklich zu machen. Durch euren immensen Enthusiasmus sind wir in der Lage, gemeinsam unsere Mission zu leben und zahlreichen Lebewesen dabei zu helfen, ihren Weg zurück nach Hause zu finden.
Ein dickes Dankeschön an Georg Müller von Interquell Happy Dog, der uns und unsere Projekte unterstützt.
Ein besonderer Dank gilt natürlich unseren Einsatzhunden, die immer ihr Bestes geben, uns manchmal in den Wahnsinn treiben und von denen wir alles gelernt haben.
Danke an unsere Familien und Freunde, die auch in schwierigen Zeiten zu uns halten und uns Mut machen.

Natacha Malherbe, Alexandra Slama, Nicole Pramberger, Matthias Mayer
Heaven, Brandy, Zaphira, Hitch, Arthos, Pancho, Sammy, Knödel, Tao, Chase … und viele mehr.

GLOSSAR

3D-Training Spiel mit Raum und Zeit, da der Hund sich räumlich verstärkt nach oben und unten orientieren muss und oft frische Witterung die (ältere) Spur überlagert.

Abfangtrail Einfacher Trail nach einem Einsatz, um dem Hund Selbstbewusstsein, Sicherheit und Motivation zu geben.

Abgang Abzweigung der VP.

Ablenkung Vermehrt Einflüsse von außen (visuell, akustisch, geruchlich).

Abriechvarianten Aufnahme des Referenzgeruchs an verschiedenen Geruchsträgern und Orten.

Aktiv-Passiv-Zone Ringförmige Einteilung der Kreuzung in Zonen, um das Leinenhandling des Hundeführers im Kreuzungsbereich zu verdeutlichen.

Alte Spur Spur, die älter ist (längere Liegezeit), als eine frischere der VP.

Anreizen VP lockt mit Futter und läuft sichtbar für den Hund weg. Visuell getriggert, nicht erwünscht.

Anriechen Geruchsaufnahme am Geruchsartikel bzw. Abriechort.

Ansatznegativ Die VP war nie an dem Ort, an dem der Hund angesetzt wird.

Anteasen anködern, antäuschen. Als Beispiel: die VP läuft eine Verleitspur, die in Richtung einer älteren Spur führt.

Anzeige Hund zeigt Fundort, VP oder Negativ an z. B. durch Vorsitzen, verharren.

Anzeigevarianten/Verweisarten Freiverweisen, Verbellen

Arbeitsphase Nach der Lernphase kommt das Team in die Arbeitsphase = fortgeschrittenes Niveau.

Area-Wechsel Andere Umgebung, z. B. Indoor, Tiefgarage, offene Flächen und Plätze, 3D, Hanglage, Wasser.

Aufbautrail Leichte Trails für Einsteigerhunde (4. – 8. Training). Folgen nach Entdeckertrails.

Back Die Spurrichtung führt entgegen der Laufrichtung des Hundes; oder auch wo die VP oder auch der Trainer (Trainerspur bei Differenzierung) hergekommen ist.

Begehung Vor dem Training betritt man gerade mit Junghunden die Räumlichkeiten und schaut sich alles in Ruhe an (Indoor).

Belebte Gebäude mit starkem Publikumsverkehr sind beispielsweise Krankenhäuser, Seniorenheime, Möbelhäuser, Baumärkte und Schulen oder sonstige Einrichtungen, große Tiefgaragen von Kaufhäusern o. Ä. werktags.

Blindtrail Trail im Training oder bei einer Prüfung, bei dem der Hundeführer komplett ungeführt („blind") läuft.

Blocken Wenn der Hund nicht eigenständig dreht, bleibt der HF stehen, schließt die Faust und blockt somit den Hund, bis dieser in die Lösung findet (Turn).

Buchstabieren (Körpersprache) Der SHT „Gewissenhaft" läuft mit tiefer Nase am Boden.

Cartrail Eine Autospur trailen. In der Forensik notwendig, um die Fluchtrichtung weiterverfolgen zu können.

Cluster Großflächige Ansammlung von Geruch, wie ein riesiger Pool, aber flächig.

Confidence (Core) Sowohl dein Selbstbewusstsein als auch das deines Hundes bei der Arbeit.

Core Die Five Cores (engl. „Core" = deutsch „Kern") sind die tragenden Säulen des Trailteams. Sie bestehen aus Motivation, Confidence, Konzentration, Körpersprache und Lesbarkeit

DB – Double Blind (DB) Keiner der Suchenden kennt den Weg oder das Versteck der VP. Auch der Trainer nicht!

Der Ehrgeizige Suchhundetyp mit hoher Motivation, hohem Suchtempo, mittlerer Spurtreue und Spurintelligenz. Meist starke Vorwärtsbewegung, langgestreckter Körper.

Der Frager Lösungstyp, der schnell verunsichert ist, wenn er das Problem nicht sofort löst. Er wendet sich mit fragendem Blick zu seinem HF.

Der Gelassene Suchhundetyp mit gutem Problemlöseverhalten; Motivation, Suchtempo, Spurtreue und Suchintelligenz mittel. Weicher, federnder Gang und halbhohe bis hohe Nase.

Der Gewissenhafte Suchhundetyp mit hoher Akribie, verzettelt sich gern; Motivation mittel bis hoch, Suchtempo eher niedrig, Spurtreue mittel bis hoch und Suchintelligenz gering. Trailt oftmals tiefnasig.

Der Kombinierer Suchhundetyp mit mittlerer Motivation, sehr gutem Problemlöseverhalten, Suchtempo und Spurtreue mittel bis gering, Suchintelligenz hoch. Typisches Scannen in der Kreuzung, hohe Nase.

Der Kreative Dieser Lösungstyp freut sich auf das Lösen des Rätsels, hat viele Lösungsvarianten in petto.

Der Renner Dieser Lösungstyp läuft die gleichen Wege ab, meist mit hohem Tempo. Dabei entwickelt er meist keine neuen Lösungsansätze.

Die Spur Geruchsspur der VP (Trail).

Differenzierung Unterscheidung von Individualgeruch.

Drive Eigenmotivation und Zug zur Spur und am Ende zur VP.

Eingrenzen des Geruchs, ranarbeiten.

Einreihen Hund sortiert sich bereits vor der Kreuzung auf der Seite ein, in die die Spur führt (beispielsweise rechts.)

Endpool Geruchspool beim Versteck der VP bzw. Auffindeort der vermissten Person oder des vermissten Tieres.

Endpoolverhalten Suchverhalten des Hundes kurz vor dem Zugriff.

Energiefluss Energie fließt im eigenen Körper ohne Blockaden und ebenso zwischen Hundeführer und Hund.

Entdeckertrail Erste Trails für Welpen, Junghunde und Neulinge (1.–3. Training), bei dem der Hund den Start, die Spur und die VP miteinander verknüpft. Intrinsisch motiviert, aus Neugierde.

Faken Der Hund sucht gar nicht richtig, sondern tut nur so (Ghosttrailen).

Feinnasig Feine Nase eines Hundes, der mit Minimalgeruch auskommt.

Fliegender Start Aus der Bewegung starten. Wirkt motivierend.

Flow/Flow-Zustand Trance-ähnlicher Zustand, bei dem Ausdauer und Kreativität enorm ansteigen.

Forensik Sammelbegriff, wenn es um das Analysieren, die Rekonstruktion und das Aufarbeiten von (kriminellen) Handlungen geht.

Freie Suche Trailen ohne Leine.

Freiverweisen Hund kommt nach Freisuche zum HF zurück und springt diesen beispielsweise an, um auf den Zugriff aufmerksam zu machen.

Führen Zum Führen (HF) gehören Timing, Leinenhandling, Gelassenheit, mentale Stärke, neutrale Körpersprache und eine innere Verbindung zum Hund.

Führfehler Schlechtes Leinenhandling (rucken, zu wenig Leine, nicht nachfassen), Druck von hinten, in falsche Richtung schieben, behindernde Körpersprache, nicht (mit dem Hund) Mitgehen.

Führhand Vordere Hand an der Leine.

GA – Geruchsartikel Träger des Individualgeruchs der vermissten Person, des vermissten Tieres oder des Straftäters.

Gegenpool Geruchspool, der sich gegenüber des Endpools entwickelt, z. B. durch Thermik.

Gegenüber-Problem Frischer Geruch hängt z. B. im Gegenüber der VP an Hauswand oder Hang, Hund bleibt dort im falschen Eck hängen, löst sich nicht.

Gehpool Geruchspool der VP, während sie sich fortbewegt, beispielsweise im Kreis.

Geruchsabriss Spur wird durch Verwehungen, Verwirbelungen (Brücken, Verkehr) oder an Durchgängen (Stadt) oder Fließgewässern unterbrochen.

Geruchsfeld Fläche mit viel Geruch.

Geruchsglocke Geruch überlagert die Spur und bildet eine Glocke. Hund hält sich oft am Randbereich auf.

Geruchsinformation siehe Geruchsartikel.

Geruchspool Ansammlung/Verdichtung von Geruchspartikeln der VP an einem Ort.

Geruchsträger siehe Geruchsartikel.

Geruchsverstärker Z. B. ein von der VP angefasster Stein, der auf der Spur liegt und den Geruch der Spur verstärkt.

Ghosttrailen Hund zeigt alle Anzeichen, dass er trailt, ist aber gar nicht auf der Spur.

Grobsuche Den Raum grob checken (meist schnell), bevor der Hund in die Feinsuche (meist langsamer, konzentrierter) geht.

Grundkontamination Viele Menschen, Gerüche ..., dadurch hohe olfaktorische Ablenkung.

HF – Hundeführer Person, die den Hund führt.

Hochverstecke Verstecke, die erhöht sind (3D).

Hohe Nase Sucheigenschaft je nach Suchhundetyp. Gelassene und Kombinierer suchen meist mit hoher Nase.

Ideallinie Der Hund läuft auf dem Trail beispielsweise einen Loop nicht aus oder wechselt von alt auf die frische Spur. Er orientiert sich zum frischeren Geruch.

Individualgeruch Individuelle Geruchswolke, die eine jede Person umgibt. Sie setzt sich aus Sekreten wie Schweiß, Talk, Hautschüppchen, hormonelle und Stoffwechselprozesse, aber auch aus Deo, Parfum, Waschmittel usw. zusammen. Jeder Mensch hat einen einzigartigen geruchlichen Fingerabdruck.

Indoortrail In Räumen/Gebäuden trailen (Tiefgarage, Schule usw.).

Kamineffekt Warme Luft wird zwischen Gebäuden oder in Treppenhäusern nach oben gezogen.

Kontaminierter GA Verunreinigung des GA, da auch Individualgeruch anderer Personen oder Tiere anhaftet (Mischgeruch).

Kontrastriechen Der Hund riecht absichtlich an etwas anderem, um den Geruch, dem er nachgehen soll, wieder stärker zu riechen. (vgl. Kaffeebohnen / Parfümerie, um Adaptation vorzubeugen).

Kreiseln Hund dreht sich. Anzeichen von Überforderung, Unsicherheit oder Führfehler.

Kreuzungsarbeit Trailen im Kreuzungsbereich (Hund reiht sich ein, Aktiv-Passiv-Zone, Leinenhandling); Richtungsentscheidung.

Laufverhalten des Hundes Lässt auf die Lösungstypen schließen (siehe Renner, Frager, Kreativer).

Leinenhandling Das genaue Timing und das deutliche Einholen/Verkürzen und Rausgeben/Verlängern der Leine.

Lernphase = Einsteiger-Niveau.

Lerntrail Nach den Entdeckertrails folgen Aufbau- und Lerntrails. Ein Lerntrail beinhaltet ein bestimmtes Thema, das gelernt werden soll.

Lesbarkeit Körpersprache des Hundes auf dem Trail. Gut lesbar zeigt er deutlich Richtung, Turns, Endpool usw. an.

Loop VP läuft einen Kreis, z. B. um ein Haus herum, bevor sie in die ursprüngliche Richtung weitergeht.

Lösungstyp Wiederkehrende Verhaltensmuster der Hunde beim Lösen von Problemen (siehe auch Der Renner, Der Frager, Der Kreative).

Mentalphase Leistungs-Niveau, Team löst eigenständig komplexe Trails, ist einsatzfähig. Hier geht es neben Technik vor allem auch um die mentale Stärke des Teams.

Minimalgeruch Wenig Geruch (beispielsweise ein nur kurz angefasster Stein

Mischgeruch Geruch mischt sich mit dem einer anderen Person (Kontamination).

Mischtyp Mischung aus zwei oder drei Suchhundetypen, z. B. gelassen x gewissenhaft x ehrgeizig.

Motivation (Core) Lust am Arbeiten, sowohl beim Mensch als auch beim Hund.

Nase eintauchen Hund folgt mit tiefer Nase der Spur.

Negativ-Anzeige Hund zeigt durch sein Verhalten deutlich an, dass die Spur hier endet oder die VP nie am Ort war.

Negativ-Ende VP steigt am Ende des Trails in ein Fahrzeug (Auto, Bus etc.).

Negativ, Varianten siehe hartes Spurnegativ, weiches Ansatznegativ, hartes Ansatznegativ, weiches Spurnegativ, Ansatznegativ

Neuralgischer Punkt Geruchlich besonders empfindliche, kritische, „gefährliche" oder auch spannende Stelle, die der Hund lösen muss.

Niveau, grün dritte Stufe (Arbeitsphase).

Niveau, orange zweite Stufe (Lernphase/Übergang Arbeitsphase).

Niveau, weiß die erste Stufe (Lernphase).

One-Way(-Spur) Einfacher Trail ohne Schwierigkeiten (wie P oder U). Die VP läuft direkt von A nach B.

P Die Spur ist wie ein P gelegt, dem Hund kommt an dem Schnittpunkt frischer Geruch entgegen (er sortiert Richtung und Zeit).

Passiv-Zone Mitte der Kreuzung. Der HF gibt in die Passiv-Zone deutlich Leine raus, damit der Hund genügend Raum hat, die Kreuzung zu arbeiten.

Point of Release Kreuzungsarbeit. Die Stelle, an der der Hund aus der Aktiv-Zone in die Passiv-Zone eintritt, ist der Point of release.

Pool Ansammlung von Individualgeruch.

Poolglocke Sie bildet sich, wenn sich die VP lange an einem Ort aufhält. Der Geruch breitet sich aus und überlagert die Spur.

Primärtyp Bei Mischtypen überwiegen die Eigenschaften des Primärtyps, hinzu kommen die des Sekundärtyps, z. B. ehrgeizig x gewissenhaft.

Problemlöseverhalten Umgang mit Schwierigkeiten auf dem Trail. Findet der Hund eigenständig und gelassen Lösungen?

Ranarbeiten Der Hund arbeitet sich an das Versteck/die VP heran.

Räumliche Orientierung Der Hund hat eine klare Vorstellung vom Verlauf der Spur und der Umgebung.

Reintypen Suchhundetypen in Reinform (Der Gewissenhafte, der Gelassene, der Kombinierer, der Ehrgeizige).

Reparier-Trail Trail nach Einsätzen, der Belastendes oder Konflikte des Hundes abfängt.

Rettung Einsatz, Rettung von vermissten Personen oder Tieren.

Richtungsentscheidung Hund zeigt sicher die Richtung bei Abzweigen an.

Rückorientierung (zum Hundeführer) Hund dreht sich fragend zum Hundeführer um. Oft Zeichen von Unsicherheit oder Überforderung.

Sekundärtyp siehe Primärtyp.

SHT – Suchhundetyp Die Herangehensweise und Körpersprache der Hunde beim Trailen ist unterschiedlich, man kann sie in verschiedene Suchhundetypen einteilen (siehe auch Primärtyp).

Single VP-Spur Einfache Spur der vermissten Person ohne Spurdifferenzierung.

SP – Sichtungspunkt Dort wurde der vermisste Mensch/das vermisste Tier nach dem Verschwinden von Zeugen gesehen.

Splitting Hier trennt sich die Spur der VP von der Spur der Verleitperson.

Sporttrailen Mantrailing im Hobby- und Sportbereich, kein Einsatz.

Spurdifferenzierung Unterscheidung der Spur mit dem Individualgeruch der VP von anderen Spuren (Geruch der Verleitpersonen).

Spurnegativ Die Spur endet plötzlich.

Spurnegativ, hart Es befinden sich keine alten Spuren der VP am Ende des Trails. Die VP ist vom Ende des Trails weggefahren (Fremdauto oder Öffentliche Verkehrsmittel).

Spurnegativ, weich Es gibt alte Spuren der VP, die am Ende des Trails „unter" dem Negativ liegen und ggf. vom Ende weiterführen.

Spurtreue Hund bleibt direkt auf der Spur (dem frischesten Individualgeruch).

Staffel Einsatzteam in der Rettung, bestehend aus mehreren Mensch-Hund-Teams und einem Zugführer.

Start-Endpool-Training Oft befindet sich die VP im Nahbereich ihrer Umgebung. Für Hunde schwierig, da der Geruch überall ist.

Stehpool VP bleibt kurz stehen und bildet einen geruchlichen Pool.

Stehung Hund bleibt auf dem Trail stehen, läuft nicht weiter.

Stottertrail Simulation einer „verwirrten Rolator-VP". Manche vermissten Personen (mit Demenz) gehen ihren Weg nicht durchgängig weiter, sondern verharren an einer Stelle, laufen zurück oder wechseln mehrfach die Straßenseite.

Suchintelligenz Der Hund hat einen Plan, eine räumliche Orientierung bei der Suche.

Suchtempo Geschwindigkeit des Hundes bei der Suche.

Thermik Form des Aufwindes durch Lufterwärmung.

Tiefverstecke Verstecke, die tiefer liegen, z. B. Brunnenschächte.

Tiersuche Suche nach vermissten Tieren.

Tortenprinzip Einteilung eines offenen Platzes in 4 Segmente.

Totpoolglocke Endpool, bei der die VP verstorben ist (Suizid, andere Todesursache) und der Totgeruch alles andere überlagert.

Traillegen Verlauf der Spur durch die VP mit verschiedenen Schwierigkeitsstufen.

Trockenübung Das Leinenhandling ohne Hund üben.

Türanzeige Spur führt durch eine geschlossene Tür (indoor), Hund zeigt dies an.

Turn Der Hund ist etwas vom Trail abgekommen und dreht aktiv um zurück auf die frischeste Spur.

Umdrehen siehe Turn.

Umhängen (ins Geschirr umhängen) Beim Start wird der Karabiner der Leine vom Halsband ins Suchgeschirr umgeschnallt.

Unbelebte Gebäude Schulen während der Ferienzeit, Bürogebäude am Wochenende, betretbare Baustellen und Abbruchhäuser, offene Parkdecks und Tiefgaragen an Sonn- und Feiertagen.

Untergrundwechsel z. B. von Wiese zu Asphalt.

Unterscheidung „alt", „neu" Alte und neue Spur. Der Rettungshund soll immer der frischeren folgen.

Verbellen Anzeige der VP bei der Freisuche durch Bellen.

Verleitperson Weitere Person, die die Spur der VP kreuzt. Der Hund muss die Spuren differenzieren.

Verleitspur Spur der Verleitperson (Spurdifferenzierung).

Versteck Ende der Spur, Aufenthaltsort der VP.

Verweisen Anzeigevariante in der Freisuche.

Verwirbelung Spur/Geruch wird durch Verkehr, Thermik o. ä. verwirbelt.

Vermisste Person/VP Person, die der Hund anhand ihres Individualgeruchs suchen und finden soll.

Winkel im Trailverlauf.

Witterung Der Hund bekommt frischen Geruch von der VP zugetragen.

Witterung vs. Spur Der Hund bekommt frischen Geruch der VP (weht z. B. den Hang hinunter), während die Spur im Bogen verläuft.

Witterungs-Kegel Befindet sich die VP am Berg, breitet sich der Geruch kegelförmig aus, fließt nach unten und überlagert die Spur.

Wohnpool Ort, an dem die VP wohnt.

Zeit speichern Hunde können Zeiten vergleichen und abspeichern. Im Einsatz wichtig, um z. B. bei einer Sichtungsüberprüfung nicht älteren Spuren nachzugehen.

Zeitfelder siehe Cluster.

Zeitsprünge Zeit wird übersprungen, indem der Hund z. B. das P nicht ausläuft, sondern auf die frischere Spur wechselt.

Zugführer siehe Staffel.

Zugriff Hund findet die VP.

REGISTER

M

N

P

R

S

T

U

V

W

Z

BILDNACHWEIS

148 Farbfotos von Alexandra Grunow.
Weitere Farbfotos von Anna Auerbach/Kosmos (2; S. 108 r., 109 o.), Rainer Dittrich (51: S. 4, 5, 7, 8/9, 10, 13, 18, 26, 27, 28, 29, 46 beide, 47, 49, 50, 67 alle 3, 68, 83, 85, 86, 87, 88, 100/101, 102, 104 beide, 105 beide, 109 M. & u., 110, 112 u., 115, 118 alle 3, 122, 123 beide, 128, 156, 170 alle 5, 262, 263), Inga Haase/Kosmos (1: S. 108 l.), Bruce Chong Ham (3: S. 96, 97, 99), Fabian Helmich/Nicole Pramberger (1: S. 70), Alina Janousch (13: S. 14, 15, 44, 60 alle 3, 76 beide, 77 beide, 146, 246, 259), Rovena Langkau (63: S. 23 beide, 32, 52, 53, 54 alle 4, 55 alle 4, 56 alle 4, 57 alle 4, 58 alle 3, 74, 75, 106 o.l., u.r., u., 111, 114 alle 3, 130 alle 3, 131 alle 8, 132 alle 5, 133 beide, 152, 153 beide, 169, 206 alle 4, 207, 227, 254, 256, 257 beide, 258), Nadine Loseries (2: S. 116 beide), Marek & Beier Fotografen/Thomas Baschab (1: S. 89), Rettungshunde Kärnten (6: S. 215, 224 M. & u., 234, 238, 239), Annika Ridder/Kosmos (1: S. 106 M.r.), Shutterstock (MP_Foto 1: S. 63, PIXEL tot he PEOPLE 1: S. 185), Anja Wilbs www.anja-wilbs.de (5: S. 214, 228, 260, 261, 272), Wurzler-Art/Sonja Hügli (1: S. 84).

ILLUSTRATIONEN UND GRAFIKEN

Mit 38 Illustrationen von Hanna Wenzel (S. 20, 21 beide, 22 beide, 39, 51, 62, 63, 65, 71, 72, 73, 81, 82, 159, 179, 182 alle 4, 183 alle 3, 184 beide, 230 beide, 231 beide, 242 beide, 243 alle 3, 244, 255)
Mit 11 Grafiken von Atelier Krohmer (S. 17 beide, 25, 31, 41, 151, 158, 166 beide, 167, 174)

KARTENMATERIAL

Mit freundlicher Genehmigung von
Map and app screenshots © Footpath (footpathapp.com) and OpenStreetMap contributors (openstreetmap.org/copyright) (45: 149 alle 4, 150 alle 5, 151 alle 3, 152 beide, 163 beide, 171, 172 beide, 173, 174, 175 beide, 176 beide, 177 beide, 178 beide, 203, 247, 248, 249 alle 3, 250 alle 3, 251 beide, 252 alle 5)
Map data ©2021 Google (9: S. 154, 155 alle 3, 169 beide, 216, 245 beide)

IMPRESSUM

Umschlaggestaltung von Büro Jorge Schmidt für Kommunikationsdesign unter Verwendung von zwei Farbfotos von Rainer Dittrich.

Mit 301 Farbfotos, 49 Farbzeichnungen und Grafiken und 54 Karten.

Unser gesamtes Programm finden Sie unter **kosmos.de**.
Über Neuigkeiten informieren Sie regelmäßig unsere Newsletter, einfach anmelden unter **kosmos.de/newsletter**

Gedruckt auf chlorfrei gebleichtem Papier

ISBN 978-3-440-13936-3
Projektleitung: Alice Rieger
Textredaktion: Heike Schmidt-Röger und Alice Rieger
Bildredaktion: Alice Rieger
Gestaltungskonzept: Peter Schmidt Group GmbH, Hamburg
Gestaltung und Satz: Atelier Krohmer, Dettingen/Erms
Produktion: Angela List
Druck und Bindung: Westermann Druck Zwickau GmbH, Zwickau
Printed in Germany / Imprimé en Allemagne

FSC
www.fsc.org
MIX
Papier | Fördert gute Waldnutzung
FSC® C110508